香樟生物学与培育利用

邹双全　倪　林　孙维红　等　著

科学出版社

北　京

内 容 简 介

本书以在我国具有悠久栽培与利用历史的香樟为研究对象，共6章。第一章简述了香樟的生物学特性、栽培创新、化学成分、提取物及其成分活性的研究进展；第二章介绍了香樟的基因组，并对 *MADS-box*、*WRKY*、*BHLH*、*NAC* 等重要基因家族进行了分析；第三章介绍了香樟的种质资源，以及'南安1号'良种的选育情况；第四章介绍了立地环境、时空选择、施肥对芳樟生长的影响，以及生物炭复合肥对芳樟醇合成调控基因表达的影响；第五章介绍了采伐频次、采伐施肥、采伐伤口管护对芳樟油用林生长的影响，以及芳樟根际土壤与根内微生物群落的多样性；第六章介绍了芳樟、油樟等树种化学成分研究进展，精油提取与总黄酮制备的工艺，芳樟提取物抑制植物病原真菌活性的研究成果，以及芳樟枝叶残渣的利用。

本书可供高等院校相关专业的师生，以及森林资源培育、园林植物研究与应用、分子植物育种领域的同行参考。

图书在版编目（CIP）数据

香樟生物学与培育利用/邹双全等著. —北京：科学出版社，2025.3
ISBN 978-7-03-076137-8

Ⅰ. ①香… Ⅱ. ①邹… Ⅲ. ①樟树-生物学②樟树-育苗③樟树-综合利用 Ⅳ. ①S792.23

中国国家版本馆 CIP 数据核字（2023）第 150321 号

责任编辑：张会格 薛 丽/责任校对：严 娜
责任印制：赵 博/封面设计：刘新新

科 学 出 版 社 出版
北京东黄城根北街 16 号
邮政编码：100717
http://www.sciencep.com

涿州市般润文化传播有限公司印刷
科学出版社发行 各地新华书店经销
*

2025 年 3 月第 一 版 开本：720×1000 1/16
2025 年 4 月第二次印刷 印张：19 1/4
字数：384 000

定价：198.00 元
（如有印装质量问题，我社负责调换）

前　言

香樟是樟科樟属乔木，是我国特有的珍贵树种，主产于长江以南地区，其木材木质优良，生长迅速，具有多种利用价值，是重要的经济树种。因此，自 20 世纪 80 年代起，福建林学院等单位的专家教授即开展香樟人工林栽培、芳樟种源及优树选择和化学利用等研究工作，2015 年，福建农林大学申报的自然生物资源保育利用福建省高校工程研究中心（以下简称"中心"）开始创建，并由森林培育、风景园林、资源环境、生物技术、制药工程、药理学等方面的专家组成创新团队，对香樟进行系统全面的研究。此外，广西壮族自治区林业科学研究院、江西省吉安市林业科学研究所、南昌工程学院等单位也对香樟展开了栽培技术等方面的研究。为促进香樟高效栽培、化学成分综合利用、分子生物学等方面的研究，本书整合"中心"多年研究成果，奉献给同行，以资参考与探讨。

全书共六章，第一章主要介绍了香樟的相关研究进展，包括香樟的生物学特性、相关研究文献分析、栽培创新的探索、化学成分的研究进展，以及香樟提取物及其成分活性的研究进展。第二章为香樟基因组及其重要性状的分子机制，重点介绍了香樟基因组信息、花的起源，并对 4 种重要的基因家族进行了分析。第三章为香樟种质资源与良种选育，主要介绍了我国获植物新品种权的香樟资源、审定良种及良种'南安 1 号'的选育。第四章为芳樟高效栽培与可持续经营技术，展示了不同栽培措施对芳樟的生长和生理指标的影响，并探究了施肥对芳樟醇及其合成调控基因表达的影响。第五章为芳樟油用林采伐管护与可持续经营，探究了采伐频次、采伐施肥、采伐伤口管护对芳樟油用林生长、品质的影响，芳樟根际土壤及根内微生物群落的多样性与微生物菌剂的开发应用。第六章为香樟化学成分及综合利用，主要介绍了芳樟与油樟的化学成分研究进展，展示了芳樟精油提取工艺、山地精油提取车间布局与装备和工艺优化、总黄酮制备、枝叶残渣综合利用创新成果，探究了芳樟提取物活性及其对植物病原真菌活性的抑制作用。

"中心"的全体师生参与了香樟研究并为本书的撰写作出了贡献。负责香樟研究工作的主要有福建农林大学倪林、邹小兴、钱鑫、邹芳芳副教授，参加香樟研究及本书撰写的博士和硕士研究生有孙维红、梁文贤、陈德强、黄铭星、张晓华、王巧、杨弋、邱梦媛、向双、吴茜、乐易迅、倪辉、丁乐、李一凡、肖琳、张麒功、张培兰、曾伟伟等；孙维红博士毕业后入职遵义师范学院，持续参与香樟的研究与本书的编写和出版工作。张培兰对全书章节进行了整理、校对。

福建师范大学胡敏杰副研究员主导了林下土壤及微生物研究；福建中医药大学的黄鸣清教授、张小琴博士主导了香樟芝麻素的药理学试验研究；福州外语外贸学院大数据学院为本研究提供了数据分析平台，曾姣艳副教授等参与了生物大数据分析，福建省林业科学技术推广总站的吴建凯高级工程师、福建省林业调查规划院的万晓会高级工程师参与了资源收集、良种推广示范；泉州市国有林场发展中心的苏宝川高级工程师、泉州市洛江区林业技术推广站的彭金彬高级工程师、福建省安溪半林国有林场的汪国彬和高进兴高级工程师、泉州市城市森林公园发展中心的陈清海高级工程师参与了良种选育、栽培应用研究与相关章节整理。福建省安溪半林国有林场、南安市向阳乡海山果林场是芳樟种植的重要基地，宜宾天樟生物科技有限公司、福建中益制药有限公司在油樟、牛樟、大叶樟、杂樟等的种植与综合利用方面作出了重要贡献，泉州市明道农林开发有限公司在山地精油提取装备与车间建造方面作出了创新贡献，福建粤山环境科技有限公司为香樟园林大苗培育、栽培和林木的管护技术上作出了创新贡献，福建乡约生态农林科技有限公司在无人机及山地单轨火车等高新技术的应用方面作出了贡献。在此，我对参与本研究及本书撰写的各位同仁、为本试验研究提供试验条件的相关单位表示衷心的感谢。

　　在写作过程中，本书吸收了先行者精彩的论断与见解，如引用或标注不当，恳请给予谅解和指正。关于香樟栽培技术、化学成分、分子生物学的研究还需进一步探索，希望有更多的同仁在阅读本书后，能加入香樟的研究行列，也恳请有缘的诸位读者多多指教。

著　者

2024 年 6 月 1 日

目　　录

第一章　绪　　论

第一节　香樟生物学特性

香樟(*Cinnamomum camphora*)是樟科(Lauraceae)樟属(*Cinnamomum*)乔木，在我国有着悠久的栽培历史和利用历史，不同地区对香樟的叫法有所不同，所以香樟又可称为樟树、乌樟等，是"樟""梓""楠""稠"四大名木之首(关传友，2010)。香樟是我国特有的珍贵树种，主产于长江以南地区，其木材材质优良，且防虫耐腐，同时具有较强的吸烟滞尘、涵养水源的能力。此外，香樟不仅是名贵家具、造船、雕刻等的理想用材，还是优良的行道树种、庭荫树种和提炼精油或樟脑的原料。因而，香樟是具有医药、化工、香料、园林绿化等多种利用价值的重要经济树种(张峰等，2017)。

香樟属四季常绿乔木，生长速度中等，但存活期相对较长，在每年四月前后发出新叶的同时老叶会全部掉落，且落叶量丰富；香樟主要生长在南亚热带土地肥沃、垂直最高海拔 600m 以内的向阳坡地、山溪谷和河边平原，但由于纬度的下降其可生长的垂直高度也相应上升，长江以南地区分布的香樟海拔可达 1000m。香樟属于阳性树种，喜温暖湿润气候，耐寒性不强；对土壤要求不严，但在肥沃的微酸性壤土或中性砂壤土中生长效果会更好；较耐水湿，有一定的抗涝能力，即短期浸水仍能生长，在地下水位较高处种植也可以；萌芽力强，一年能抽梢 3～4 次，耐修剪；具深根性，主根特别发达，能抗风，用香樟作为行道树或防风林具有非常大的优势。

第二节　香樟研究文献分析

由于香樟过度开发利用，以及经营方式和栽培措施不当，香樟原始林早已耗尽，次生林的数量也在不断减少，且余下的次生樟树林大多质量堪忧，使得香樟林总体效益受到很大影响。随着生态文明建设的推进，对香樟树等优质树木的需求也越来越大，迫切需要对香樟进行遗传改良和探究香樟人工林高效培育技术。因此，本书系统总结了香樟栽培制度的研究进展，建立科学合理的栽培制度，不仅是提高香樟林经济效益、社会效益和生态效益的必要途径，也是对林地和自然资源的合理利用与保护。

香樟在我国有着漫长的栽培历史。早在明清之前，香樟就常被植于庭前屋后用作观赏乘凉，此阶段香樟数量较少，表现为无序栽培；20 世纪初到 20 世纪中叶,人们逐渐认识到从香樟中提取的樟脑和樟油有很大的医药化工用途,香樟开始被小规模种植;随着对香樟研究的深入,越来越多人认识到了香樟的生态价值和经济价值,并开始重点关注香樟繁育、栽培、精油提取等相关研究。

在中国知网数据库以"香樟栽培"为关键词进行检索,其中林业学科共显示出 178 条结果,时间跨度从 1966 年到 2022 年,对相关文献进行可视化分析,由分析图表可知,林业上对香樟栽培制度的有关探索,从 20 世纪 80 年代开始逐渐呈增长趋势,在 2014 年前后达到高峰,且引证文献数量一直远高于所选文献,说明该领域具有极深远的影响力(图 1-1);此外,林业上香樟栽培的研究内容主要聚焦于栽培技术、栽培管理、特征特性、栽培技术要点、良种选育、栽培与管理、栽培管理技术、优良种源等方面(图 1-2),且以广西壮族自治区林业科学研究院、江西省吉安市林业科学研究所、南昌工程学院、福建农林大学等发文数居多(图 1-3)。同时,在园艺学科下有关香樟栽培制度的文献有 71 篇,主要聚焦于植物多样性、果实品质、行道树、引种栽培和表现、芳香植物精油、林下栽培、新梢间距等。

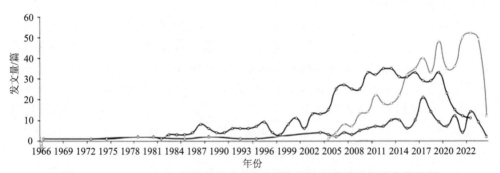

图 1-1　1966~2022 年主题包含"香樟栽培"的文献数量总体趋势统计图

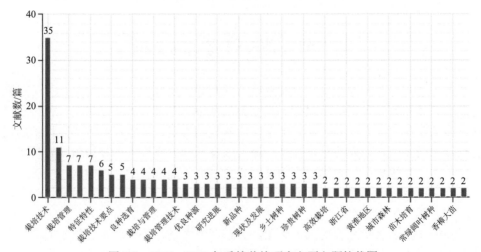

图 1-2　1966~2022 年香樟栽培研究主要主题柱状图

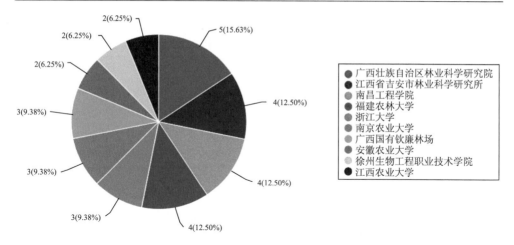

图例：
- 广西壮族自治区林业科学研究院
- 江西省吉安市林业科学研究所
- 南昌工程学院
- 福建农林大学
- 浙江大学
- 南京农业大学
- 广西国有钦廉林场
- 安徽农业大学
- 徐州生物工程职业技术学院
- 江西农业大学

图 1-3　1966～2022 年香樟栽培主要研究机构分布图

在用材林方面，我国江西、福建、四川等地是香樟用材林主要栽植地区；2012年，四川省巴中市巴州区香樟示范区栽植香樟 4.2 万株；2019 年，广西博白打造了万亩^①香樟种植示范基地；随着香樟人工林面积的扩大，香樟现阶段栽培制度的缺陷也逐渐暴露，如树种配置不合理（王可等，2020；王焱和马凤林，2006）、种间竞争（邓育宝，2012）、生存环境污染严重及粗放经营等，这导致香樟林生物多样性被破坏，病虫害泛滥成灾（周爱东等，2018；杨鼎超等，2018；赵丹阳等，2016），其中以樟巢螟虫害最为严重，严重制约了香樟产业的发展（龙永彬等，2017）。

在经济林方面，2017 年，广西对香樟油料林实施"割韭菜式"经营方式，成功实现一年两收，每亩产值可高达 3000～5000 元；2020 年，广西博白香樟油料林种植面积已达 5 万亩；2020 年，四川宜宾油樟油料林种植面积约 52 万亩，综合产值高达百亿元；福建省南安市向阳乡海山果林场通过公司+农户+基地模式，种植了 3000 多亩芳樟油料林，农户每年每户平均增收 3.5 万元。目前，种植经营的香樟油料林大部分管理粗放，导致林分退化较快，同时良种选育跟不上等原因，导致栽培林分良莠不齐，精油得率及效益较低。

在园林绿化方面，2017 年，中共十九大作出了实施乡村振兴战略的重大决策部署后，全国各地积极响应，作为江南四大名木之首的香樟，深受南方各地林业部门青睐，在南方各地作为美化乡村的重要树种广为栽植；2020 年，长沙市、杭州市绿化樟树所占比例超过本市绿化树种总数的 50%（王可等，2020）；湖北沙洋种植香樟苗木 7 万亩，年均销售产值可达 12 亿元；香樟小苗供过于求，大苗价高货缺，据报道，全国香樟绿化大苗年销售产值高达百亿；随着城市建设速度的加

---

① 1 亩≈667m²，下同。

快，香樟也被北方不少城市作为园林绿化树种引种栽培（沈忠明等，2013；袁良济等，2015），但随之也出现了引种成活率不高、移栽成活几年后又死亡、树叶黄化、病虫害严重等一系列问题。

第三节　香樟栽培创新探索

栽培制度是指一个地区的农作物种植制度及与之相适应的养地制度的综合技术体系，是农业耕作制度的主要内容之一，具体包括作物布局、种植方式及与其相适应的农田基本建设、土壤耕作等。农业耕作制度解决了种什么、种哪里、种多少、一年种几茬、采用什么种植方式及如何保护和利用耕地等问题，对农民从事农业生产活动具有重要的指导意义。我国是农业大国，关于农业耕作制度的研究历史悠久，"精耕细作"是我国农业耕作的一大特点，早在汉代就出现了轮作和复种技术，唐宋时期已有较为精细化的中耕除草技术，到明清时期，我国农业耕作技术已逐渐趋于系统完善（孙占祥，2012）。尽管我国关于农作物耕作制度的研究硕果累累，但我国林业起步较晚，在很多领域，尤其是有关林木栽培制度的领域尚有大片空白亟待填补，关于木本植物栽培制度探索的文章更是凤毛麟角。

林木栽培制度与农业上的耕作制度不太相同，但二者在空间利用方式如纯林、混交、套种等，以及时间利用方式如连栽、轮栽、撂荒等方面，有很多共同之处。研究人员对杉木栽培制度进行了探索，提出杉木栽培制度是以栽培方式为中心，佐以一系列相配套的栽培技术措施的综合体系，并根据杉木空间和时间利用方式上的不同，将杉木栽培方式划分为纯林栽培制、混交栽培制、纯林套种制、混交套种制、连栽制、轮栽制与撂荒制等类型。香樟具有材用、经济、园林绿化、防护等多种用途，本研究综合前人（李晗，2015）定义杉木耕作制度的经验和农业上的有关概念，提出香樟栽培制度定义：香樟栽培制度是指为了合理地利用林地并充分发挥香樟的各种用途而对其进行的一系列时间和空间上的安排及栽培技术辅助措施。这种安排适时适地、灵活多变，时间上的安排如连栽、撂荒、轮作等，空间上的安排可以是香樟与其他乔灌树种、绿肥作物、粮食、经济作物等混交或套种，或是香樟纯林栽植等，同时根据香樟的不同用途，辅以相配套的树种选择、良种选育、土壤施肥与翻耕、栽培管理、病虫与杂草防治等技术措施，从而实现香樟优质高产。

一、香樟材用林栽培探索

随着天然林面积的减少，人工林迅速发展起来。第九次全国森林资源清查结果显示，我国森林面积 2.2 亿 hm^2，其中人工林面积 7954.28 万 hm^2（崔海鸥和刘珉，2020）；人工林在木材生产功能上的成效明显优于天然林，人工林不仅是我国木材的主要来源，还是我国森林碳汇主力军，人工林在解决全球碳循环及减缓气候变暖中将发挥举足轻重的作用(方精云和陈安平，2001；杨云博，2019)。

(一)优良用材资源筛选

香樟材质坚韧、紧密，不易折断，也不易产生裂纹，风干后含水量低，防虫耐腐蚀，且木材切面具有非常高的美学价值，是家具、雕刻等的优质材料。越来越多人把目光投向栽培香樟人工速生丰产林，栽培方式也从纯林栽培越来越朝着多样化方向发展，并开始进行优良种质资源的筛选探索。钟永达等(2016)以材用香樟为主要研究材料进行了深入分析，结果发现，香樟种源是决定香樟种子形态和活力大小的主要因素，其次才是遗传因素，因此在选育材用香樟良种时，一定要注重对种源的选择；该研究还表明，可以按照香樟栽培目标引进种源，经过 4龄生长后进行优良单株选择，选择的强度不要过大。

(二)营造香樟混交林

香樟对土壤肥力的要求比较高，一般选用Ⅰ级、Ⅱ级地造林；中下坡位更适合樟树纯林和混交林的种植，因此栽培香樟丰产用材林，应选择Ⅰ级立地，且以山坡下部为宜。人工纯林一定程度上能满足用材需要，但过分追求经济价值，盲目扩大人工林栽培面积，导致连片，不仅不利于栽植及抚育管理，反而会取得适得其反的效果。在丘陵山地中营造速生香樟纯林，应着重选择阴坡中下部的缓坡地段，面积最好控制在 $3hm^2$ 以内，栽植株距和行距分别以 4m 与 2m 为宜，每公顷造林密度保持在 1200~2000 株(陈瑞炎等，2016)。

物种多样性越高，越能发挥森林的生态效益。董敏慧等(2017)首次利用氯仿熏蒸浸提法与 Biolog 技术，比较了松樟混交林与松、樟纯林土壤微生物量碳和氮的含量，以及土壤微生物对不同碳源类型的利用情况，结果表明，松樟混交林土壤微生物量碳、氮含量均显著高于两种纯林，这说明混交林比松树纯林和樟树纯林更有利于提高树体内各类微生物酶活性及植物内代谢物质活性。冷寒冰(2018)对不同香樟群落类型的土壤的理化性质进行了分析，发现随着植物群落层次的增加，地下根系分布更加均匀，土表凋落物输入量增大，土壤容重和孔隙度得以改善，从而提高了土壤持水能力；土壤有机碳和氮含量显著提高，使土壤更加疏松。

树种选择与配置、混交方式、混交比例、栽植密度以及种间关系调控是混交林经营的关键，其中混交方式、混交比例、栽植密度对香樟混交林造林效果影响非常大。香樟侧枝发达，树干多权，采取株间、行间混交方法，有利于培育优质干形，使香樟与伴生树种相互促进；香樟的种间竞争大于种内竞争，即香樟他疏作用明显大于自疏作用，并且竞争强度随对象木径级的增大逐渐减小，因此在营造混交林时应扩大香樟比例。

在选择树种与香樟建立混交林时，应优先选择适应力良好、遗传稳定的乡土树种。研究发现，香樟宜与杉木、马尾松、福建柏、闽楠、柳杉、木荷、油茶等营造混交林，其中，福建柏、闽楠均是香樟优良的伴生栽培树种和林冠下套种混交树种。相比之下，杉木与香樟混交林种间竞争则更为激烈，因此需严格确定混交目的树种并采取一定措施及时调整林分密度。马尾松-香樟混交林中，香樟具有明显的竞争优势，必须采取抑制香樟竞争优势的一些措施来保护目的树种，如采用降低混交林中香樟的比例等措施(刘国昌，2018)。

早在 20 世纪末，人们就开始探讨香樟人工林与其他树种的最佳混交比例。1982 年，有研究人员提出杉木和香樟应采取每隔二行、二株混种一株，株数比为213∶27 的混交方式为宜；不同的混交模式和混交比例会造成林分生长存在较大差异，为了避免混交林分连成层，可将香樟与杉木株间混交，混交比例为1∶3，而香樟与其他阔叶树种如枫香、拟赤杨、光皮桦等的混交比例以(3～5)∶1 为宜。朱细银(2010)通过试验发现，福建柏与香樟的混交比例、立地质量不同，对香樟胸径、单株材积等有极显著影响，对树高则无明显影响，并提出Ⅰ类、Ⅱ类地以7 柏 3 樟混交，Ⅲ类地以 7 樟 3 柏的混交比例为佳。

(三)林下套种(复层混交林)

营造复层混交林是改造现有针叶林分，提升林分质量的关键技术，利用间伐原有的针阔叶树所腾出的空间进行香樟造林，不仅可以充分利用林地，还可以促进香樟生长，获得比纯林高得多的经济效益和生态防护效益。沈爱华等(2006)研究发现，营造马尾松混交林，不管最初采取何种混交方式和造林抚育密度，只要是在同期进行造林，到中龄林阶段，各树种生长发育到了高峰期，种间矛盾便会激化，最后会导致林分结构不稳定；唯有在马尾松幼林或疏林地带套种香樟等珍贵阔叶树种，并于香樟生长旺盛期适当修剪或伐去部分上层马尾松林木，形成马尾松与阔叶树复层林分，才可最大程度保持林分各林龄阶段的相对稳定性，并充分利用林地。陈瑞炎等(2016)对间伐马尾松生态公益林后套种香樟的经济效益、两种林木生长状况、套种后林下土壤质量的研究结果表明，由间伐马尾松林得来的木材收入，完全可以用来维持前期培育香樟绿化苗木所需的费用，并且混交套种下的香樟苗木、马尾松生长状况均表现良好甚至更优；混交后形成的林分在土壤物理性质、林分结构等方面得到很大改善。林洪双(2017)探析了松杉林下套种樟树，认为套种有利于提高樟树成林率。

香樟还可以与其他阔叶树种营造复层混交林，香樟搭配阔叶树种进行混交栽植时，其比例应保持在50%以上，这样即使在立地条件较差的情况下也能较好地发挥混交效益，但到一定林龄以后，为了保证目的树种的旺盛生长，必须采用一些人为措施抑制某些非目的树种的生长趋势。套育香樟的杨树平均胸径、平均树高都显著高于杨树纯林，产生的综合效益也远远高于杨树纯林收益，且在一定范围内，杨树栽植行距越大越有利于香樟苗木生长。陈闽(2017)在尾巨桉林通过平行机械采伐，释放空间，并在林下套种樟树，营造复层混交林，三年后樟树的成活率和保存率可达 95.7%。香樟林间伐后，可于林间空隙补植或套种福建柏、楠木、刨花楠等优质速生耐阴的珍贵树种；2～3 年生的香樟幼林，还可在行间套种三叶青、茶树、熊掌木等，这些伴生树种能在早期提供中小径材，并在改良土壤、保持水土、防治病虫害方面起到一定的作用。

（四）农林复合经营

中国是进行农林复合经营最早且最富成就的国家。早在 2000 多年前就有关于传统复合型农业生产模式的经验记载，著名的"桑基养蚕"就是我国劳动人民在探索复合农业上总结出来的智慧成果，以"塘基种桑、桑叶养蚕、蚕茧缫丝、蚕沙养鱼、鱼粪肥泥、河泥培桑"为特点的闭环生态系统至今仍对我国农林业生产循环模式有很大借鉴意义（叶明儿等，2014）。《氾胜之书》记载，在两汉时期我国就采取过林（桑）粮（黍）间作的种植模式，北魏时就有关于桑豆间作的种植发展模式记载（李松，2015），而中国传统农林复合经营于明清时期进入大发展时期，农、林、渔、畜有机结合的方式开始盛行。第二次世界大战后至 20 世纪末，随着"人口剧增、资源匮乏、粮食短缺"等一系列全球性问题的日益凸显，多物种、多层次、高收益的农林复合经营也重新走进大众视野，且越来越受到人们的青睐。20世纪 60 年代以来，以三北防护林体系、长江流域防护林体系、水源涵养林体系为代表的现代农林复合经营模式在我国蓬勃发展，且具备了一定的规模；而农林复合经营被单独确立为一个分支学科，1978 年国家农林复合经营委员会的成立，则标志着农林复合经营迎来了一个大发展时期（程鹏等，2010）。

所谓农林复合经营，是指按照生态经济学的原理，在同一土地经营单位上，把农、林、牧、副、渔有机地组合在一起而形成的复合生产系统，这种复合系统不仅具有多种群、多层次、多功能、多效益、高产出的特点，还能充分发挥林地生产力。农林复合经营的生态学理论基础是植物种群之间的互相作用、化感作用原理及植物养分的循环代谢机理（孙圆等，2020）。木本和草本园林植物复合种植模式是人工林重要的经营管理模式之一，但是该种植模式会明显受到凋落物化感作用、种群间互作等的影响。香樟凋落物在分解过程中会释放化感物质，该类物质与光强的互相作用以及该类物质对受体的化感作用，是直接抑制香樟林下草坪草种子萌发繁殖和快速生长的主要因子，而这种影响又具有随凋落叶量增大而增强的"浓度效应"和随分解时间延长而先强后弱的"时间效应"（李仲彬等，2015）。

可见，香樟林下不易建植长久性优质草坪，因此发展香樟林下复合种植一定要选择对香樟凋落物分解的化感物质敏感度较低的植物种类。研究表明，萝卜比红苋菜和荠菜受到的香樟化感物质抑制作用更小（李建勇等，2008）；茄子比小白菜、莴笋耐受性更强，莴笋对香樟化感物质最为敏感（张如义等，2017）；辣椒的营养生殖生长会受到香樟凋落物分解释放的物质的强烈抑制(贺婷婷，2016)；相比于白三叶和匍匐剪股颖两种草坪草，沿阶草对香樟凋落叶分解产生的化感胁迫效应具有更强的耐受性(张淑珍等，2018)；较耐阴和耐香樟树化学他感作用的高羊茅'Plantation'品种或草地早熟禾'Langara'品种可以种植在单行或单棵香樟树下，不宜种在郁闭度非常高且光照条件不好的林下(王琛等，2010)。尽管香樟化感作用一定程度制约了香樟林下种植产业的发展，但在实际生产实践中，仍然可以通过定期清除香樟落叶，避免其在土壤中大量堆积的方法，最大程度上减缓香樟化感物质带来的抑制作用。

已有研究报道，农林牧复合经营模式不仅可以改善林下草地的生态环境，同时适宜的放牧强度还可以促进牧草再生能力，该经营模式在降低林下环境的气温、土温和风速，减少土壤水分的蒸发，改良土壤结构等方面也有很大优势(李志刚等，2011)。但目前关于香樟的农林牧复合经营模式研究不多，大多处于探索阶段。姜娜等(2018)研究了香樟-草-鸡系统对优质肉鸡生长及其对环境的影响，结果表明，低密度组鸡存活率、牧草采食量、饲料转化效率均比对照组高，且草地退化程度明显低于对照组；高密度组香樟的生长速度及土壤速效磷、速效钾含量均优于低密度组，但牧草资源明显不足。李志刚等(2011)对上海市崇明区的香樟-牧草-山羊复合经营模式中不同放牧强度和不同光照条件对香樟林下混播草地生产力的影响进行了研究，结果表明，适度的林分郁闭度并不会造成香樟林下草地的大面积减产，适宜的放牧强度可以在一定程度上促进林下牧草生长，提高草地生产力。

经济林-农作物复合经营模式比单一经营能更充分地利用光能、改善林地生态环境、减少水土流失和病虫害、提高土壤养分含量，从而更好地促进林木和农作物生长，不仅有利于实现生态系统的良性循环，同时也能带来更高的经济效益。

二、香樟经济林经营探索

香樟作为重要的经济树种，其根、茎、叶均可用于提取樟油和樟脑等，且香樟精油中含有多种化学型，目前已报道的有9个，如樟脑型、龙脑型、左旋芳樟醇型等(金志农等，2020)，不同化学型可作为不同原料在医药、化工、香料等多个领域得到应用；除此之外，香樟的根、果实、叶子还可入药，有活血化瘀、治疗风湿、杀菌止痛之效，可谓全身是宝(刘杨等，2021)。

(一)良种选育和无性繁殖

香樟具有丰富的种内遗传变异(任四妹和马剑，2011)。研究表明，香樟有性繁殖后代的叶精油会出现与母本化学型分离的特性(张北红等，2020)；不同化学型香樟其精油得油率、成分组成、含量存在显著差异，香樟种内个体间樟脑油和芳香油的含量也各不相同(胡文杰，2013)。而无性繁殖比有性繁殖更能保持亲本优良性状，因此当香樟作为经济林栽植时，要想收获遗传稳定、产量高、有效成分含量高的优质林产品，必须根据培育目标，对其进行良种选育，把从原始群体中选出的优良单株的种植材料分别进行无性繁殖，从而获得优良无性系单株。目前，生产上主要采用选优、组培快繁、伐桩萌芽、修枝剪叶、营造采穗圃等方法来保证优良香樟的遗传稳定性（张耀雄，2015；胡文杰，2013；王以红等，2010；黄金使等，2008；吴幼媚等，2006；易平等，2012；张国防，2006）。

香樟精油得率对精油产量影响最大（胡文杰，2013），其主成分含量高低则决定了精油的市场价值，对于经济用香樟，要综合产量、品质和市场一起考虑，才能挑选出更有经济价值的优良单株。香樟精油得率受纬度、坡位、坡度等立地因子影响。张国防（2006）根据香樟精油不同化学型等级划分标准和分布，提出芳樟醇含量在 95% 以上、樟脑含量 5% 以下的樟树最具有开发潜力，可作为优良单株进行扩繁，并通过试验确定了福建省内芳樟、桉樟、脑樟、黄樟等不同化学型香樟进行优株筛选的重点区域和候补区域。王以红等（2010）采用人为嗅香的方式先进行樟树优株的初选，再从初选优优的枝叶中提取精油分析得油率和测定主成分，对筛选出的 10 株优良芳樟醇型香樟单株进行培育得到了'广林香樟 90 号'、'广林香樟 95 号'、'广林香樟 100 号'和'广林香樟 101 号'4 个优株，对这些优株进行无性系造林发现，与实生苗幼树相比，优树无性系幼树枝叶的芳樟醇和樟油含量分别高出 8.5%～11.7%、9.2%～12.6%，樟脑含量降低 0.59%～0.51%，且樟油主成分含量与原优株基本保持一致。胡文杰（2013）也以各化学型的得油率与樟脑平均值的乘积作为挑选优良单株的标准，筛选了桉叶油醇含量为 63.20% 的优良单株'油 313'，樟脑含量分别为 86.22% 和 84.99% 的优良单株'脑 1316'和'脑 1259'，以及异橙花叔醇含量为 53.02% 的'异 200'。

（二）采收部位、时间和采伐强度

同一化学型香樟，在不同样株、不同部位，其精油含量不同；一般来说，精油含量最高的部位是叶，其次是根、枝。由于香樟精油的主成分种类和含量变化复杂，需根据目标精油成分，确定合适的采收期和采伐强度。胡文杰（2013）分析了 3 种香樟化学型在不同月份的叶精油得率，发现油樟叶精油得率在 7 月最高，脑樟叶精油在 7 月和 5 月这两个月份的平均得率均很高，而异樟叶精油月平均得率最高的月份为 9 月。张北红等（2020）综述了几种常见化学型香樟主要化学成分相对含量的变化规律，1,8-桉叶油素 3～4 月含量最高，芳樟醇含量 6 月和 10 月较高，樟脑、异橙花叔醇、柠檬醛 7 月含量最高。采伐强度对香樟单位面积生物量的影响也很显著。易平等（2012）分析了不同伐桩高度对香樟生长性能的影响，结果表明，桩高在 20cm 左右时，单株萌芽条数最多、平均生物量最大。李悦等（2018）研究了不同采伐措施对香樟生长及光合特性的影响，结果表明，采伐香樟油料林强度过大将抑制新梢叶片光合作用，过小则达不到促进效果，香樟最佳采伐强度是轻度和中度采伐，即留桩 25～35cm。

（三）人工经营管理措施

研究表明，不同施肥处理对香樟叶精油及其主成分含量的影响达到显著水平，且相比其他营养元素，N 施用量对其的影响尤为显著（于静波等，2013）；有机肥和微量元素在一定程度上能提高香樟的超氧化物歧化酶（SOD）、过氧化物酶（POD）、过氧化氢酶（CAT）含量，从而提高芳樟对外界不良环境的适应性（黄秋良等，2020）。

陈晓明等（2012）通过盆栽试验表明，N 肥对香樟枝叶产量增加及 K 肥对枝叶含油率提高有很大促进作用，并提出 N、P、K 最佳配方比为 1：0.29：1.15。于静波等（2013）检测了芳樟 1 年生扦插苗在不同 N、P、K 配方施肥下叶精油的含量和芳樟醇的相对含量，并确定了精油和精油主成分含量最高时的最优施肥配比，即精油含量达到 2.22% 时，对应的 N、P 和 K 的每盆施用量分别为 3.52g、5.00g 与 2.76g；芳樟醇相对含量达到 95.18% 时，对应的 N、P 和 K 的每盆施用量分别为 2.84g、5.00g 与 4.87g。王丽贞等（2021）的 $L_9(3^4)$ 正交试验也证明了不同 N、P、K 配方施肥会影响香樟油用原料林地上部分的生物量，且该试验中以每株施用 107g 尿素、416.7g 过磷酸钙、50g 硫酸钾为最优化组合。朱昌叁等（2019）在大田条件下，采用随机区组设计，研究了不同类型肥料（复合微生物菌肥、普通复合肥、桉树萌芽林专用肥、微生物复合肥）对‘广林香樟’无性系萌芽林生长和含油率的影响，结果表明，施用微生物复合肥可显著提升香樟萌芽林单位面积产油量及其品质。

不同栽植密度对香樟油料林的单位面积生物量影响存在显著性差异，但对香樟精油得油率和主成分含量影响不显著；不同修剪整形对香樟生物量影响也不显著，但可间接影响香樟的单位面积生物量。覃子海等（2011）通过检测 3 种不同栽培密度（9900 株/hm²、5700 株/hm² 和 3300 株/hm²）的香樟幼林鲜叶和优株母本的得油率及其主成分芳樟醇含量、樟脑含量，结果发现，密度对精油得率和主成分含量影响不显著；栽培密度为 5700 株/hm² 最宜，香樟叶得油率最高。陈锋（2014）研究了不同经营密度与修剪技术对香樟油料林的影响，提出了矮化密植经营措施，即香樟油料林密度应控制在 4400 株/hm² 左右，每 5 年采伐一次，且期间进行合理的枝条修剪。

三、香樟园林绿化专用技术探索

香樟枝叶茂密，冠大荫浓，树姿苍劲雄伟，常配植栽种于湖边池畔、道路两侧、小区公园等，或在草地中作孤植、丛植、群植，以供庭院绿化、遮阴、观景、构图之用；又因其对多种挥发性有毒气体抗性较强，有着较强的吸滞粉尘的能力，被广泛用于行道树或栽植于工矿企业区等污染较重的地方。

（一）大树移植技术

近年来，不少地方选用香樟作为园林绿化主要树种之一，香樟大树移植也因其养护管理成本低、可以加快园林绿化速度等优势被各大城市作为引种栽植树种首选。对于大树的定义，不同地域对不同树种有不同的标准，香樟树龄 15 年、高度 4m、胸径 15cm 以上即为大树。和小苗移栽相比，大树移植培养年限短，省时省力，能迅速达到景观效果，但大树移植技术性较强，对移栽人员操作水平有很高要求，必须根据香樟的树种特性，遵循适地适树、保护树势原则，灵活运用各种技术，从而达到园林绿化效果。

树木选择。应该选择树冠饱满而匀称美观、主干青嫩无纵裂且胸径大于 15cm 的生长健壮的大树，对于已经经过二次移植培育过的或经容器培养过的须根发达的大树，应优先挑选（杨崇蓉等，2013），对于有病虫害和机械损伤的应不予考虑。

缩干截根。截根可以大大促进香樟侧根和须根生长，进而增加移栽成活的概率（王红花，2005）。已有 5～8 年以上未移植过，或自苗期移栽过一次的干径超过 20cm 的香樟大树，都必须于初春或夏末秋初根部生长旺盛期，在根部两侧按照树干直径的 3～3.5 倍挖沟断根，务必保证断根截面齐整，断根后及时在创口上涂抹用 10～20mg/kg 的 3 号广谱高效绿色植物生长调节剂（ABT）生根粉药液与黄土搅拌成的稀糊状物，再埋严踏实，第 2 年再对另外两侧作相同处理，直至第 3 年春方可移栽（毛春英和张纪德，2003）。

树体修剪。修剪是香樟在大树移栽时的关键措施之一，主要有全苗式、截枝式和截干式 3 种修剪方式。香樟萌芽力较强，宜采用截枝式修剪：在定植之前截去树冠上全部的小枝和叶子，只留一级骨干架，作为行道树的香樟主干高度可定在 3～3.5m，主枝保留 50～60cm 的长度（毛春英和张纪德，2003），且修剪时创口要平整，一、二级分枝处剪口可采用农用凡士林加农用杀菌剂混合消毒，并将创口漆封、蜡封以促进愈合，防止腐烂和水分蒸发（杨崇蓉等，2013）；对于在秋冬季全冠移栽的香樟树，为了充分保证移栽苗木的成活，在第 2 年早春应该修剪掉 1/3 的枝叶，以确保新叶大量萌发时根系吸水和叶片蒸腾保持相对平衡。

移植时间。在移植时采取措施保护好树皮层和根皮，同时保证根部和树体有较充足的水分供应并在夏季高温时防止日灼，香樟可以裸根苗移植，然而这种方法对技术措施要求比较高，实际操作中也比较复杂，因此选择适宜的栽植时机仍然是保证香樟栽植成活率及正常生长的关键措施之一。香樟是喜温暖湿润气候的阳性树种，在温度为 15℃左右时生长最宜，因此可以选择于每年的 3～4 月土壤解冻、新叶萌芽前移植香樟，较北地区可以适当延迟移植时间；若在 4～5 月新叶已萌发完或者冬季移栽，则需保留部分新叶，于雨季刚开始时移栽，以减少树体蒸腾，促进生根。

采挖、运输、栽植。采挖、运输、栽植是树木移栽成活的 3 个重要环节。香樟是常绿大型深根性树种，主根粗大发达，常采用带土球起挖，土球直径至少为树干直径的 6～8 倍，土球高度应为土球直径的 2/3；采挖时一般先用铁锹轻轻将土球的肩部修整圆滑，待四周表土自上而下修平至土球高度约一半时，可以逐渐向内修整成一个上大下小的形状，边挖边用湿润的粗草绳绕紧土球，缠好土球后立即用吊车将土球吊起，过程尽量不要伤及树皮，树干应包上一些松软的材料后再放在车后板上，树冠也要用软绳收拢好并覆盖遮阳网，运输前用绳索将树体扎紧（姚旭，2019）。按照所选香樟大小提前挖好树穴，且树穴纵深应大于香樟根长，香樟最适合栽植于湿润、肥沃的微酸性或中性砂壤土中，对于不合适的土壤要提前更换成营养土，以提高移栽成活率；栽植时为了使移植树尽快适应新环境，应保持移植大树原有的生长方向，采用二次沉降法压实土壤（罗丽君，2010），但要保证其主根舒展。

栽后管理。对于移栽的香樟大树，定植扶正后应用三根粗竹竿支撑树干，以防风吹或人为歪斜；定植后要适时进行喷雾浇水、绑膜除膜、修剪老弱枝、培养优良树形、防控病虫害等工作，并做好盛夏遮光防晒和严冬防寒（毛春英和张纪德，2003）。

（二）病虫害防治

研究表明，香樟林相越单一、树龄越小、立地环境土表越疏松，越容易发生樟巢螟虫害，而与其他物种混栽后能明显降低有虫株率（王穿才和蒋德强，2008；张念环等，2006）。近年来，香樟被不少城市作为园林绿化树种进行引种栽培，王可等（2020）基于我国 35 个城市的网络街景图调查发现，我国南方城市多选用香樟作为行道树和园林绿化树种，长沙市和杭州市的樟树比例甚至超过树种总数的50%。但城市中的香樟树龄普遍小，单个物种优势明显，林相单一，且生存环境污染较大，是病虫害好发的地点，需做好病虫害防治措施（袁良济等，2015；李顺，2013，沈忠明等，2013；雷琼，2008；吴志明，2008）。

针对这些问题，目前主要采取改造香樟纯林树种群落结构、营造复层林、增加物种丰富度、提高生态系统复杂性、加强管理等方法（杨子欣等，2018；吴志明，2008；方尉元，2007）；对于危害香樟的重要害虫，主要采用化学方法进行防治，但此方法不仅有一定局限性，还会带来很多环境问题（陶晓杰，2019），因此可以采用冬季深耕土壤、清除林间枯枝落叶及杂草的方式来杀死越冬虫卵和病原菌（彭志等，2017）。此外，许多学者都把目光投向樟巢螟防治效果更好、针对性更强的生物防治上，如使用白僵菌和绿僵菌（杨华等，2020）；白僵菌可以侵入害虫使其变得僵硬，从而达到灭杀的效果。南安市向阳乡海山果林场种植的大面积香樟纯林，就主要使用白僵菌制成的真菌杀虫剂，点燃后抛至樟树林空中，从而起到大面积防治害虫的作用。

四、香樟栽培技术发展原则

前人对香樟栽培技术进行了各种探索,但大多是对不同经营目的香樟的利用,未能将各项香樟栽培措施科学地组装配套,在材用、油用香樟种质资源收集,良种选育上还比较薄弱,对如何保持优良香樟遗传性状和快速繁殖技术的研究也不够深入,在栽培利用上如何达到生态效益最大化的研究也不多,分类综述观赏用、材用、药用、绿化用等不同用途香樟的栽培技术,系统建立香樟栽培体系的研究更是凤毛麟角,没有建立一套广泛适用的栽培原则,还停留在经验上。鉴于香樟经济、社会和生态价值高,及其在增收致富中所能发挥的巨大效益,未来香樟人工林的栽培面积还会进一步扩大,种植区应以生态为本、产业富民的实际行动,成为绿水青山就是金山银山理念践行样板、生态文明建设典范。

遵循因地制宜,水土保持原则。针对不同的立地条件,选择不同的香樟造林模式。在立地条件较差的地区营造香樟材用林,首先考虑与生态防护林结合,营造混交林;缓坡地需要考虑林下套种药材或其他农林复合种植,其不仅可以提高短期的经济效益,实现可持续经营目标,还会对林地的土壤及林下小气候起到较大的改善作用,同时还能促进香樟及与其混交、伴生树种的生长,最大程度利用林地。香樟对土壤肥力要求高,在Ⅰ级、Ⅱ级立地营造丰产用材林时,可以选择下坡位置,进行纯林栽培,这样可以节约成本,达到更好的经济效益。

遵循生态优先,持续经营原则。重视对种植地区生态环境的选择,在生态条件不适宜、污染大的地区,不适合种植香樟油料林;香樟具有多种化学型,其最适生态幅也不一样,不同地区应根据本地区立地条件特点,确定培育香樟油用林的目标,并根据目标,确定与之配套的可持续经营的人工管护技术体系;在栽培制度建立时,创建公司+农户+基地模式,统一品种,配套专用农资和技术,将采收的经济价值与生态碳汇能力结合实现经济效益与生态效益的统一。

遵循适地适树,专用培育原则。对于与香樟原有生境跨度较大的地区,不宜大面积引种,而应优先种植遗传稳定的乡土树种作为绿化主要树种,若确定要引种香樟,也应提前对其苗木进行生态学适应锻炼;研发完善大树移植、管理技术,在最短的时间内,熟练完成采挖、运输、栽植香樟等一系列过程,并采取一定措施保护香樟树势;避免"山地大树进城",建立绿化专用品种+人工容器大苗培育制度,从而最大限度提高移栽香樟成活率,实现绿化美化的目标,为美丽城乡宜居环境建设作贡献。

第四节 樟属化学成分研究进展

樟属属于樟科,包括约250种树种。樟属植物具有很高的经济价值,并已广泛用于制药、化学、食品和化妆品工业。近年来,研究者对樟属植物进行了大量的研究，但仅对约 20 种樟属植物进行了有关天然产物及其生物活性的研究。

樟科包括约 45 属 2000～2500 种，在制药，化学，食品和化妆品工业中具有重要的经济意义。樟属是樟科中非常重要的一个属，包括大约 250 种，以常绿乔木和灌木为代表(Asadollahi et al., 2019)。樟属植物主要分布在热带和亚热带的亚洲、澳大利亚和太平洋岛屿。在中国，樟属资源十分丰富，有 46 种樟属植物，主要分布在南部省份，北至陕西和甘肃南部。其中云南的物种最多，其次是广东和四川(Kumar et al., 2019; Zeng et al., 2014a)。

在中国，樟属植物长期以来是中药、木材、食用水果、香料和香水的重要来源。一些樟属品种，如肉桂、锡兰肉桂和川桂，都是著名的草药，使用历史悠久。桂皮是一种著名的传统中药，已被用于治疗心血管疾病、慢性胃肠道疾病和炎症性疾病(Singh and Jawaid, 2012;Wuu-Kuang, 2011)。另外，从樟属植物中提取的精油是食品和化妆品行业的重要原料，并且已被研究发现具有抗菌活性(Huang et al., 2014)。因此，樟属已被广泛认为是一个重要的属，需要加以探索。目前，对肉桂生物活性成分的研究是国内外研究重点，已从肉桂中分离出 500 多种具有多种药物活性的化合物，许多成分已在临床上用于治疗各种疾病，如肉桂醛、肉桂酸、芝麻素、樟脑、冰片等。许多相关先导化合物正在研究和开发中，其中多数新化合物在活性筛选试验中具有独特的结构。在本书中，我们系统总结了樟属植物中全部类型的成分，涉及 19 种樟属植物的 561 种成分，包括 181 种萜烯类，82 种木脂素类，46 种丁内酯类，65 种黄酮类，76 种苯丙素类，19 种生物碱和 92 种其他化合物。此外，本书还介绍了它们的药理活性，涉及抗氧化、免疫调节、抗炎和抗癌作用。

一、萜烯类

国内外学者已经对樟属植物的化学成分进行了许多研究，并将研究重点放在了大约 14 个物种上。从这些研究中，已证明该属拥有丰富且具有独特结构的各种萜类。迄今为止，已从樟属中分离出总共 181 种萜烯类化合物，包括 43 种单萜、83 种倍半萜、53 种二萜和 2 种三萜。在这些化合物中，从肉桂(*Cinnamomum cassia*)中获得了 119 种，从川桂(*Cinnamomum wilsonii*)中获得了 21 种，从香樟(*Cinnamomum camphora*)中获得了 19 种，从云南樟(*Cinnamomum glanduliferum*)中获得了 18 种，从香桂(*Cinnamomum subavenium*)中获得了 17 种，从锡兰肉桂(*Cinnamomum zeylanicum*)中得到 8 种，从土肉桂(*Cinnamomum osmophloeum*)中得到 8 种，从银木(*Cinnamomum septentrionale*)中得到 3 种，从菲律宾樟(*Cinnamomum philippinense*)中得到 3 种，从兰屿肉桂(*Cinnamomum kotoense*)中得到 2 种，从阴香(*Cinnamomum burmannii*)中得到 1 种，从黄樟(*Cinnamomum porrectum*)中得到 1 种，从网脉桂(*Cinnamomum reticulatum*)中得到 1 种，从普陀樟(*Cinnamomum tenuifolium*)中得到 1 种。

(一)单萜

樟属植物中总共报道了 43 种单萜(表 1-1),包括 24 种环状单萜(1~17、37~43)和 19 种非环状单萜(18~36)。在这些环状单萜中,化合物 1~13 为薄荷烷型单萜,其为樟属中最丰富的类型。另外,化合物 6~12 是樟属植物挥发油中的常见成分。樟脑(15)、芳樟醇(29)和桉叶油醇(41)是香樟中挥发油的主要成分。化合物 16 和 17 属于蒎烷型单萜,在挥发油中很常见。单萜 18~36 是月桂烷型单萜,在这些化合物中,化合物 18~24 具有与葡萄糖连接的苯乙酸香叶酯。将化合物 18~21、23 和 24 进一步环化可以形成四氢呋喃环。有趣的是,这些化合物仅从肉桂中可分离到,并且是该物种的特征化合物。从银木中提取的化合物 25~27 为单萜内酯,基于该结构,将化合物 27 的 C-4 和 C-7 位置的原始羟基进一步环化可以形成稀有的螺内酯结构。从香樟中获得的化合物 33 是一种无环单萜,其中一个碳被降解,并且显示出很强的抗炎活性。化合物 37 和 38 是来自网脉桂的单萜,其中一个碳被降解。从香桂中分离得到的 subamone(43)具有环庚酮骨架,并且具有很强的抗肿瘤活性。

表 1-1 樟属植物中的单萜

序号	类型	化合物
1		(3*R*,4*R*)-对薄荷烯-3,4-二醇 3-*O*-β-*D* 吡喃葡萄糖苷
2		3-(3*R*,4*S*,6*R*)-对薄荷烯-3,6-二醇 4-*O*-β-D-吡喃葡萄糖苷
3		(4*R*)-对薄荷烷-1,2a,8-三醇
4		香芹酚
5		麝香草酚
6	薄荷烷型	α-松油醇
7		α-水芹烯
8		萜品烯
9		4-异丙基甲苯
10		萜品油烯
11		4-松油醇
12		柠烯
13		(1*R*,2*R*,4*S*,6*S*)-4-(2-羟基丙烷基)-1-甲基-7-氧杂双环[4.1.0]庚烷-2-醇
14	樟脑烷型	2-茨醇
15		樟脑

续表

序号	类型	化合物
16	蒎烷型	α-蒎烯
17		β-蒎烯
18		cinnacasside A
19		cinnacasside B
20		cinnacasside C
21		cinnacasside D
22		cinnacasside E
23		cinnacasside F
24		cinnacasside G
25		5-(2,3-二羟基-3-甲基丁基)-4-羟基-4-甲基二氢呋喃-2(3*H*)-酮
26		5-(2,3-二羟基-3-甲基丁基)-4-甲基呋喃-2(5*H*)-酮
27	月桂烷型	8-羟基-4,7,7-三甲基-1,6-二氧杂螺[4.4]壬-3-烯-2-酮
28		反式芳樟醇-3,6-氧化物-β-*D*-吡喃葡萄糖苷
29		芳樟醇
30		3,7-二甲基-1-辛烯-3,6,7-三醇
31		3,7-二甲基-辛-1-烯-3,6,7-三醇-6-*O*-β-*D*-吡喃葡萄糖苷
32		(6*R*)-香叶醇-6,7-二醇
33		6-羟基-6-甲基-4,7-辛二烯-2-酮
34		β-罗勒烯
35		月桂烯
36		乙酸香叶酯
37	去甲萜型	reticuone
38		(3,3-二甲基环己-1-烯-1,4-二甲基)二甲醇
39	其他	α-侧柏烯
40		桧烯
41		桉叶油醇
42		莰烯
43		subamone

(二)倍半萜

从樟属植物中总共分离出 83 种倍半萜，它们具有多种结构类型(表 1-2)。这些成分中有 28 个紫罗兰酮倍半萜(44～71)，是樟属中最丰富的倍半萜骨架。尽管紫罗兰酮倍半萜在天然产物中很常见，但这种来自樟属的化合物具有如下特殊之处：①在某些化合物中，C-4 与羟基相连，包括 44～46、48、49，51～53、57 和 63；②与 C-5 相连的甲基被羟基化，如化合物 47、58～61 和 64；③在化合物 51

中缺失 C-3 的羟基；④C-2 与羟基相连，如化合物 51 和 68。

表 1-2　樟属植物中的倍半萜

序号	类型	化合物
44		wilsonol A
45		wilsonol B
46		wilsonol C
47		wilsonol D
48		(3S,4S,5S,6S,9S)-wilsonol E
49		(3S,4S,5S,6S,9R)-wilsonol E
50		wilsonol F
51		wilsonol G
52		(3S,4S,5S,6S,9S)-3,4-二羟基-5,6-二氢-β-紫罗兰醇
53		lasianthionoside A
54		boscialin
55		(3S,5R,6S,7E)-巨豆-7-烯-3,5,6,9-四醇
56		(3S,5S,6S,9R)-3,6-二羟基-5,6-二氢-β-紫罗兰醇
57	紫罗兰酮型	wilsonol H
58		wilsonol I
59		wilsonol J
60		wilsonol K
61		wilsonol L
62		(3R,9S)-巨豆素-5-烯-3,9-二醇-3-O-β-D-吡喃葡萄糖苷
63		(3S,4R,9R)-3,4,9-三羟基巨豆蔻-5-烯
64		apocynol A
65		blumenol A
66		去氢吐叶醇
67		(3S,5R,6S,9S)-3,6,9-三羟基巨豆蔻-7-烯-O-β-D-吡喃葡萄糖苷
68		(1R,2R)-4-[(3S)-3-羟基丁基]-3,3,5-三甲基环己-4-烯-1,2-二醇
69		(3S,5R,6S,7E)-3,5,6-三羟基-7-巨豆烯-9-酮
70		蚱蜢酮
71		asicariside B1
72	丁香烷型	石竹烯氧化物
73		反式石竹烯
74	蛇麻烷型	(2E,9E)-6,7-顺式二羟基葎草多糖-2,9-二烯
75		α-葎草烯
76	杜松烷型	cinnamoid B
77		cinnamoid C
78		mustakone

序号	类型	化合物
79		oxyphyllenodiol A
80		oxyphyllenodiol B
81		(−)-15-hydroxytmuurolol
82		15-羟基-α-荜澄茄醇
83	杜松烷型	β-杜松烯
84		δ-杜松烯
85		α-依兰油烯
86		α-荜澄茄醇
87		α-白菖考烯
88		菖蒲烯
89		4(15)-桉叶烯-1β,7,11-三醇
90		1β,6α-二羟基桉叶-4(15)-烯
91		1α,6β-二羟基-5,10-双表桉叶油醇-15-甲醛-6-O-β-D-吡喃葡萄糖苷
92	桉烷型	1β,4β,11-trihydroxyl-6β-gorgonane
93		cinnamosim B
94		cinnamosim A
95		1β,7-dihydroxyl opposit-4(15)-ol
96		1β,11-dihydroxyl opposit-4(15)-ol
97		4α-10α-二羟基-5β-H-guaja-6-烯
98	愈创木烷型	山姜烯酮
99		α-布藜烯
100		愈创醇
101		香木兰烯-4β,10α-二醇
102		香木兰烯-4α,10α-二醇
103	香木兰烷型倍	1-epimeraromadendrane-4β,10α-doil
104	半萜	espatulenol
105		桉油烯醇(spathulenol)
106		(−)-异喇叭烯
107		β-红没药烯
108	没药烷型	红没药醇
109		姜黄烯
110	吉马烷型	大牛儿烯 D
111	柏木烷型	柏木烯
112		3S-(+)-9-氧代橙花叔醇
113	其他	2,6,11-三甲基十二烷-2,6,10-三烯
114		(+)-(6S,7E,9Z)-脱落酯
115		gibberodione

续表

序号	类型	化合物
116		(+)-脱落酸
117		石竹烷-1,9β-二醇
118		氯苯-2β,9α-二醇
119		cinnamoid A
120		cinnamoid D
121	其他	cinnamoid E
122		(−)-15-羟基-T-依兰油醇
123		α-荜澄茄油烯
124		(−)-α-蒎烯
125		1-(3-吲哚基)-2,3-二羟基-1-丙酮
126		百秋李醇

化合物 72 和 73 属于丁香烷型倍半萜。化合物 74 和 75 属于具有十一元环的蛇麻烷型倍半萜。化合物 97～100 是愈创木烷型倍半萜，其中 98 基于该结构被进一步环化，并且具有有效的抗肿瘤活性。

杜松烷型倍半萜包括化合物 76～88。连接在化合物 79 和 80 的 C-9 位置的甲基被降解，并且两者均从香桂中分离得到。从肉桂中分离的化合物 81 和 82 中，C-10 位的氢被羟基化。另外，化合物 83～88 在樟属植物的挥发油中常见。

桉烷型倍半萜包括化合物 89～96。化合物 92 是重排的倍半萜，其异丙醇基团从 C-7 迁移至 C-6。此外，94～96 也是重排的倍半萜，其中一个碳迁移形成环戊烷结构。有趣的是，以上化合物均来自肉桂。

化合物 101～106 是香木兰烷型倍半萜。此外，化合物 107～111 是樟属植物中挥发油的常见成分，其中 107～109 是没药烷型倍半萜，而 110 和 111 分别属于吉马烷型和柏木烷型倍半萜。化合物 117 是基于丁香烷骨架进一步环化的结果。化合物 118 是在 117 的结构基础上，经过一个碳原子的迁移形成的。

2014 年，有学者从肉桂中分离出 cinnamoid A(119)，该化合物具前所未有的骨架，该骨架可能来自杜松烷型倍半萜。化合物 119 可能的生物合成途径是通过裂解 C-5 和 C-6，然后用 C-6 构建 C-4 并用 C-10 连接 C-5。此外，化合物 120～122 是通过裂解 C-9 和 C-4 而重新排列的杜松烷型倍半萜。

(三)二萜

从樟属植物中总共分离出 53 种二萜(表 1-3)。其中大多数来自肉桂(127～178)，而 179 来源于兰山与肉桂和菲律宾樟。从肉桂中发现了 9 个新的二萜骨架，包括 ryanodane(肉桂固醇 B 型)、11,12-seco-ryanodane(肉桂固醇 A 型)、7,8-seco-ryanodane(肉桂固醇 C 型)、isoryanodane(肉桂固醇 D 型)、

10,13-cyclo-12,13-seco-isoryanodane（肉桂固醇 E 型）、12,13-seco-isoryanodane（肉桂固醇 F 型）、11,12-seco-isoryanodane（肉桂固醇 G 型）、6,10-cyclo-12,13-seco-isoryanodane（肉桂烷型）及 11,14-cyclo-8,14:12,13-di-seco-isoryanodane （cassiabudane 型）。

表 1-3　樟属植物中的二萜

序号	类型	化合物
127		肉桂固醇 A
128		肉桂固醇 A-19-O-β-D-吡喃葡萄糖苷
129		无水桂二萜醇
130	肉桂固醇 A	epianhydrocinnzeylanol
131		1-乙酰肉桂固醇 A
132		2,3-脱氢无水桂二萜醇
133		肉桂固醇 H
134		桂二萜醇
135		cinnzeylanine
136		肉桂固醇 B
137	肉桂固醇 B	ryanodol
138		ryanodol 14-monoacetate
139		18-羟基桂二萜醇
140		cinnzeylanone
141		肉桂固醇 C1
142	肉桂固醇 C	肉桂固醇 C1-19-O-β-D-吡喃葡萄糖苷
143		肉桂固醇 C2
144		肉桂固醇 C3
145		肉桂固醇 D1
146		肉桂固醇 D1 葡萄糖苷
147		1-羟基肉桂固醇 D1
148		肉桂固醇 D2
149		肉桂固醇 D2 葡萄糖苷
150	肉桂固醇 D	肉桂固醇 D3
151		肉桂固醇 D3-2-O-单乙酸酯
152		(18S)-3-脱羟基肉桂固醇 D3
153		(18S)-3-脱羟基肉桂固醇 D3 葡萄糖苷
154		(18S)-3,5-二脱羟基-1,8-二羟基-肉桂固醇 D3
155		(18S)-3-脱羟基-8-羟基-肉桂固醇 D3

序号	类型	化合物
156		肉桂固醇 D4
157		肉桂固醇 D4 葡萄糖苷
158		肉桂固醇 D4-2-O-单乙酸酯
159	肉桂固醇 D	18-hydroxyperseanol
160		perseanol
161		16-O-β-D-吡喃葡萄糖基-perseanol
162		19-脱羟基-13-羟基肉桂固醇 D1
163		(E)-3-脱羟基-13(18)-烯-19-O-β-D-吡喃葡萄糖肉桂固醇 D3
164	肉桂固醇 E	肉桂固醇 E
165	肉桂固醇 F	肉桂固醇 F
166		肉桂固醇 G
167		16-O-β-D-吡喃葡萄糖基-19-脱氧肉桂固醇 G
168		肉桂酚 C
169	肉桂固醇 G	肉桂酚 D
170		肉桂酚 E
171		肉桂酚 F
172		13-O-β-D-吡喃葡萄糖基-肉桂酚 F
173	肉桂烷	肉桂酚 A
174		肉桂酚 B
175	cassiabudane	cassiabudanol A
176		cassiabudanol B
177		cinnacasol
178	其他	cinnacaside
179		叶绿醇

在这 9 个骨架中，肉桂固醇 A～G 型的代表性化合物为 127、136、141、143～145、148、150 和 164～166。此外，肉桂烷型二萜的典型成分是 173 和 174，cassiabudane 型二萜的典型成分是 175 和 176。

Zhou 等(2019)提出了这 9 个二萜骨架的生物遗传关系(图 1-4)。肉桂固醇 B 型(134～140)，即瑞诺烷型二萜，具有缩酮结构的 6/5/5/6/5 五环骨架，连接至 C-11 的两个氧原子分别连接至氢和 C-6。此外，肉桂固醇 A 型二萜(127～133)具有内酯骨架，该内酯骨架是通过裂解 C-11 和 C-12 之间的键及在肉桂固醇 B 型中的 C-11 处形成碳氧双键而产生的二萜。裂解 C-7 和 C-8 之间的键，并在肉桂固醇 B 型的两个位置上形成两个羰基，以产生二酮骨架，形成肉桂固醇 C 型(141～144)二萜。肉桂固醇 D 型二萜(145～163)是异龙酮二萜，其具有五环骨架，该环是肉桂固醇 B 型二萜的 C-5 和 C-6 之间的键迁移至 C-1 位置而产生的。同样，肉桂固醇 G 型二萜是肉桂固醇 A 型二萜中的 5,6 键向 C-1 迁移而形成的。

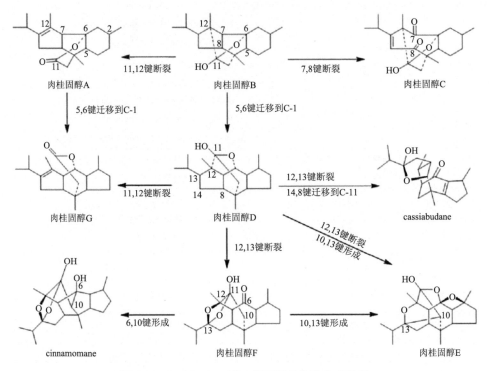

图 1-4　cassiabudane 型二萜可能的生物合成途径

根据 Zeng 等(2014b)的研究，isoryanodane 二萜类 perseanol(160)是肉桂固醇 F(165)和 G(166)的可能的生物合成前体，并且已经提出了生物合成途径，即它们分别是通过在酸的催化下的一系列反应从化合物 160 上裂解 12,13 键和 11,12 键形成的。此外，Zhou 等(2017)提出 cinnamomane 二萜类化合物也是通过一系列的逆醛醇、醛醇和氧化反应由 perseanol(160)生成的。

（四）三萜

从樟属植物中获得了两种三萜，包括来自兰山与肉桂，菲律宾樟与香桂的角鲨烯(squalene，180)和来自香樟的齐墩果酸(oleanolic acid，181)。

二、木脂素类

从樟属植物中共分离出 82 种木脂素(表 1-4)，包括 5 种二芳基丁烷类木脂素(182～186)，10 种芳基萘类(187～196)，11 种四氢呋喃类(197～207)，16 种双四氢呋喃类(208～223)，16 种苯并呋喃类(224～239)，8 种 8-O-4′-新木脂素类

(240~247)，4 种螺二烯酮类(248~251)，2 种联苯类(252、253)，3 种降木脂素类(254~256)，4 种倍半木脂素(257~260)，1 种二聚体木脂素(261)和 2 种新木脂素类(262、263)。螺二烯酮类木脂素在天然产物中十分罕见，但有学者从香桂(*C. subavenium*)中分离得到了带有 2-氧杂螺[4.5]癸-6,9-二烯-8-酮基序骨架的两对螺二烯酮新木脂素消旋体(248~251)，这是首次报道具有这种罕见骨架的螺二烯酮新木脂素。从肉桂的树皮中获得的两个木脂素糖苷(228、239)中，化合物 239 仅从肉桂中分离得到。

表 1-4　樟属植物中的木脂素

序号	化合物
182	开环异落叶松树脂酚
183	甲氧基开环异落叶松树脂酚
184	开环异落叶松树脂酚二阿魏酰脂
185	9,9′-二-*O*-阿魏酰基-(+)-5,5′-二甲氧基开环异落叶松树脂酚
186	cinnacassoside A
187	(6*R*,7*R*,8*R*)-7a-[(β-*D*-葡萄糖基)氧基]南烛木树脂酚
188	(6*S*,7*R*,8*R*)-7a-[(β-*D*-葡萄糖基)氧基]南烛木树脂酚
189	(6*R*,7*S*,8*S*)-7a-[(β-*D*-葡萄糖基)氧基]南烛木树脂酚
190	异落叶松脂素
191	5-甲氧基异落叶松脂素
192	(−)-南烛木树脂酚
193	(7′*S*,8′*R*,8*R*)-南烛木树脂酚-9-*O*-(*E*)-阿魏酰酯
194	(7′*S*,8′*R*,8*R*)-南烛木树脂酚-9,9′-二-*O*-(*E*)-阿魏酰酯
195	(−)-南烛木树脂酚 3α-*O*-β-*D*-吡喃葡萄糖苷
196	异落叶松脂素 9′-β-*D*-吡喃木糖苷
197	cinncassin G
198	cinncassin H
199	(+)-(7′*R*,8*R*,8′*R*)-5,5′-二甲氧基落叶松脂素
200	(+)-(7′*S*,8*R*,8′*R*)-5,5′-二甲氧基落叶松脂素
201	5′-甲氧基落叶松树脂醇
202	cinncassin M
203	(+)-episesaminone
204	脱羟基荜澄茄素
205	荜澄茄素
206	扁柏脂素
207	(7′*S*,8*S*,8′*R*)-4,4′-二羟基-3,3′,5,5′-四甲氧基-7′,9-环氧木脂素-9′-醇-7-酮
208	(+)-丁香脂素

续表

序号	化合物
209	(+)-肉苁蓉
210	clemaphenol A
211	cinncassin F
212	松脂素
213	皮树脂醇
214	松脂素甲醚
215	(-)-芝麻素
216	(+)-diasesamin
217	(+)-episesamin
218	新木脂体柄果脂素
219	薄荷醇
220	9α-羟基芝麻素
221	9β-羟基芝麻素
222	L-细辛脂素
223	4-酮基松脂醇
224	$(7S,8R)$-lawsonicin
225	urolignoside
226	9,9′-二羟基-3,4-亚甲二氧基-3′-甲氧基[7-O-4′,8,5′]新木脂素
227	$(7R,8S)$-ficusal
228	samwiside
229	(+)-leptolepisol C
230	cinncassin D
231	picrasmalignan A
232	山橘脂酸
233	蛇菰宁
234	5-甲氧基蛇菰宁
235	hierochin B
236	simulanol
237	salvinal
238	波棱醛
239	cinnacassoside B
240	(−)-赤式-$(7R,8S)$-愈创木酚基甘油-β-O-4′-芥子酰醚
241	(−)-赤式-$(7S,8R)$-丁香基甘油-β-O-4′-芥子酰醚
242	cinncassin E
243	(+)-苏式-$(7S,8S)$-愈创木酚-β-松柏醛醚
244	(+)-赤式-$(7S,8R)$-愈创木脂基甘油-β-松柏醛醚
245	(4-羟基-3-甲氧基苯基)-2-[3-(3-羟基-1-丙烯基)-5-甲氧基苯氧基]-1,3-丙二醇

续表

序号	化合物
246	(+)-赤式-(7R,8S)-愈创木脂基甘油-8-香兰素醚
247	1,2,3-丙三醇,1-[4-(1R,2R)-2-羟基-(4-羟基-3-甲氧基苯酚)-1-(羟甲基)乙氧基]-3-甲氧基苯酚
248	(+)-subaveniumin A
249	(+)-subaveniumin B
250	(−)-subaveniumin A
251	(−)-subaveniumin B
252	cinncassin I
253	cinncassin J
254	6-羟基-2-(4-羟基-3,5-二甲氧基苯基)-3,7-二氧杂双环-[3.3.0]-辛烷
255	浙贝素
256	(−)-(7R,8R,8′R)-acuminatolide
257	buddlenol A
258	赤式-buddlenol B
259	ficusesquilignan A
260	buddlenol C
261	hedyotisol A
262	cinnaburmanin A
263	cinbalansan

联苯木脂素在天然产物中很常见，如厚朴酚类似物。但是，在樟属植物中分离得到的联苯木脂素(251、252)的 C-7 和 C-8 位形成了过氧键，这在天然产物中很少见。此外，在其他属中都没有分离得到过这些化合物。值得注意的是，一些木脂素(184、193、194)的 9 位羟基与阿魏基形成酯基，这种特别的结构仅在土肉桂提取物中发现。此外，从巴氏桂(Cinnamomum balansae)中分离出的化合物 263 的 C-7、C-7′、C-8 和 C-8′形成了环丁烷，这也是一种相对罕见的结构。

三、丁内酯类

从樟属植物中共获得了 46 种丁内酯类化合物(表 1-5)，其中包括 2 种简单的 γ-丁内酯(264、265)，10 种 α,β-二苯基-γ-丁内酯(266～275)，29 种长链脂肪烷基取代的 γ-内酯(276～304)和 5 种仲丁醇内酯(305～309)。α,β-二苯基-γ-丁内酯是一类独特的天然化合物，仅从肉桂中分离得到过。化合物 266、269 和 271 有较强的神经保护活性。

表 1-5　樟属植物中的丁内酯类

序号	化合物	序号	化合物
264	(*R*)-3-hydroxybutanolide	287	subamolide D
265	3-羟基-4,4-二甲基-4-丁内酯	288	subamolide E
266	cinncassin A	289	linderanolide B
267	cinncassin A1	290	isolinderanolide B
268	cinncassin A2	291	isoreticulide
269	cinncassin A3	292	lincomolide B
270	cinncassin A4	293	subamolide A
271	cinncassin A5	294	subamolide B
272	cinncassin A6	295	philippinolide B
273	cinncassin A7	296	tenuifolide B
274	肉桂内酯	297	subamolide C
275	cinnamomumolide	298	kotomolide B
276	5*R*-甲基-3-庚三烯酰-2(5*H*)-呋喃酮	299	kotomolide
277	cinnakotolactone	300	5-十二烷基 4-羟基-4-甲基-2-环戊酮
278	isoobtusilactone A	301	kotolactone A
279	obtusilactone A	302	kotolactone B
280	isokotomolide A	303	2-乙酰基-5-十二烷基呋喃
281	kotomolide A	304	2-乙酰基-5-甲基呋喃
282	tenuifolide A	305	secokotomolide A
283	isotenuifolide A	306	secokotomolide
284	isophilippinolide A	307	secotenuifolide A
285	philippinolide A	308	secosubamolide
286	isomahubanolide	309	secosubamolide A

化合物 277、280 和 281 最早是在 2006 年从肉桂木中获得的，并显示出可观的抗增殖活性。樟属植物中 isoobtusilactone A(278)和 obtusilactone A(279)这两个化合物十分常见，并且在 7 种樟属植物中都发现了它们。菲律宾樟的根中首次发现了 isophilippinolide A(284)和 philippinolide A(285)，这两个化合物显示出有效的抗癌活性。化合物 266~275 具有相同的 β-羟基-γ-亚甲基-α,β-不饱和-γ-内酯骨架。值得注意的是，据报道许多长链脂肪烷基取代的 γ-内酯均显示出抗癌作用。

四、黄酮类

黄酮类化合物是在自然界广泛分布的一组植物成分。从樟属植物中分离出 65 种黄酮类化合物(310~374)(表 1-6)，包括 7 种简单的黄酮类化合物(310~316)，31 种黄酮醇类化合物(317~347)，1 种二氢黄酮苷(348)，2 种二氢黄酮苷元(349、

350)，1 种查耳酮(351)，17 种黄烷醇(352～368)和 6 种花青素(369～374)。黄酮类在樟属植物中十分常见，如槲皮素(323)、山奈酚(317)及其糖苷。许多黄酮类是天然抗氧化剂，而且 B 环 C-3′位置的羟基对于抗氧化活性是必不可少的。在 10μmol/L 和 20μmol/L 两种浓度作用下，山奈酚-3-O-芸香糖苷(nicotiflorin，328)和异野漆树苷(isorhoifolin，314)的活性更强。

表 1-6　樟属植物中的黄酮类

序号	化合物	序号	化合物
310	三环丁-7-甲醚	332	槲皮素 3-O-(2″,4″-二反式-对香豆酰基)-α-L-鼠李吡喃糖苷
311	4′,6,7-三甲氧基黄酮	333	3″-反式-对香豆酰槲皮苷
312	芹菜素	334	4″-反式-对香豆酰基-山奈酚-3-O-α-L-鼠李糖苷
313	芫花素	335	4″-顺式-对香豆酰基-山奈酚-3-O-α-L-鼠李糖苷
314	异野漆树苷	336	山奈酚-3-O-(2″,4″-二-E-对香豆酰基)-α-L-鼠李糖吡喃糖苷
315	木犀草素	337	山奈酚-3-O-(3″,4″-二-E-对香豆酰基)-α-L-鼠李吡喃糖苷
316	木犀草素 7-O-β-D 葡萄糖苷	338	山奈酚 3-O-(3″,6″-二-反式-对香豆酰基)-β-D-吡喃葡萄糖苷
317	山奈酚	339	银椴苷
318	山奈酚 3-O-β-D-吡喃葡糖苷	340	山奈酚-3-O-(3″,6″-二-反式-对香豆酰基)-β-D-吡喃半乳糖苷
319	山奈酚-3-O-α-L-鼠李糖吡喃糖苷	341	山奈苷
320	山奈酚-3-O-β-芦丁糖苷	342	山奈酚 3-O-β-D-吡喃葡萄糖基-(1→4)-α-L-鼠李糖基-7-O-α-L-鼠李糖苷
321	山奈酚-7-O-α-L-鼠李糖吡喃糖苷	343	3-O-β-D-呋喃糖基-(1→2)-α-L-阿拉伯呋喃糖基-7-O-α-L-鼠李糖苷
322	山奈酚-3-O-α-L-鼠李糖吡喃糖苷-7-O-α-L 鼠李糖吡喃糖苷	344	草棉黄素
323	槲皮素	345	山奈酚-3-O-β-D-葡萄糖(6→1)-α-L-鼠李糖苷
324	槲皮素 3-O-β-D-吡喃葡糖苷	346	山奈酚-3-O-α-L-鼠李糖基-(1→2)-α-L-鼠李糖苷
325	槲皮素 3-O-α-L-鼠李糖吡喃糖苷	347	山奈酚 3-O-β-D-呋喃糖-(1→4)-α-L-吡喃鼠李糖基-7-O-α-L-鼠李吡喃糖苷
326	槲皮素 3-O-α-D-吡喃阿拉伯糖苷	348	柚皮素 5-O-β-D-吡喃葡萄糖苷
327	芦丁	349	花旗松素
328	山奈酚-3-O-芸香糖苷	350	香橙素
329	异鼠李素-3-O-β-D-吡喃葡萄糖苷	351	根皮苷
330	异鼠李素-3-O-β-芦丁糖苷	352	3′-甲氧基-(−)-表儿茶素
331	槲皮素-O-(3″,4″-二反式-对香豆酰基)-α-L-鼠李吡喃糖苷	353	(−)-表儿茶素

序号	化合物	序号	化合物
354	5,7-二甲基-3′,4′-二-O-亚甲基(±)-表儿茶素	365	(−)-表儿茶素-3-O-β-葡萄糖苷
355	5,3′-二甲氧基-(−)-表儿茶素	366	(−)-表儿茶素-6-β-葡萄糖苷
356	(−)-(2R,3R)-4′-羟基-5,7,3′-三甲氧基黄烷-3-醇	367	(−)-表儿茶素-8-β-葡萄糖苷
357	4′-甲氧基-(+)-儿茶素	368	原花青素 A-1
358	7,4′-二甲氧基-(+)-儿茶素	369	肉桂单宁 B-1
359	5,7,4′-三甲氧基-(+)儿茶素	370	肉桂单宁 D-1
360	(+)-儿茶素	371	parameritannin A-1
361	(−)-儿茶素	372	cassiatannin A
362	(−)-阿夫儿茶精	373	表儿茶素-(4β→8)-表儿茶素-(4β→8)-表儿茶素
363	(2S,3S)-3′-羟基-5,7,4′-三甲氧基黄烷-3-醇	374	肉桂糖苷 A
364	(−)-(2R,3R)-5,7-二甲氧基-3′,4′-亚甲二氧基黄烷-3-醇		

化合物 374 为肉桂糖苷 A，该化合物骨架特殊，为山奈酚通过单糖与两个 4-羟基苯基环丁烷相连。

五、苯丙素类

苯丙素类化合物在樟属植物中很常见，含量很高（表 1-7）。从樟属植物中分离出了 76 种苯丙素（375～450），仅获得了 4 种香豆素（428～431），但是它们显示出了较强的生物活性。在 3 种樟属植物中分别发现了化合物 428 和 429，并且据报道 428 和 429 显示出有效的抗炎作用。2013 年首次从肉桂中获得了 coumacasia（431），该化合物表现出显著的细胞毒性作用。肉桂醛（375）是肉桂精油的主要成分。2012 年，有学者首次在肉桂中分离出了 cinnacasolide B（389）。肉桂二醇 A（418）是首次从香樟中分离得到。在樟属物种中，一些苯丙素很常见，包括化合物 383、384、390 和 408。

表 1-7 樟属植物中的苯丙素类

序号	化合物	序号	化合物
375	肉桂醛	381	乙酸桂酯
376	2-甲氧基肉桂醛	382	反式桂皮醛
377	2-羟基肉桂醛	383	肉桂醇
378	松柏醛	384	肉桂酸
379	cassiferaldehyde	385	反式-邻羟基肉桂酸
380	4-甲氧基肉桂醛	386	2-羟基肉桂醇

序号	化合物	序号	化合物
387	(E)-3-(2-甲氧基苯基)丙-2-烯-1-醇	419	苯基丙酸甲酯-2-O-β-D-呋喃糖基-(1→6)-O-β-D-吡喃葡萄糖苷
388	络塞维	420	dihydromelilotoside
389	cinnacasolide B	421	methyl dihydromelilotoside
390	阿魏酸	422	二氢肉桂苷
391	反式对香豆酸甲酯	423	对二氢香豆酸
392	反式香豆酸	424	3-苯丙醇
393	(E)-3-(甲氧基苯基)丙烯醛	425	苯丙醛
394	3-(3,4-二甲氧基苯基)-2-丙烯醛	426	2-乙基 5-丙基酚
395	3,4-二甲氧基肉桂醛	427	硬脂醇阿魏酸酯
396	3,4-亚甲基二氧基肉桂醇	428	香豆素
397	异丁香油酚	429	莨菪亭
398	kobusinol B	430	6,7-二甲氧基香豆素
399	咖啡酸	431	coumacasia
400	肉桂酸甲酯	432	3,4-亚甲基二氧基肉桂醛
401	顺式 2-甲氧基肉桂酸	433	甲基反式-3-(3,4-二甲氧基苯基)-3-丙烯酸酯
402	linocinnamarin	434	2-甲氧基苯丙酮
403	E-(3,4-二甲氧基苯基)-2-丙烯醛	435	苯乙烯(E)-3-[4-甲氧基苯基]-2-丙戊酸酯
404	芥子醛	436	反式肉桂基 3-苯丙酸酯
405	反式阿魏醛	437	(E)-肉桂基(E)-肉桂酸酯
406	反式-3,4,5-三甲氧基肉桂醇	438	1,2-二甲氧基-4-(1-E-丙烯基-1)苯
407	4-烯丙基邻苯二酚	439	1,2-二甲氧基-4-(1-Z-丙烯基-1)苯
408	丁香油酚	440	络塞琳
409	甲基丁香酚	441	[4-(3-羟丙基)2-甲氧基苯氧基]-1,3-丙二醇
410	黄樟素	442	E-(3,4-二甲氧基苯基)-2-丙烯醛
411	(7R,8S)-丁香酚基丙三醇	443	肉桂醇
412	(7S,8S)-丁香酚基丙三醇	444	二甲基罗汉松脂素
413	愈创木基甘油	445	linocinnamarin
414	4-二羟基愈创木基甘油-7-O-β-D-吡喃葡萄糖苷	446	cinncassin N
415	D-苏式-愈创木基甘油-7-O-β-D-吡喃葡萄糖苷	447	cinncassin O
416	cinnacassoside D	448	cinncassin L
417	3-(3,4-亚甲基二氧苯基)-1,2-丙二醇	449	肉桂醛环丁香基甘油-1,3-缩醛
418	肉桂二醇 A	450	cinncassin K

六、生物碱

樟属植物中生物碱并不常见，到目前为止，仅分离出 19 种生物碱(451～469)(表 1-8)。这些化合物包括 5 种哌啶类(451～455)，2 种吡咯烷类(456、457)，9 种胺类(458～466)和 3 种叶绿素类(468～469)。吡啶生物碱(451～457)都来自菲律宾樟，2012 年首次从该物种中分离出化合物 451，2015 年首次从该物种中分离出化合物 453。

表 1-8　樟属植物中的生物碱

序号	化合物	序号	化合物
451	2-(4′-羟基吡啶-3′-基)乙酸	461	cinnabutamine
452	corydaldine	462	N-顺式阿魏酰酪胺
453	cinnapine	463	(E)-3-(4-羟基-3-甲氧基苯基)-N-苯基-丙烯酰胺
454	格拉齐文	464	N-反式咖啡酰-5-羟基酪胺
455	zenkerine	465	N-反式阿魏酰基-5-甲氧基酪胺
456	3-甘油酰吲哚	466	N-反式阿魏酰酪胺
457	吲哚-3-甲醛	467	脱镁叶绿素 B
458	cinnaretamine	468	脱镁叶绿素 A
459	二氢阿魏酰酪胺	469	aristophyll C
460	N-顺式阿魏酰-5-甲氧基酪胺		

七、其他化合物

除了木脂素、丁内酯类、黄酮类、苯丙素类和生物碱外，其他化合物还包括 17 种苯乙醇类(470～486)，69 种简单苯并合物(487～555)和 6 种甾族化合物(556～561)(表 1-9)。化合物 473～477 是 4-羟基-3-甲氧基苯乙基衍生物，并且全部分离自网脉桂。苯乙基糖苷包括化合物 481～485，且均来自肉桂。从樟属植物中获得了 12 种二苯并环庚烷(487～498)。化合物 487～493 于 2012 年首次从香桂中分离出来。

表 1-9　樟属植物中的其他化合物

序号	化合物	序号	化合物
470	苯乙醇	475	4-羟基-3-甲氧基苯乙基五烷酸酯
471	羟基酪醇	476	4-羟基-3-甲氧基苯乙基硬脂酸酯
472	3,4-二甲氧基苯乙烯醇	477	4-羟基-3-甲氧基苯乙基二苯磺酸酯
473	4-羟基-3-甲氧基苯乙基丁酸酯	478	4,4′-二乙酰基-2,2′-二甲氧基二苯醚
474	4-羟基-3-甲氧基苯乙基己酸酯	479	肉桂醇

续表

序号	化合物	序号	化合物
480	淫羊藿次苷 DC	512	肉豆蔻醚
481	cinnacasolide A	513	3,4-亚甲基二氧基-5-甲氧基肉桂醇
482	2-苯乙基-O-β-D-吡喃葡萄糖苷	514	肉豆蔻醚酸
483	2-O-β-D-葡萄糖基-(1S)-苯乙二醇	515	3-羟基 4,5-二乙氧基苯-β-D 葡萄糖苷
484	肉桂醛环状甘油 1,3-缩醛(9,2'-反式)	516	3,4,5-三甲氧基苯-1-O-β-D-葡萄糖苷
485	肉桂醛环状甘油 1,3-缩醛(9,2'-顺式)	517	异香草醛
486	肉桂醛环 D-半乳糖醇 3'R,4'S-缩醛	518	原儿茶酸
487	subavenoside A	519	原儿茶酸乙酯
488	subavenoside B	520	1,2-二甲氧基-4-(2-丙烯基)苯
489	subavenoside C	521	3,4-二甲氧基苯甲醛
490	subavenoside D	522	3,5-二羟基-4-硝基苯甲酸乙酯
491	subavenoside E	523	leonuriside
492	subavenoside F	524	3-甲氧基-4-(β-D-异吡喃葡萄糖氧基)-苯甲酸酯
493	9,12-二-O-methylsubamol	525	没食子酸
494	5'-羟基-5-羟基甲基-4'',5''-亚甲基二氧基-1,2,3,4-二苯并-1,3,5-环庚三烯	526	异它乔糖式
495	subamol	527	3,4-二甲氧基苯酚-β-D-呋喃芹糖基-(1→6)-β-D-吡喃葡萄糖苷
496	burmanol	528	kelampayoside A
497	细叶远志皂苷	529	丁香酸葡萄糖苷
498	reticuol	530	dihydrisosubamol
499	香草醛	531	2,2',7a,7a',7b,7b'-六甲基二苯醚
500	4-羟基苯甲醛	532	2-羟基苯甲醛
501	原儿茶酸	533	2,5-二羟基苯甲酸乙酯
502	苯甲酸衍生物	534	苯甲酸苄酯
503	对羟基苯酸	535	邻苯二甲酸二丁酯
504	香草酸	536	(3R,4S,6R)-4,6-二羟基-二-O-甲基毛色二孢霉素
505	苯甲醛	537	1-羟基-3,6-二甲氧基-8-甲基蒽醌
506	甲基香荚兰醛	538	(3R,4R,3'R,4'R)-6,6'-二甲氧基-3,4,3',4'-四氢-2H,2'H-[3,3']-二铬基-4,4'-二醇
507	原儿茶醛	539	2,3-二氢-6,6-二甲基苯并-[b][1,5]-二氧杂环己烷-4(6H)-酮
508	1,2,4-苯三酚	540	cinnamophilin D
509	1,3-二甲基苯	541	cinnacasolide C
510	丁香醛	542	3,4-二甲氧基苯酚-β-D-呋喃基-(1→6)-β-D-吡喃葡萄糖苷
511	丁香酸	543	3,4,5-三甲氧基苯酚-β-D-呋喃基-(1→6)-O-β-D-吡喃葡萄糖苷

续表

序号	化合物	序号	化合物
544	3-三甲氧基-4-羟基苯酚-β-D-呋喃糖基(1→6)-β-D-吡喃葡萄糖苷	553	楝叶吴萸素 B
545	cinnacasoside C	554	cinncassin B
546	cinnacasolide E	555	cinncassin C
547	苯酚-β-D-呋喃糖基-(1→6)-O-β-D-吡喃葡萄糖苷	556	β-谷甾醇
548	cinnacasolide B	557	豆甾醇
549	苯基甲醇-O-α-L-阿拉伯呋喃糖基(1→6)-β-D-吡喃葡萄糖苷	558	胡萝卜甾醇
550	苯基甲醇 O-α-L-吡喃阿拉伯糖基(1→6)-β-D-吡喃葡萄糖苷	559	豆甾基-3-O-β-D-葡萄糖苷
551	cinnacassinol	560	β-谷甾酮
552	1,4-二苯基-1,4-丁二酮	561	豆甾-4,22-二烯-3-酮

第五节　香樟提取物及其成分活性研究进展

一、抗炎

核因子 κB（NF-κB）是一种关键的核转录因子，可诱导 TNF-α、IL-1β、IL-6、NO 和 PGE2 等一系列炎性细胞因子和介质的表达。因此，可以将抑制 NF-κB 通路视为预防和治疗炎症相关疾病的策略。此外，一氧化氮（NO）是由 L-精氨酸通过一氧化氮合酶（NOS）产生的，NOS 产生的 NO 量可以反映炎症的程度（Lee et al.，2011）。

据报道，肉桂的一些化合物具有抗炎活性（He et al.，2016），化合物 127、129、130、133、134 和 135 具有良好的抑制 NO 产生的性能，IC$_{50}$ 值为 72.3～81.8μmol/L。化合物 75（抑制率 54.0%）在 10μg/mL 的浓度下表现出比树枝精油（抑制率 48.3%）更强的抑制活性，而 19 和 76 表现出与树枝精油相似的活性，抑制率分别为 46.1% 和 50.9%。

在另一个试验中，Pardede 等（2017）评估了 α-松油醇（6）对脂多糖（LPS）诱导的巨噬细胞产生 NO 的影响。在测试的所有浓度（1μg/mL、10μg/mL 和 100μg/mL）中，化合物 6 使 LPS 诱导的巨噬细胞中 NO 产量均显著减少。据报道，α-蒎烯（16）也可显示减少原代人软骨细胞中 NO 的产生，且具有良好的剂量依赖性。在 200μg/mL 的剂量下显示出对 NO 产生的最高抑制率，活性与阳性同对照组 IL-1β 相当。

环氧合酶-2（COX-2）是前列腺素生物合成中的限速酶，在炎症中起关键作用

(Ma et al., 2015)。在人巨噬细胞 U937 细胞中，香芹酚(4)已被证明可抑制 LPS 诱导的 COX-2 表达，并激活过氧化物酶体增殖物激活受体(PPAR)α 和 γ。此外，香芹酚还可以抑制 NO 的产生和作用。

据报道，NF-κB 在炎症反应和 LPS/GalN 诱导的肝损伤中发挥重要作用(胡巧玲, 2018)。有研究者评估了芳樟醇(29)对 NF-κB 表达的影响，发现化合物 29 可以显著抑制 LPS 诱导的 p65 NF-κB 易位进入细胞核和 IκBα 降解。除了抑制 NF-κB 外，化合物 29 还可以通过激活 Nrf2 诱导抗氧化防御，从而防止 LPS/GalN 诱导的肝损伤(Zeng et al., 2017)。除此之外，另一项研究表明化合物 29 通过抑制香烟烟雾(CS)诱导的 NF-κB，可预防肺部炎症的发生(de Oliveira et al., 2012)。

木脂素(248~251)对 RAW264.7 小鼠巨噬细胞中 NO 的产生显示出显著的抑制作用(Rufino et al., 2014)，IC_{50} 值分别为 17.9μmol/L、5.6μmol/L、15.1μmol/L 和 4.3μmol/L。在 4 种木脂素中，251 表现出最强的抑制作用，而 248 表现最弱。因此说明，C-5 处的甲氧基取代基增强了化合物的抑制作用。此外，250 和 251 比 248 和 249 有更强的抑制 NO 作用，说明木脂素的手性中心能显著影响化合物对 RAW264.7 小鼠巨噬细胞中 NO 产生的抑制作用。

在另一个测定中，通过 LPS 在 BV-2 小胶质细胞中诱导的 NO 的产生量来评估分离的木脂素的抗炎活性。包括 200 和 242~244 在内的化合物都显示出显著的抑制活性，IC_{50} 值分别为 17.5μmol/L、17.6μmol/L、17.7μmol/L 和 18.7μmol/L。其他木脂素类化合物表现出中等抑制活性，包括 199、201、208、224、240、241 和 246。此外，8-O-4'-木脂素显示出显著的抑制作用(Shu et al., 2013)，IC_{50} 值范围为 17.6~42.0μmol/L。其中，在 C-1′具有丙烯醛基团的木脂素表现出最高的抗炎活性。

在 LPS 诱导的巨噬细胞 RAW264.7 细胞试验中，化合物 231 在 3 种剂量(10mol/L、30mol/L 和 100mol/L)下可显著抑制 NO 的产生及 TNF-α 和 IL-6 的释放，且抑制作用优于阳性对照氢化可的松(一种常用的抗炎药)。该物质还可以抑制 iNOS 和 COX-2 的过度表达及 iNOS 和 COX 2 酶的活性(Hotta et al., 2010)。

来自土肉桂叶的 4 种山柰酚糖苷(341~343 和 347)对 LPS/IFNc 诱导的巨噬细胞 NO、TNF-a 和 IL-12 的产生具有抑制作用，且呈现剂量依赖性。其中，化合物 343 显示出最高的抑制活性。

苯丙素(375 和 376)被发现通过抑制 LPS 诱导的 NF-κB 的转录活性表现出有效的抗炎作用，它们的 IC_{50} 值分别为 43μmol/L 和 31μmol/L。

二、抗癌

芳樟醇(29)对人前列腺癌(DU145)细胞具有较好的抑制活性。细胞高通量活性测定试验表明，在 0μmol/L、20μmol/L、40μmol/L 和 80μmol/L 浓度处理下，癌症细胞的凋亡率分别为 4.36%、11.54%、21.88% 和 15.54%(Sun et al., 2015)。此外，Okumura 等(2012)证实萜品油烯(10)可以显著降低蛋白激酶 AKT 的表达，AKT 可以介导细胞增殖和存活信号，并有助于癌症控制。

许多丁内酯类化合物被证明显示出良好的抗癌作用。化合物 293～297 和 308 可以显著促进 SW480 人结直肠癌细胞的凋亡。在 50μmol/L 的剂量下，化合物 293 和 294 可使细胞 SubG1 表达水平分别增加到 25.4%和 23.7%，表明 293 和 294 诱导了细胞的 DNA 损伤。用 297 和 308 处理的细胞，SubG1 表达水平分别增加到 11.0%和 9.1%。以上化合物引起的细胞 DNA 损伤都呈现了良好的量效关系。而在另一项分析中，287 和 297 也显示出有效的细胞毒性，SubG1 表达水平分别为 47.2%和 27.4%(Marchese et al., 2017)。化合物 305 对人 HeLa 细胞也显示出较好的细胞毒性作用。

与阳性对照组相比，分别在 0μmol/L、25μmol/L、50μmol/L 和 100μmol/L 化合物 124 下孵育 24h 后，G1 期细胞凋亡率分别为 1.4%、68.8%、75.6%和 81.8%。此外，化合物 126 对两种人前列腺癌上皮细胞系 DU145 和 LNCaP 都显示出细胞毒性作用，EC_{50} 值均低于 7μg/mL(平均数为 3.45μg/mL)。

有研究测试了 3 种木脂素酯(包括化合物 185、193 和 194)对 HepG2、Hep3B 和 Ca9-22 癌细胞的细胞毒性，化合物 193 和 194 对 3 种癌细胞系具有显著的细胞毒性，EC_{50} 值范围为 10～20μg/mL。可能的构效关系如下：①环木脂素(193 和 194)对这 3 种癌细胞系表现出比二苄基丁烷型木脂素更强的抑制作用；②具有两个阿魏酰基的木酚素(194)显示出比只有一个(193)更强的活性。因此，C-9 和 C-9′阿魏酰基均显著增加了化合物的细胞毒性。在另一个试验中，研究了 34 对 Hep G2 的细胞毒性。用 200μmol/L 的化合物 34 处理 24h 后，S 期 HepG2 细胞的存活率从 40%下降到 30%，显示出轻微的细胞毒性作用。

据报道，两种化合物(236 和 337)在肺癌细胞系(A549 和 NCI-H460)和乳腺癌细胞系(MCF-7 和 MDA-MB-231)中显示出有效的抑制活性，IC_{50} 值范围为 1.6～8.4μg/mL(Susan and Sundar, 2018)，它们对 NCI-H460 细胞系的抑制作用最高，IC_{50} 值分别为 4.61μg/mL 和 1.6μg/mL。

苯类化合物(539)可降低人口腔癌细胞的活力，且量效关系良好。利用 150μmol/L 该化合物处理细胞 24h 后，可降低 88%～90%人口腔癌细胞活力。coumacasia(431)可诱导 HL-60 和 A549 细胞系中细胞死亡，IC_{50} 值分别为 8.2μmol/L 和 11.3μmol/L。化合物 194～197 对肿瘤细胞显示出中等抑制作用，IC_{50} 值范围为 20.5～65.6μmol/L。研究者试验也评估了化合物 96 和 109 对人 HT29 和 MCF-7 癌细胞系的抗增殖活性，其 IC_{50} 值范围为 3.3～25.8μmol/L。

三、免疫调节活性

一些萜类化合物，尤其是二萜，具有免疫调节效力，包括免疫刺激和免疫抑制活性。

据报道，Zhou 等(2017)研究发现肉桂提取物中二萜类成分 177 和 178 显示出很强的免疫刺激活性。在 0.0015μmol/L 的浓度下，两者均可以显著促进 ConA 诱导的小鼠 T 细胞增殖，且增殖率高达 39.99%，在增强 LPS 诱导的小鼠 B 细胞增殖试验中，增殖率更是高达 92.36%。为进一步研究 178 对 T 细胞的影响，作者研究发现在 0.3906μmol/L 的浓度下该化合物可促进正常脾细胞和抗 CD3 与抗 CD28 刺激的脾细胞中 CD4+T 和 CD8+T 细胞的扩增，同时可以显著下调模型组小鼠的 T 调节细胞数量，效果优于阳性对照药胸腺五肽。在 Zhou 等(2019)进行的另一项测定中，评估了二萜同系物 175 和 176 的免疫调节活性。这两种化合物都表现出显著活性。值得关注的是，在 ConA/LPS 诱导的脾细胞增殖试验中，在使用剂量超过 0.3906μmol/L 的情况下，化合物 175 的脾细胞增殖率高于阳性对照药胸腺五肽，且能减少 T 调节细胞分化。

在 Zeng 等(2014b)进行的 ConA/LPS 诱导的脾细胞增殖试验中，肉桂固醇 G(166)在 100μmol/L 的剂量下，抑制 ConA 诱导的小鼠 T 细胞增殖率可高达 94.5%，显示出显著的免疫抑制活性。更重要的是，166 和 173 即使在 50μmol/L 下也表现出显著的抑制 T 细胞增殖作用，抑制率分别为 86.1%和 58.8%，这可能与官能团 11,6-内酯结构紧密相关。在另一个免疫抑制试验中，Zeng 等(2017)发现，单萜 25、26 和 30 对鼠淋巴细胞表现出有效的免疫抑制活性，化合物 30 在 400μmol/L 的浓度下可抑制 T 细胞和 B 细胞的增殖，抑制率分别为 36.1%和 20.3%。

根据 Zhou 等(2017)的研究，二萜类化合物 145、152、154、168～170、175 和 176，可以显著促进 ConA 诱导的小鼠 T 细胞增殖，在 5 种不同浓度(0.391～100μmol/L)下增殖率高达 78%。当浓度低于 25μmol/L 时，化合物 168 和 169 仍具有促进增殖的作用。然而，化合物浓度越高增殖作用越不明显，作者发现在 100μmol/L 浓度下甚至抑制了细胞的生长。

四、抑菌活性

香芹酚(carvacrol，4)具有广谱抗菌活性，对革兰氏阳性菌和革兰氏阴性菌均有较好的抑制作用(Suntres et al., 2015)。有研究显示，化合物 4 对多种细菌显示出高度的抑制作用，这些细菌包括金黄色葡萄球菌、表皮葡萄球菌、肺炎链球菌、大肠杆菌、肺炎克雷伯菌、肠杆菌属、沙雷氏菌属和奇异变形杆菌(Bnyan et al., 2014)。此外，化合物 4 对各种真菌也有效，如黑曲霉、黄曲霉、交链孢菌、红色青霉、绿色木霉、念珠菌属和皮肤癣菌。

已有研究表明,化合物 4 和 9(4 的前体)对食源性微生物霍乱弧菌也具有抑制活性(Sharifi-Rad et al., 2018)，化合物 4 的活性优于化合物 9。而当两种化合物一起使用时，抑制真菌的活性作用增强，且表现出协同作用(Marchese et al., 2017)。

化合物 77、98、99、102～104、108、113 和 114 对白色念珠菌显示出显著的抗菌活性。其中，化合物 77、99 和 113 对大肠杆菌和金黄色葡萄球菌也具有中等抑制作用。化合物 21 和 36 对粪肠球菌和金黄色葡萄球菌具有抗菌活性，21 对白色念珠菌显示出抗菌活性。

五、抗氧化活性

香芹酚(4)除了较强的抗菌活性外，还具有良好的抗氧化能力。研究显示，25mg/kg(49.79IU/mg)和 50mg/kg(52.43IU/mg)剂量下，化合物 4 可增强缺血大鼠海马 SOD 活性水平。

Hakimi 等(2020)的试验也证实，化合物 4 的 3 个剂量(25mg/kg、50mg/kg 和 100mg/kg)可显著增加硫醇含量并改善大鼠海马中的 CAT 和 SOD 活性。在奎诺二甲基丙烯酸酯(trolox)等效抗氧化能力测定中，有研究者评估了化合物 4 和 5 的抗氧化作用，结果显示，这两种化合物都具有与奎诺二甲基丙烯酸酯相似的抗氧化活性，并且在相同浓度下，化合物 4 的抗氧化能力高于其异构体百里酚(de Oliveira et al., 2015)。

4-异丙基甲苯(9)的抗氧化潜力也有研究。资料显示，与对照组相比，用 50mg/kg(0.42±0.03)浓度的 4-异丙基甲苯治疗，可使成年小鼠脂质过氧化显著降低 65.54%。同时，在服用剂量为 50mg/kg、100mg/kg 和 150mg/kg 的作用下，可显著降低小鼠体内亚硝酸盐含量，并增强 SOD 和 CAT 活性。

参 考 文 献

陈锋. 2014. 芳樟油用原料林经营密度与修剪技术研究[J]. 现代农业科技, (15): 183-184, 187.

陈闽. 2017. 樟树不同造林模式生长比较[J]. 中国林副特产, (4): 49-51.

陈瑞炎, 陈志平, 郑美珠. 2016. 香樟育苗造林技术[J]. 中国林副特产, (3): 56-58.

陈晓明, 韦璐阳, 刘海龙, 等. 2012. 配方施肥对芳樟枝叶产量和含油率的影响研究[J]. 西部林业科学, 41(5): 68-72.

程鹏, 曹福亮, 汪贵斌. 2010. 农林复合经营的研究进展[J]. 南京林业大学学报(自然科学版), 34(3): 151-156.

崔海鸥, 刘珉. 2020. 我国第九次森林资源清查中的资源动态研究[J]. 西部林业科学, 49(5): 90-95.

邓育宝. 2012. 樟树福建柏混交林种内及种间竞争研究[J]. 林业调查规划, 37(4): 46-49.

董敏慧, 张良成, 文丽, 等. 2017. 松树-樟树混交林、纯林土壤微生物量碳、氮及多样性特征研究[J]. 中南林业科技大学学报, 37(11): 146-153.

方精云, 陈安平. 2001. 中国森林植被碳库的动态变化及其意义[J]. 植物学报, (9): 967-973.

方蔚元. 2007. 上海东平国家森林公园改造规划探讨[J]. 中国园林, (9): 68-72.

关传友. 2010. 论樟树的栽培史与樟树文化[J]. 农业考古, (1): 286-292.

贺婷婷. 2016. 香樟凋落叶对辣椒的化感作用及施钾的缓解效应[D]. 成都: 四川农业大学硕士学位论文.

胡巧玲. 2018. 肉桂叶和天名精中化学成分的发现及其生物活性研究[D]. 兰州: 兰州大学硕士

学位论文.

胡文杰. 2013. 樟树不同化学型精油主成分时空变异规律及优良单株选择[D]. 南京: 南京林业大学博士学位论文.

黄金使, 韦颖文, 陈晓明, 等. 2008. 芳樟醇型樟树组培苗幼态枝扦插试验[J]. 广西热带农业, (5): 1-3.

黄秋良, 袁宗胜, 陈瑞炎, 等. 2020. 不同微量元素和有机肥处理对芳樟油料林生理生化的影响[J]. 防护林科技, (2): 32-34.

姜娜, 高宏巍, 孟虹艳, 等. 2008. 林草鸡复合系统对优质肉鸡生长及其环境的影响[J]. 上海交通大学学报(农业科学版), 26(4): 300-304.

金志农, 张北红, 艾卿, 等. 2020. 香料樟树研究的必要性与可行性分析[J]. 南昌工程学院学报, 39(6): 1-13.

雷琼. 2008. 香樟在临沂城市绿化中引种栽培的潜力探讨[J]. 山东林业科技, (1): 63-64.

冷寒冰. 2018. 城市不同香樟群落类型下土壤理化性质变化[J]. 上海交通大学学报(农业科学版), 36(1): 81-87.

李晗. 2015. 中国杉木不同产区栽培制度初步研究[D]. 福州: 福建农林大学硕士学位论文.

李建勇, 杨小虎, 奥岩松. 2008. 香樟根际土壤化感作用的初步研究[J]. 生态环境, (2): 763-765.

李顺. 2013. 香樟在淮北平原区园林绿化的应用及其养护技术[J]. 安徽农学通报, 19(17): 105-106.

李松. 2015. 农林复合经营与林业可持续发展[J]. 北京农业, (25): 108-109.

李悦, 刘娟, 于志民, 等. 2018. 采伐措施对香樟生长及光合特性的影响[J]. 江西农业大学学报, 40(6): 1171-1177.

李志刚, 侯扶江, 安渊. 2011. 放牧和光照对林下栽培草地生产力的影响[J]. 草业科学, 28(3): 414-419.

李仲彬, 胡庭兴, 李霜, 等. 2015. 香樟凋落叶在土壤中分解初期对凤仙花生长和生理特性的影响[J]. 应用与环境生物学报, 21(3): 571-579.

林洪双. 2017. 樟树营养袋苗培育与套种技术[J]. 南方农业, 11(8): 23-24.

刘国昌. 2018. 4种珍贵阔叶树与马尾松混交试验初报[J]. 福建林业科技, 45(3): 52-56.

刘杨, 邱慧敏, 廉嘉欣, 等. 2021. 香樟精油研究进展[J]. 农产品加工, (19): 77-80.

龙永彬, 赵丹阳, 秦长生. 2017. 樟巢螟发生现状及防治对策[J]. 林业与环境科学, 33(1): 107-110.

罗丽君. 2010. 浅谈园林绿化施工技术[J]. 上海农业科技, (1): 108-109, 111.

毛春英, 张纪德. 2003. 城市园林绿化过程中的大树移栽技术[J]. 林业科技, (2): 56-58.

彭志, 黄丹, 韩玉洁. 2017. 上海香樟中幼林林下植被特征及多样性研究[J]. 南方林业科学, 45(3): 23-26, 32.

任四妹, 马剑. 2011. 两种园林植物种质资源多样性研究概况[J]. 思茅师范高等专科学校学报, 27(6): 19-21.

沈爱华, 江波, 袁位高, 等. 2006. 滩地复层混交群落类型及其生长效益[J]. 生态学报, (10): 3479-3484.

沈忠明, 朱国华, 金国林, 等. 2013. 香樟在浙北地区园林绿化中的应用[J]. 浙江农业科学, (6):

692-693.

孙圆, 梁子瑜, 汪贵斌, 等. 2020. 农林复合经营工程领域研究热点与前沿分析[J]. 南京林业大学学报(自然科学版), 44(6): 228-235.

孙占祥. 2012. 我国耕作制度现状、问题及东北地区耕作制度革新//高旺盛, 黄钢. 中国农作制度研究进展 2012[C]. 北京: 中国农业科学技术出版社: 34-37.

覃子海, 韦颖文, 王以红, 等. 2011. 3 种不同密度对香樟幼林鲜叶油及其主要成分的影响研究[J]. 西部林业科学, 40(4): 32-35.

陶晓杰. 2019. 樟巢螟巢消长动态和防治技术[J]. 浙江农业科学, 60(4): 605-606.

王琛, 廖琰明, 吴坚, 等. 2010. 香樟林下几种冷季型草坪草的适应性及其影响因子分析[J]. 上海交通大学学报(农业科学版), 28(1): 1-8.

王穿才, 蒋德强. 2008. 樟巢螟生物学习性及发生规律[J]. 植物保护, (6): 112-115.

王红花. 2005. 樟树大树移栽技术试验[J]. 福建林业科技, (3): 143-145.

王可, 肖路, 田盼立, 等. 2020. 中国 35 个城市行道树树种组成特征研究[J]. 植物研究, 40(4): 568-574.

王丽贞, 王清玲, 吴庆锥, 等. 2021. 芳香樟油用原料林配方施肥优化试验[J]. 林业勘察设计, 41(1): 13-15, 19.

王焱, 马凤林. 2006. 上海生态林病虫害发生原因与治理对策探讨[J]. 中国森林病虫, (5): 38-40.

王以红, 覃子海, 吴幼媚, 等. 2010. 芳樟醇型樟树选优与其无性系的含樟油性状评价[J]. 西部林业科学, 39(2): 18-21.

吴幼媚, 王以红, 蔡铃, 等. 2006. 香樟优良无性系快繁技术的研究[J]. 广西农业生物科学, (1): 60-64.

吴志明. 2008. 香樟在常德市园林绿化中的应用研究[D]. 长沙: 湖南农业大学硕士学位论文.

杨崇蓉, 刘义, 陈秀明. 2013. 大树移栽的技术要点[J]. 四川林业科技, 34(3): 101-103.

杨鼎超, 袁诚明, 郭铧艳, 等. 2018. 我国樟树病害分布及防治研究进展[J]. 生物灾害科学, 41(3): 176-183.

杨华, 赵丹阳, 秦长生. 2020. 绿僵菌与 3 种杀虫剂混配对樟巢螟的协同作用[J]. 环境昆虫学报, 42(6): 1494-1501.

杨云博. 2019. 我国人工林的地位、作用及主要造林技术[J]. 江西农业, (4): 100-101.

杨子欣, 颜兵文, 张庆费, 等. 2018. 基于树冠连续覆盖的香樟人工林群落结构优化研究[J]. 中国城市林业, 16(6): 10-13.

姚旭. 2019. 浅析城市园林绿化大树移栽技术[J]. 现代园艺, (5): 78-79.

叶明儿, 楼黎静, 钱文春, 等. 2014. 湖州桑基鱼塘系统形成及其保护与发展现实意义[C]//2014 中国现代农业发展论坛论文集: 117-123.

易平, 韦铄星, 韦颖文, 等. 2012. 伐桩高度对香樟萌芽性能的影响分析[J]. 广西林业科学, 41(3): 268-270.

于静波, 张国防, 李左荣, 等. 2013. 不同施肥处理对芳樟叶精油及其主成分芳樟醇含量的影响[J]. 植物资源与环境学报, 22(1): 76-81.

袁良济, 王玉娟, 李娜, 等. 2015. 香樟在信阳市园林绿化中的应用探析[J]. 南方农业, 9(36):

69-70.

张北红, 肖祖飞, 王颜波, 等. 2020. 香樟化学型及精油积累研究[J]. 广西林业科学, 49(4): 623-630.

张峰, 毕良武, 赵振东. 2017. 樟树植物资源分布及化学成分研究进展[J]. 天然产物研究与开发, 29(3): 517-531.

张国防. 2006. 樟树精油主成分变异与选择的研究[D]. 福州: 福建农林大学博士学位论文.

张念环, 钱彪, 蒲振祥, 等. 2006. 苏南地区樟巢螟生物学特性及其防治研究[R]//2006 年江苏省病虫防治绿皮书. 常熟市植保植检站, 常熟市城市绿化养护所, 支塘镇农服中心: 3.

张如义, 胡红玲, 吕向阳, 等. 2017. 香樟凋落叶分解对几种园地作物抗性生理和土壤氮组分的影响[J]. 南京林业大学学报(自然科学版), 41(3): 29-36.

张淑珍, 张帆, 董姬妃, 等. 2018. 香樟凋落叶分解对 3 种草坪草的化感作用[J]. 草业科学, 35(9): 2095-2104.

张耀雄. 2015. 不同栽培技术对芳香樟穗条产量的影响[J]. 亚热带植物科学, 44(1): 52-55.

赵丹阳, 秦长生, 廖仿炎, 等. 2016. 广东省樟树有害生物调查及主要种类危害特点[J]. 中国森林病虫, 35(6): 21-26.

钟永达, 袁凡, 孟伟伟, 等. 2016. 材用樟树遗传变异与苗期选择[J]. 南昌大学学报(理科版), 40(2): 197-204.

周爱东, 徐小明, 王岚, 等. 2018. 镇江市香樟病虫害的发生和危害情况调查[J]. 江苏林业科技, 45(1): 44-48.

朱昌叁, 梁晓静, 李开祥, 等. 2019. 不同类型肥料对广林香樟无性系萌芽林生长和含油率的影响[J]. 广西林业科学, 48(3): 398-403.

朱细银. 2010. 福建柏与香樟不同混交比例造林对比试验结果分析[J]. 江西林业科技, (1): 3-6.

Asadollahi A, Khoobdel M, Ramazani A Z, et al. 2019. Effectiveness of plant-based repellents against different *Anopheles* species: a systematic review[J]. Malaria Journal, (18): 436.

Bnyan I A, Abid A T, Obied H N. 2014. Antibacterial activity of carvacrol against different types of bacteria[J]. Journal of Natural Science Research, (4): 13-16.

de Oliveira M G, Marques R B, de Santana M F, et al. 2012. Alpha-terpineol reduces mechanical hypernociception and inflammatory response[J]. Basic and Clinical Pharmacology and Toxicology, (111): 120-125.

de Oliveira T M, de Carvalho R B F, da Costa I H F, et al. 2015. Evaluation of p-cymene, a natural antioxidant[J]. Pharma-ceutical Biology, (53): 423-428.

Hakimi Z, Salmani H, Marefati N, et al. 2020. Protective effects of carvacrol on brain tissue inflammation and oxidative stress as well as learning and memory in lipopolysaccharide-challenged rats[J]. Neurotoxicity Research, (37): 965-976.

He S, Jiang Y, Tu P F. 2016. Three new compounds from *Cinnamomum cassia*[J]. Journal of Asian Natural Products Research, (18): 134-140.

Hotta M, Nakata R, Katsukawa M, et al. 2010. Carvacrol, a component of thyme oil, activates PPARα and γ and suppresses COX-2 expression[J]. Journal of Lipid Research, (51): 132-139.

Huang D F, Xu J G, Liu J X, et al. 2014. Chemical constituents, antibacterial activity and mechanism of action of the essential oil from *Cinnamomum cassia* bark against four food-related bacteria[J]. Microbiology, (83): 357-365.

Kumar S, Kumari R, Mishra S. 2019. Pharmacological properties and their medicinal uses of *Cinnamomum*: a re-view[J]. Journal of Pharmacy and Pharmacology, (71): 1735-1761.

Lee W C, Jung H A, Choi J S. 2011. Protective effects of luteolin against apoptotic liver damage induced byd-galactosamine/lipopolysaccharide in mice[J]. Journal of Natural Products, (74): 1916-1921.

Ma J, Xu H, Wu J. 2015. Linalool inhibits cigarette smoke-induced lung inflammation by inhibiting NF-κB activation[J]. International Immuno-Pharmacology, (29): 708-713.

Marchese A, Arciola C R, Barbieri R, et al. 2017. Update on monoterpenes as antimicrobial agents: a particular focus on p-cymene[J]. Materials (Basel), 10(8): 947.

Okumura N, Yoshida H, Nishimura Y, et al. 2012. Terpinolene, a component of herbal sage, downregulates AKT1 expression in K562 cells[J]. Oncology Letters, (3): 321-324.

Pardede A, Adfa M, Juliari K A, et al. 2017. Flavonoid rutinosides from *Cinnamomum parthenoxylon* leaves and their hepatoprotective and anti-oxidant activity[J]. Medicinal Chemistry Research, (26): 2074-2079.

Raeini A S, Hafizibarjin Z, Rezvani M E, et al. 2020. Carvacrol suppresses learning and memory dysfunction and hippocampal damages caused by chronic cerebral hypoperfusion[J]. Naunyn-Schmiedeberg's Archives of Pharmacology, (393): 581-589.

Rufino A T, Ribeiro M, Judas F, et al. 2014. Anti-inflammatory and chondroprotective activity of (+)-α-pinene: structural and enantiomeric selectivity[J]. Journal of Natural Products, (77): 264-269.

Sharifi-Rad M, Varoni E M, Iriti M, et al. 2018. Carvacrol and human health: a comprehensive review[J]. Phytotherapy Re-search, (32): 1675-1685.

Shu P, Wei X, Xue Y, et al. 2013. Wilsonols A-L, megastigmane sesquiterpenoids from the leaves of *Cinnamomum wilsonii*[J]. Journal of Natural Products, (76): 1303-1312.

Singh R, Jawaid T. 2012. *Cinnamomum camphora* (kapur): review[J]. Pharmacognosy Journal, (4): 1-5.

Sun X B, Wang S M, Li T, et al. 2015. Anticancer activity of linalool terpenoid: apoptosis induction and cell cycle arrest in prostate cancer cells[J]. Tropical Journal of Pharmaceutical Research, 14(4): 619-625.

Suntres Z E, Coccimiglio J, Alipour M. 2015. The bioactivity and toxicological actions of carvacrol[J]. Critical Reviews in Food Science and Nutrition, (55): 304-318.

Susan J, Sundar B. 2018. Study on the chemical constituents and antibacterial activity of essential oil of acorus calamus l. rhizomes of rupendehi district (Nepal)[J]. Journal of Institute of Science and Technology, 23: 57-60.

Wuu-Kuang S. 2011. Taxonomic revision of *Cinnamomum* (Lauraceae) in Borneo Blumea-biodiversity[J]. Evolution and Biogeography of Plants, (56): 241-264.

Zeng J F, Zhu H C, Lu J W, et al. 2017. Two new geranylphenylacetate glycosides from the barks of

Cinnamomum cassia[J]. Natural Product Research, (31): 1812-1818.

Zeng J, Xue Y, Lai Y, et al. 2014a. A new phenolic glycoside from the barks of *Cinnamomum cassia*[J]. Molecules, 19(11): 17727-17734.

Zeng J, Xue Y, Shu P, et al. 2014b. Diterpenoids with immuno-suppressive activities from *Cinnamomum cassia*[J]. Journal of Natural Products, 77(8): 1948-1954.

Zhou H, Guoruoluo Y, Tuo Y, et al. 2019. Cassiabudanols A and B, immunostimulative diterpenoids with a Cassiabudane carbon skeleton featuring a 3-oxatetracyclo [6. 6. 1. 02, 6. 010, 14] pentadecane scaffold from cassia buds[J]. Organic Letters, (21): 549-553.

Zhou L, Tuo Y, Hao Y, et al. 2017. Cinnamomols A and B, immunostimulative diterpenoids with a new carbon skeleton from the leaves of *Cinnamomum cassia*[J]. Organic Letters, (19): 3029-3032.

第二章　香樟基因组及其重要性状的分子机制

第一节　香樟基因组

　　木兰类(Magnoliids)的内部及其与单双子叶植物之间的系统发育关系一直是研究热点。香樟(*Cinnamomum camphora*)属于樟目(Laurales)，是中国重要的经济树种，具有未分化为花瓣和萼片的花被片，是木兰类备受关注的物种，对其进行全基因组测序和比较基因组分析，解释香樟性状分子调控机制，有助于进一步了解木兰类植物的起源及基部被子植物花器官的进化。

一、基因组的测序和组装

　　全基因组测序材料香樟来自中国福建省泉州市永春县自然生长的一株成熟个体，采用十六烷基三甲基溴化铵法(cetyltrimethylammonium ammonium bromide，CTAB)从嫩叶中提取高质量的 DNA 用于基因组测序。首先构建 270bp 的文库用于 Illumina 测序，共获得了 56.30Gb 有效数据，约 78X。基于 K-mer 分析，利用 GenomeScope 评估的香樟的基因组大小为 717.93Mb，杂合度为 2.94%(图 2-1)。为组装高质量香樟基因组，构建 20kb 文库，并在 PacBio 平台上进行单分子实时 DNA 测序，共完成了 5 个文库(cell)的测序，获得了 78.65Gb 原始数据，约 109X。对 PacBio 的原始数据进行过滤后，Falcon 软件用于初步组装香樟基因组，HaploMerger2 和 purge_haplotigs 用于去除初步组装结果中的冗余序列，Polish 用于矫正数据，最终组装了 737.85Mb 的基因组，Contig N50 为 2.60Mb(表 2-1)。

表 2-1　基因组测序和组装数据统计

项目		大小
Illumina 测序	有效数据	56.30 Gb
PacBio 测序	原始数据	78.65 Gb
	Contig N50	2.60 Mb
	总大小	737.85 Mb
Hi-C 测序	原始数据	98.88 Gb
	有效数据	90.98 Gb
	scaffold N50	66.26 Mb
	总大小	738.11 Mb

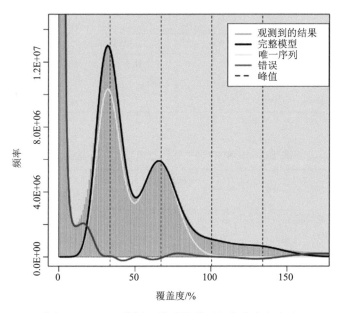

图 2-1　K-mer 分析评估香樟基因组大小和杂合度

高通量染色体构象捕获技术(Hi-C)通过对染色体内全部 DNA 片段间的交互作用进行捕获测序，获得基因组各片段间的交互信息，从而获得染色体水平的高质量基因组。通过 Hi-C 测序，获得 98.88Gb 原始数据，经过 SOAPnuke v2.1.0 过滤后，得到 90.98Gb 有效数据，采用 Bowtie2-2.2.5 对有效数据进行质控评估，HiC-Pro v2.5.0 识别提取 Hi-C 数据中的有效数据(valid interaction pairs)，用 Juicer 将有效数据比对到基因组草图，根据比对结果，3D DNA 对基因组序列进行过滤、纠错、排序与定向、合并重叠，最终得到染色体长度的超长支架。为了评估 Hi-C 组装的结果，将 Hi-C 组装到染色体的基因组按 100kb 一个 bin 等长切割，然后将任意两个 bin 之间覆盖 Hi-C 序列对的数目作为两个 bin 之间交互的强度信号绘制热图。基于 Hi-C 测序，共组装了 738.11Mb 基因组序列，scaffold N50 为 66.26Mb，732.69Mb 的序列被定位到 12 条染色体，染色体长度为 39.86Mb 到 91.04Mb 不等(表 2-2)。Hi-C 染色体交互的强度信号热图证明基因组组装效果较好(图 2-2)，BUSCO 评估组装基因组的完整性为 95.27%(表 2-3)。

表 2-2　染色体长度统计

染色体编号	长度/Mb	染色体编号	长度/Mb
HiC_scaffold_1	91.04	HiC_scaffold_5	66.26
HiC_scaffold_2	88.35	HiC_scaffold_6	55.57
HiC_scaffold_3	84.64	HiC_scaffold_7	51.40
HiC_scaffold_4	69.14	HiC_scaffold_8	50.70

续表

染色体编号	长度/Mb	染色体编号	长度/Mb
HiC_scaffold_9	48.03	HiC_scaffold_12	39.86
HiC_scaffold_10	45.4	总计	732.69
HiC_scaffold_11	42.29	未相连	5.41

表 2-3　BUSCO 评估基因组组装和注释完整度

类型	基因组组装		基因组注释	
	数量	占比/%	数量	占比/%
完整覆盖的基因数	1310	95.27	1234	89.75
完整覆盖且是单拷贝的基因数	1251	90.98	1180	85.82
完整覆盖且是多拷贝的基因数	59	4.29	54	3.93
未完整覆盖且只是部分比对上的基因数	23	1.67	91	6.62
未比对上的基因数	42	3.05	50	3.64
搜索到的基因总数	1375		1375	

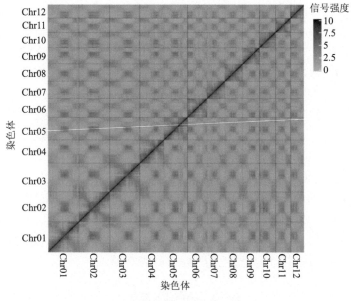

图 2-2　香樟染色体交互的信号强度热图

二、全基因组注释

(一)重复序列注释

应用 Repbase 的同源预测方法，以及 RepeatProteinMask 和 RepeatMasker 软

件进行重复序列注释，在香樟基因组分别注释重复序列 63.55Mb 和 65.69Mb，分别占基因组 8.61%和 8.90%。应用基于自身序列比对及重复序列特征的 TRF 和 *de novo* 预测方法，在香樟基因组分别注释重复序列 32.51Mb 和 334.33Mb，分别占基因组 4.41%和 45.31%。通过以上方法，共得到香樟基因组重复序列 358.29Mb，占基因组 48.56%（表 2-4）。

表 2-4 重复序列统计结果

类型	重复大小/Mb	占基因组百分比/%
TRF	32.51	4.41
RepeatMasker	65.69	8.90
RepeatProteinMask	63.55	8.61
de novo	334.33	45.31
总计	358.29	48.56

重复序列是基因组的重要组成部分，主要包括串联重复（tandem repeat）序列和散在重复（interpersed repeat）序列。其中，串联重复序列包括微卫星序列和小卫星序列等；散在重复序列又称转座子元件（transposon element，TE），包括以 DNA-DNA 方式转座的 DNA 转座子和反转录转座子（retrotransposon）。香樟基因组中转座子元件类型的重复序列最多，占基因组 46.66%。在 TE 类型中数量较多的为 LTR，总长为 261.61Mb，占基因组的 35.46%（表 2-5）。

表 2-5 不同类型的 TE 分类统计

TE 分类	Repbase TE		TE Protein		*de novo*		Combined TE	
	长度/Mb	占基因组百分比/%	长度/Mb	占基因组百分比/%	长度/Mb	占基因组百分比/%	长度/Mb	占基因组百分比/%
DNA	8.67	1.17	2.20	0.30	49.93	6.77	55.53	7.53
LINE	6.46	0.87	1.53	0.21	21.02	2.85	24.09	3.26
LTR	51.28	6.95	59.83	8.11	252.86	34.27	261.61	35.46
SINE	0.06	0.01	0	0.00	0.14	0.02	0.20	0.03
其他	0.00	0.00	0.00	0.00	0.00	0.00	0.00	0.00
未知	0	0	0	0.00	18.45	2.50	18.45	2.50
总计	65.69	8.90	63.55	8.61	331.30	44.90	344.30	46.66

注：Repbase TE，RepeatMasker 预测结果统计； TE Protein，RepeatProteinMask 预测结果统计；*de novo*，从头预测结果统计；Combined TE，整合预测结果统计

(二)基因注释

通过结合同源预测(homolog)、从头(*de novo*)预测和转录组(RNA-seq)预测 3 种方法对香樟的基因结构进行预测。同源预测是将无油樟(*Amborella trichopoda*)、变色耧斗菜(*Aquilegia coerulea*)、拟南芥(*Arabidopsis thaliana*)、牛樟(*Cinnamomum kanehirae*)、鹅掌楸(*Liriodendron chinense*)、毛果杨(*Populus trichocarpa*)、葡萄(*Vitis vinifera*)、银杏(*Ginkgo biloba*)和欧洲云杉(*Picea abies*)的编码蛋白序列整合为一个数据集后,使用 Exonerate v2.2.0 和 GeneWise v2.4.1 将该数据集与组装的香樟序列进行比对,预测香樟的基因结构。*de novo* 预测是根据基因组序列数据统计学特征(如密码子频率,外显子-内含子分布),利用 Augustus 和 SNAP 软件来预测基因结构。RNA-seq 预测先利用 TopHat2 和 Cufflinks 组装转录组数据,再使用 PASA v2.0.2 预测 unigene 序列。最后,将上述 3 种预测方法得到的结果使用 Maker2 进行整合和修正,最终得到香樟基因结构预测结果。

在香樟基因组中共鉴定了 29 789 个蛋白编码基因,平均基因长度为 11 222bp,平均内含子长度为 2169bp,平均外显子长度为 220bp,平均外显子数为 6(图 2-3,表 2-6)。BUSCO 评估组装基因组的完整性为 89.75%。

表 2-6　基因结构预测结果统计

方法	基因集	数量	平均基因长度/bp	平均 CDS 长度/bp	平均外显子数	外显子平均长度/bp	内含子平均长度/bp
de novo	AUGSTUTUS	33 800	5 945	2 305	9	269	481
	SNAP	51 700	15 610	2 609	13	195	1 049
homolog	无油樟	25 468	6 108	1 033	4	236	1 504
	变色耧斗菜	24 318	6 925	1 162	5	245	1 540
	拟南芥	22 910	6 638	1 093	5	238	1 542
	牛樟	28 914	7 572	1 242	5	239	1 506
	银杏	26 645	4 495	858	4	245	1 454
	鹅掌楸	25 509	7 256	1 128	5	244	1 693
	欧洲云杉	29 584	3 257	680	3	241	1 411
	毛果杨	26 053	6 486	1 093	4	245	1 554
	葡萄	24 475	7 198	1 140	5	241	1 623
RNA-seq		42 973	5 016.75	5 017	494	207	1 203
合计		29 789	11 222	1 234	6	220	2 169

注:CDS 是编码序列(coding sequence)的缩写

利用 Blast v2.2.3 对得到的蛋白编码基因与已知蛋白数据库比对,有 26 583(89.24%)个基因得到了功能注释,16 984 个基因可同时注释到 InterPro、KEGG、KOG、NR 和 SwissProt 等数据库(图 2-4,表 2-7)。

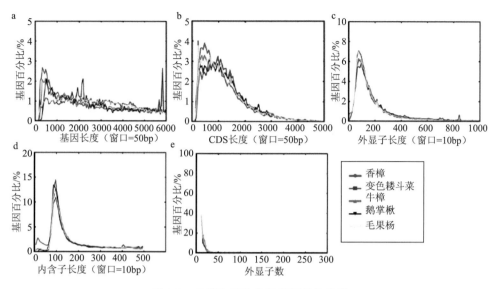

图 2-3 香樟与其他物种基因结构比较

表 2-7 基因功能注释统计

功能数据库	数量	百分比/%
NR	26 234	88.07
SwissProt	20 584	69.10
KEGG	20 539	68.95
KOG	26 244	88.10
InterPro	24 774	83.16
GO	14 280	47.94
总计	26 583	89.24

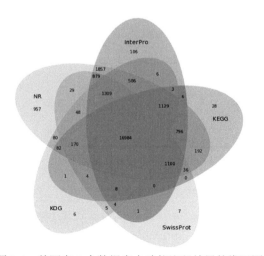

图 2-4 基因在 5 个数据库中功能注释结果的维恩图

(三)非编码 RNA 注释

非编码 RNA 指的是不翻译蛋白质的 RNA,如核糖体 RNA(ribosomal RNA, rRNA)、转运 RNA(transfer RNA, tRNA)、小核 RNA(small nuclear RNA, snRNA)、微 RNA(microRNA, miRNA),这些 RNA 都具有重要的生物学功能。tRNA、rRNA 可直接参与蛋白质的合成;snRNA 主要参与 RNA 前体的加工,是 RNA 剪切体的主要成分;miRNA 可降解其靶基因或抑制靶基因翻译成蛋白质,具有沉默基因的功能。在非编码 RNA 的注释过程中,根据 tRNA 的结构特征,利用 tRNAscan-SE 1.3.1 软件来鉴定基因组中的 tRNA 序列;由于 rRNA 具有高度的保守性,以香樟近缘物种牛樟和山苍子的 rRNA 序列作为参考序列,通过 BLASTN 比对来鉴定香樟基因组中的 rRNA;此外,利用 Rfam 家族的协方差模型,采用 Rfam 自带的 INFERNAL 软件预测香樟基因组的 miRNA 和 snRNA。结果在樟树基因组中共鉴定了 667 个 rRNA、506 个 tRNA、413 个 snRNA 和 113 个 miRNA(表 2-8)。

表 2-8 非编码 RNA 注释结果统计

类型		拷贝	平均长度/bp	总长度/bp	占基因组百分比/%
	miRNA	113	121.64	13 745	0.001 863
	tRNA	506	74.78	37 840	0.005 128
	rRNA	667	81.86	54 601	0.007 4
rRNA	18S	36	271.17	9 762	0.001 323
	28S	21	129.48	2 719	0.000 369
	5.8S	7	133.57	935	0.000 127
	5S	603	68.30	41 185	0.005 582
	snRNA	413	118.10	48 777	0.006 611
snRNA	CD-box	227	104.59	23 741	0.003 218
	HACA-box	44	122.57	5 393	0.000 731
	剪接	142	138.33	19 643	0.002 662

三、基因组进化分析

(一)同源基因家族鉴定

为鉴定香樟基因组和其他物种基因组的直系同源基因家族(orthologous group),本研究收集了 28 个物种的基因组数据,包括 2 个基部被子植物(ANA-grade),无油樟(*Amborella trichopoda*)、睡莲(*Nymphaea tetragona*);7 个单子叶植物(Monocots),紫萍(*Spirodela polyrhiza*)、小兰屿蝴蝶兰(*Phalaenopsis equestris*)、石刁柏(*Asparagus officinalis*)、小果野蕉(*Musa acuminata*)、菠萝

(*Ananas comosus*)、稻(*Oryza sativa*)、玉米(*Zea mays*)；7 个木兰类植物(Magnoliids)，黑胡椒(*Piper nigrum*)、鹅掌楸(*Liriodendron chinense*)、柳叶蜡梅(*Chimonanthus salicifolius*)、闽楠(*Phoebe bournei*)、鳄梨(*Persea americana*)、山苍子(*Litsea cubeba*)、牛樟(*Cinnamomum kanehirae*)；12 个核心双子叶植物(Eudicots)，博落回(*Macleaya cordata*)、变色耧斗菜(*Aquilegia coerulea*)、甜菜(*Beta vulgaris*)、中华猕猴桃(*Actinidia chinensis*)、番茄(*Solanum lycopersicum*)、中粒咖啡(*Coffea canephora*)、葡萄(*Vitis vinifera*)、桃(*Prunus persica*)、毛果杨(*Populus trichocarpa*)、甜橙(*Citrus sinensis*)、拟南芥(*Arabidopsis thaliana*)、可可(*Theobroma cacao*)。首先构建香樟和这 28 个物种的蛋白数据集，使用该蛋白数据集作自身 BLASTP 比对并过滤比对结果，然后将过滤后的比对结果通过 OrthoMCL v2.0.9 鉴定同源基因家族。在香樟基因组中发现 337 个特有的基因家族，富集分析发现这些基因家族显著富集到 KEGG 的"ABC 转运蛋白(ABC transporter)"和"赖氨酸降解(lysine degradation)"通路(表 2-9，附表 1)。

表 2-9　29 个物种的同源基因家族统计结果

物种	基因/个	非聚集基因/个	聚集基因/个	家族/个	特有家族/个	特有基因/个	共有基因/个
中华猕猴桃	32 962	2 891	30 071	13 347	352	886	12 186
变色耧斗菜	24 794	3 729	21 065	12 769	507	1 657	7 386
凤梨	21 445	2 079	19 366	12 065	265	795	7 535
石刁柏	26 005	2 811	23 194	11 837	517	2 532	7 678
拟南芥	27 404	3 747	23 657	12 712	700	2 759	8 499
无油樟	26 846	7 343	19 503	12 772	974	4 133	5 837
甜菜	22 904	4 440	18 464	12 439	480	1 759	6 570
香樟	29 789	6 057	23 732	15 533	337	976	7 927
中粒咖啡	25 574	4 383	21 191	13 261	516	1 587	7 410
牛樟	26 531	2 763	23 768	14 227	109	276	8 771
柳叶蜡梅	36 651	14 292	22 359	13 336	0	0	9 069
甜橙	24 124	1 672	22 452	13 362	341	1 341	7 423
鹅掌楸	35 269	3 626	31 643	12 873	662	8 690	8 331
山苍子	31 327	5 882	25 445	14 995	474	1 208	9 170
小果野蕉	36 515	10 384	26 131	12 574	526	1 319	11 193
博落回	21 911	2 555	19 356	12 433	249	857	7 100
睡莲	31 589	7 594	23 995	12 295	960	4 493	6 742
稻	42 189	12 185	30 004	15 411	1519	5 745	8 335
鳄梨	24 616	4 145	20 471	13 595	172	383	7 975
闽楠	28 198	5 697	22 501	14 219	413	1 086	7 772
小兰屿蝴蝶兰	17 870	2 017	15 853	10 747	256	744	6 502
黑胡椒	63 466	18 242	45 224	16 071	4334	15 332	11 613

续表

物种	基因/个	非聚集基因/个	聚集基因/个	家族/个	特有家族/个	特有基因/个	共有基因/个
桃	26 873	4 093	22 780	13 837	429	1 335	7 801
毛果杨	41 331	7 614	33 717	14 460	827	2 538	11 642
番茄	34 682	8 346	26 336	13 900	887	3 585	8 618
紫萍	19 591	3 271	16 320	11 432	347	1 421	6 329
可可	29 445	5 914	23 531	14 109	494	2 101	7 444
葡萄	26 346	6 327	20 019	12 872	567	1 610	7 465
玉米	40 557	10 036	30 521	15 420	1575	5 126	9 494

注: 共有家族 4077 个, 单拷贝 96 个

(二)基因家族的进化

基于同源基因家族分析, 获得 29 个物种的单拷贝基因家族, 并利用单拷贝基因家族构建贝叶斯系统发育树。基于此贝叶斯系统发育树和 29 个物种的直系同源群, 使用 CAFÉ 4.2 分析了基因家族的扩张和丢失。结果表明, 樟科共有 473 个基因家族扩张, 306 个基因家族收缩(图 2-5)。富集分析发现, 显著扩张的基因家族在 GO 中显著富集到萜烯合酶活性(terpene synthase activity)、镁离子结合(magnesium ion binding)和花粉识别(recognition of pollen), 在 KEGG 中显著富集

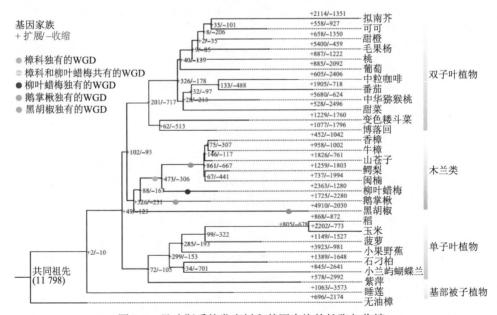

图 2-5 贝叶斯系统发育树和基因家族的扩张与收缩

每个分枝长度(实心线)代表物种的中性进化速率; +表示扩张基因家族的数量, −表示收缩基因家族的数量; 共同祖先(MRCA)有 11 798 个基因家族

到内质网中的蛋白质加工(protein processing in endoplasmic reticulum)、蛋白质输出(protein export)和剪接体(spliceosome)。显著收缩的基因家族在 GO 中显著富集到锌离子结合(zinc ion binding)、过渡金属离子结合(transition metal ion binding)和离子结合(ion binding)(附表 2)。

此外,在香樟基因组中,有 452 个基因家族发生了扩张,其中显著扩展的有 178 个基因家族($P<0.01$),有 1042 个基因家族发生了收缩,其中显著收缩的有 404 个基因家族($P<0.01$)(图 2-5)。这些显著扩张的基因家族在 KEGG 中显著富集到泛素介导的蛋白水解(ubiquitin mediated proteolysis)、减数分裂-酵母(meiosis-yeast)和细胞周期-酵母(cell cycle-yeast),显著收缩的基因家族在 KEGG 中显著富集到半胱氨酸和蛋氨酸代谢(cysteine and methionine metabolism)、醚脂质代谢(ether lipid metabolism)和硒化合物代谢(selenocompound metabolism)(附表 1)。

(三)木兰类的系统发育位置

被子植物或开花植物构成了地球上最多样化的植物群,约有 350 000 种,包括基部被子植物、木兰类、单子叶植物和双子叶植物。其中木兰类主要有白樟目(Canellales)、胡椒目(Piperales)、樟目(Laurales)和木兰目(Magnoliales),大约有 18 个科,10 000 个种。木兰类、双子叶植物和单子叶植物之间不稳定的系统发育关系备受关注(Chen et al., 2020;Endress and Doyle, 2015)。香樟属于樟科樟属,樟科属于木兰类的樟目,本研究报道的香樟染色体水平的基因组,可与木兰类植物和其他被子植物的基因组进行比较,以确定木兰类植物的系统发育位置、全基因组复制事件。

基于单拷贝基因构建的贝叶斯系统发育树,发现木兰类与双子叶植物形成姐妹类群(图2-5)。为进一步确认木兰类的系统发育位置,本研究基于单拷贝直系同源基因的核苷酸和氨基酸序列构建了串联树(concatenated tree)和并联树(coalescent tree)(图 2-6)。串联树和并联树也显示木兰类和双子叶植物是姐妹类群,但拓扑结构的支持率较弱。并联树中的 q 值用于评估基因树中主要拓扑($q1$)和替代拓扑($q2$ 与 $q3$)的百分比。在并联树中,主要拓扑结构($q1$)为木兰类和双子叶植物为姐妹类群,替代拓扑($q2$ 与 $q3$)分别为单子叶植物和双子叶植物为姐妹类群、木兰类和单子叶植物为姐妹类群。由图 2-6 发现,基于核苷酸构建的并联树中,$q1$ 值为 0.42,$q2$ 值为 0.26,$q3$ 值为 0.28,而基于氨基酸构建的并联树中,$q1$ 值为 0.42,$q2$ 值为 0.21,$q3$ 值为 0.34。该结果意味着并联树支持木兰类作为双子叶植物的姐妹类群为主要拓扑结构,作为单子叶植物或单子叶植物/双子叶植物的姐妹类群为替代拓扑结构。祖先种群中的多态等位基因可能导致谱系分类不完全(incomplete lineage sorting, ILS),ILS 发生在早期被子植物快速分化的过程中,这可能会混淆早期被子植物分支的分化,如木兰类、双子叶植物和单子叶植物(Chen et al., 2020)。此外，并联树的不一致性也暗示了 ILS 导致了木兰类的系统发育不一致。

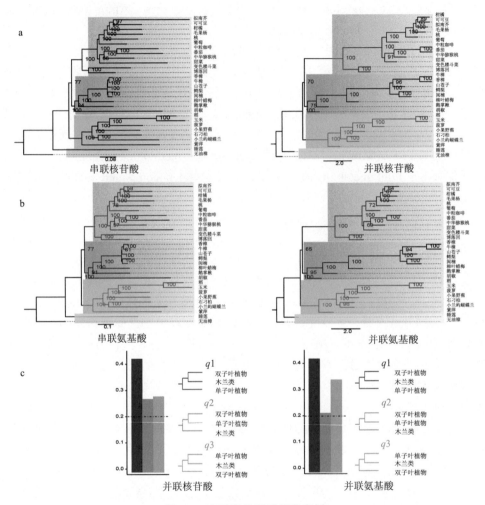

图 2-6　串联和并联系统发育树

a. 基于核苷酸序列构建的串联(左)和并联(右)系统发育树；b. 基于氨基酸序列构建的串联(左)和并联(右)系统发育树；c. 基于核苷酸(左)和氨基酸(右)构建的并联系统发育树的主要拓扑结构评估，x 轴标签中紫色(q1)为主要拓扑结构，蓝色(q2)和绿色(q3)分别为第一和第二替代拓扑结构

(四)木兰类的全基因组复制事件

每个同义替换位点(substitutions per synonymous site, Ks)的分布可用于评估物种全基因组复制事件。物种自身的 Ks 分布峰代表其发生的复制事件，两个物种的 Ks 分布峰暗示了它们之间的分化。MCScanX 用于分析物种或物种之间的共线性，并鉴定共线基因对，基于共线基因对，PAML 包中的 Codeml 可用于计算

物种或物种间的 Ks 值。

Ks 分析发现樟科物种香樟、牛樟、闽楠、山苍子、鳄梨的基因组均有两个明显的 Ks 峰值(附图 1a),其中,香樟的两个 Ks 峰值分别为 $Ks1≈0.55$ 和 $Ks2≈0.84$,且这两个 Ks 峰值均大于香樟-闽楠的分化峰的 Ks 值($Ks≈0.05～0.10$),表明樟科的共同祖先在分化前经历了这两个全基因组复制(whole-genome duplication,WGD)事件。柳叶蜡梅基因组中的 Ks 分布峰值表明柳叶蜡梅发生了两次 WGD 事件,其共线图中许多共线区域多出三个拷贝共线区域也证实了发生了这两个 WGD 事件(附图 1b)。柳叶蜡梅-香樟的 Ks 分化峰($Ks≈0.8～0.85$)分别位于柳叶蜡梅和香樟的自身的两个 Ks 峰之间(图 2-7a);在柳叶蜡梅-香樟的共线图中,可以发现柳叶蜡梅的两个共线区域与香樟的两个共线区域相对应(附图 1c)。这些结果表明,在柳叶蜡梅和香樟的共同祖先经历了一个古老的 WGD 事件后,柳叶蜡梅和香樟才分化,然后柳叶蜡梅和香樟各自经历了一次 WGD 事件。

为了进一步调查柳叶蜡梅和香樟的共同祖先共享的古老的 WGD 事件是否与鹅掌楸的祖先共享,本研究比较了香樟、柳叶蜡梅和鹅掌楸的 Ks 峰值。香樟-鹅掌楸($Ks≈0.80～0.83$)和柳叶蜡梅-鹅掌楸($Ks≈0.83～0.85$)的 Ks 分化峰大于香樟自身的 $Ks1$ 峰值($Ks1≈0.55$),小于 $Ks2$ 峰值($Ks2≈0.84$),这表明香樟、柳叶蜡梅和鹅掌楸的共同祖先经历了古老的 WGD 事件(图 2-7b)。Lv 等(2020)基于柳叶蜡梅基因组的分析结果也支持鹅掌楸和樟目(樟科和柳叶蜡梅)的共同祖先共享了一次古老的 WGD 事件。但是,鹅掌楸基因组的 Ks 分布显示只有一个 Ks 峰值位于 0.71 处,且该值小于香樟-鹅掌楸和柳叶蜡梅-鹅掌楸的 Ks 分化峰值,这表明在鹅掌楸和香樟-柳叶蜡梅分化后,鹅掌楸才经历一次 WGD 事件。因此,为了明确鹅掌楸的 WGD 事件是与香樟-柳叶蜡梅的祖先共享,还是鹅掌楸特有的,分析了鹅掌楸与香樟、柳叶蜡梅之间的共线关系。在共线图中,可以明显地发现鹅掌楸:香樟和鹅掌楸:柳叶蜡梅的共线关系均为 2:4(图 2-7c,附图 1d),表明鹅掌楸的 WGD 事件不是与香樟、柳叶蜡梅的共同祖先共享的。

此外,黑胡椒经历了一次 WGD 事件(Hu et al., 2019),且香樟-黑胡椒的 Ks 分化峰值大于香樟基因组中的自身的两个 Ks 峰值(附图 1a),表明香樟和黑胡椒分化后,香樟经历了两次 WGD 事件,黑胡椒独自经历了一次 WGD 事件。

根据公式分化时间=$Ks/2r$(Ks,物种的 Ks 值;r,物种进化分支中 Ks 的变化速率),可以评估 WGD 事件的发生时间(图 2-7d)。木兰类约在 1.34 百万年前就已经分化出来,黑胡椒是木兰类第一个分化的物种,但它直到 15.51 百万年前才发生了自身特有的 WGD 事件。鹅掌楸和樟目(如樟科、柳叶蜡梅)约在 121.79 百万年前分化,随后约在 118.38 百万年前鹅掌楸经历了一次特有的 WGD 事件,樟目(如樟科、柳叶蜡梅)约在 98.20 百万年前经历了一次古老的 WGD 事件。约在 90.03 百万年前柳叶蜡梅和樟科分化后,柳叶蜡梅约在 84.35 百万年前独自经历了一次 WGD 事件,樟科的祖先约在 81.26 百万年前经历了一次 WGD 事件。樟科最近一次 WGD 事件的发生时间与樟科物种快速分化的时间相吻合，这表明可能樟科近期的 WGD 事件促进了早期樟科物种的快速分化。

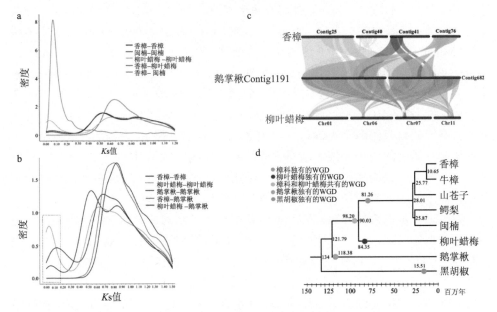

图 2-7　木兰类全基因组复制事件分析

a. 香樟、闽楠、柳叶蜡梅的 Ks 分布；b. 香樟、柳叶蜡梅、鹅掌楸的 Ks 分布；c. 香樟、柳叶蜡梅、鹅掌楸之间的共线性分析；d. 木兰类的 WGD 事件发生时间的评估

第二节　重要性状的分子机制

一、花的起源

　　木兰类、单子叶植物和双子叶植物之间相互矛盾的进化关系也反映了它们形态的复杂性，尤其是花器官（Endress and Doyle, 2015）。一些基部被子植物的花器官表现出从萼片状到花瓣状的形态转变，如香樟的花。*MADS-box* 基因家族控制着开花植物的多个发育程序，其中 MADSc 亚家族主要参与调控花器官形态和开花时间（Chen et al., 2017）。因此，为揭示花的起源，我们研究了裸子植物和被子植物的 *MADS-box* 基因家族。

　　MADS-box 基因家族的鉴定，是通过 HMMER 软件对物种全基因组蛋白序列进行 MADS-box 结构域筛选，鉴定出的蛋白序列再用 Pfam 和 SMART 进行结构域验证并去除冗余。本研究共鉴定了 19 个物种的 *MADS-box* 基因家族（表 2-10），然后对鉴定的所有候选 *MADS-box* 基因使用 MAFFT 进行比对后，用 FastTree v2.1.10 构建系统发育树，并用 FigTree v1.4.4 进行美化。

表 2-10 各个物种基因组数据的来源

中文名	拉丁学名	数据来源
拟南芥	*Arabidopsis thaliana*	https://www.arabidopsis.org/index.jsp
稻	*Oryza sativa*	https://ngdc.cncb.ac.cn/databasecommons/database/id/1266
无油樟	*Amborella trichopoda*	https://phytozome.jgi.doe.gov/
牛樟	*Cinnamomum kanehirae*	https://www.ncbi.nlm.nih.gov/
山苍子	*Litsea cubeba*	https://www.ncbi.nlm.nih.gov/
闽楠	*Phoebe bournei*	https://www.ncbi.nlm.nih.gov/
鹅掌楸	*Liriodendron chinense*	https://www.ncbi.nlm.nih.gov/
黑胡椒	*Piper nigrum*	http://cotton.hzau.edu.cn/
柳叶蜡梅	*Chimonanthus salicifolius*	https://www.ncbi.nlm.nih.gov/
蓝星睡莲	*Nymphaea colorata*	https://plants.ensembl.org/
葡萄	*Vitis vinifera*	https://plants.ensembl.org/
菠萝	*Ananas comosus*	https://plants.ensembl.org/
银杏	*Ginkgo biloba*	http://gigadb.org/dataset/100209
买麻藤	*Gnetum montanum*	https://datadryad.org/
欧洲云杉	*Picea abies*	https://www.ncbi.nlm.nih.gov/
卷柏	*Selaginella tamariscina*	https://www.ncbi.nlm.nih.gov/
台湾角苔	*Anthoceros angustus*	https://doi.org/10.5061/dryad.msbcc2ftv
小立碗藓	*Physcomitrella patens*	https://plants.ensembl.org/

此外，为进一步验证香樟花发育模型，对筛选的与花发育相关的基因（*CcAP1a*、*CcAP3*、*CcPI*、*CcAGa*、*CcSTKa* 和 *CcSEPa*）进行 qRT-PCR 验证。以受精 5d、15d、20d 的花被片、雄蕊、雌蕊为 qRT-PCR 的材料，使用 RNAprep Pure 提取高质量的 RNA，随后将 RNA 逆转录为 cDNA，PCR 条件为 42℃ 15min 和 85℃ 5s。利用 Primer5 设计 *CcAP1a*、*CcAP3*、*CcPI*、*CcAGa*、*CcSTKa* 和 *CcSEPa* 基因的特异性引物，*CcEF1a* 作为内参基因（表 2-11）。最后，2×TransScript Tip Green qPCR SuperMix 进行实时荧光定量 PCR 扩增，检测各个基因在不同部位的表达情况。

表 2-11 实时荧光定量 PCR 用到的引物

引物名称	引物序列	退火温度/℃
CcMADS2-F	AAGATCAACAGGCAAGTGACC	60
CcMADS2-R	TCAGCATCGCAGAGAACCGAA	60
CcMADS4-F	GTATGTTGCTTTGACGTCCCT	60
CcMADS4-R	ACAGATAAAGTGTCGACCCTC	60
CcMADS6-F	TTCGCTGAGATCGAGTATATGCAA	60
CcMADS6-R	AAGTTCCGAGAGTCAAATGCC	60
CcMADS9-F	AGGCCGTCTCTATGAATACTCC	60

引物名称	引物序列	退火温度/℃
CcMADS9-R	CCCCATTAAGTGTCTGTTTGCAT	60
CcMADS12-F	CCACCGATTCCAGCATGTCA	60
CcMADS12-R	TCCCATATTCTTGGCACCACT	60
CcMADS29-F	TCTCTGAGTACTGTAGCCCTT	60
CcMADS29-R	CATCCTTTGCCTGATCTCCC	60
CcMADS30-F	AATCGGCAGGTGACTTACTCT	60
CcMADS30-R	CGGACATCTTTCCAGTAGCAG	60
CcEF1a-F	TCCAAGGCACGGTATGAT	60
CcEF1a-R	CCTGAAGAGGGAGACGAA	60

(一)香樟 *MADS-box* 基因家族进化分析

在香樟基因组中共鉴定了 56 个 *MADS-box* 基因(附表 3),比其他樟科物种的 *MADS-box* 基因的数量少,但比无油樟的多。为了确定香樟 *MADS-box* 基因家族的进化历史及演化关系、进一步了解木兰类植物生殖器官的进化策略,本研究将香樟与其他 18 种代表性物种分别构建了Ⅰ型及Ⅱ型系统发育进化树。基于模式植物拟南芥和稻 *MADS-box* 基因的分类方法,Ⅱ型系统发育进化树一共被分为 18 个亚家族。香樟Ⅱ型 *MADS-box* 基因分布于其中 14 个亚家族中,包括 AG、STK、AGL12、TM3/SOC1、ANR1、SVP、AGL15、SEP、AGL6、AP1/FUL、PI、AP3、Bsister 及 MIKC*。如图 2-8 所示,除 GpMADS4 亚家族为裸子植物特有、OsMADS32 亚家族为单子叶植物特有之外,FLC 亚家族中仅包含双子叶植物的基因,基部被子植物及木兰类植物基因组中均不含有 FLC 亚家族的成员,由于 ANR1、SVP、AGL15 中均含有来自无油樟的基因,且 FLC 为 ANR1、SVP、AGL15 三个亚家族共同祖先的姐妹类群,因此 FLC 很可能存在于被子植物的最后一个共同祖先中,随后在基部被子植物无油樟中丢失或未被发现;TM8 亚家族中不含有来自香樟的基因,说明香樟基因组中可能不存在 TM8 亚家族的成员,但其他樟科植物如山苍子、牛樟、闽楠等含有一个 TM8 亚家族基因,说明 TM8 亚家族基因可能在非香樟的其他樟科植物中独立扩增了,也可能在樟科的共同祖先中发生了基因复制事件,之后在香樟中丢失或未被发现。本研究发现,与无油樟的 1 个 TM3 亚家族基因相比,木兰类植物的 TM3 亚家族的基因都发生了扩增(香樟 6 个、闽楠 8 个、山苍子 8 个,牛樟 4 个,柳叶蜡梅 4 个,黑胡椒 6 个、鹅掌楸 2 个),各物种 TM3 亚家族的其他成员可能是通过基因组复制和串联复制进化而来的。

如图 2-8 所示,Ⅰ型 *MADS-box* 基因可以被分为三个进化枝:Mα、Mβ 和 Mγ。每个进化枝中都含有来自香樟的基因。在香樟Ⅰ型 *MADS-box* 基因中,Mα 亚家族成员数量最多，有 13 个基因；Mγ 亚家族中有 2 个基因；Mβ 亚家族成员最少，只有 1 个基因。与无油樟的 6 个 Mα 基因相比，樟科植物 Mα 基因发生了扩增（香樟 13 个，闽楠 21 个，山苍子 11 个，牛樟 21 个），已知的 I 型基因在雌配子体发育中的功能表明，它们在樟科中的扩增可能促成了胚珠的大量产生，从而产生了大量的种子。

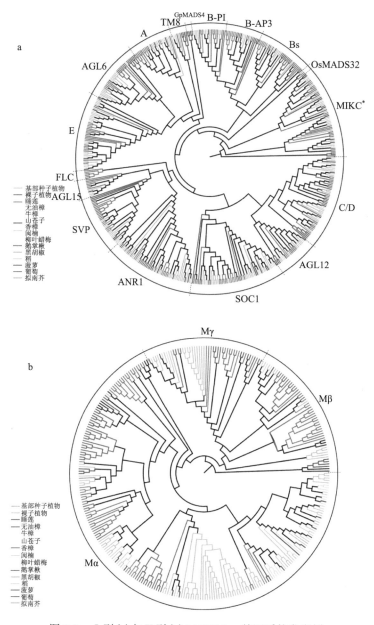

图 2-8　I 型（a）与 II 型（b）*MADS-box* 基因系统发育树

从表 2-12 可以看出，香樟 *MADS-box* 基因数目多于无油樟 *MADS-box* 基因数目，但与牛樟、山苍子、闽楠等其他樟科植物相比较少。Cronquist 系统认为，从表型上看，无油樟科(Amborellaceae)和樟科(Lauraceae)都属于樟目(Laurales)(Cronquist, 1981)。本研究比较了樟科植物和无油樟的 MIKC^c 型基因，发现樟科植物基因组中 A、C/D、SEP、AGL6、TM3/SOC1、SVP 和 AGL12 的数量比无油樟多(表 2-12)。A、C/D、SEP 和 AGL6 与开花模型有关，SOC1 和 SVP 的相互作用可能参与复杂的开花调控网络，并可能与雌雄异株植物开花的差异调控有关。值得注意的是，无油樟中含有 1 个 *OsMADS32* 基因，这在樟科植物中是缺失的(表 2-12)。*OsMADS32* 是单子叶植物特有的 MIKC^c 型 *MADS-box* 基因，在调节稻花分生组织和器官特性方面起着重要作用。Ⅰ型 *MADS-box* 基因与雌配子体、胚胎、中央细胞和胚乳的发育有关。樟科Ⅰ型 Mα 基因远多于无油樟(表 2-12)。综上所述，与花发育相关基因的扩增或缺失可能导致了樟科和无油樟在系统发育上的差异，并进一步从形态上表明无油樟不属于樟目。

表 2-12　木兰类物种和无油樟 *MADS-box* 基因数量统计

分类	香樟	牛樟	山苍子	闽楠	鹅掌楸	黑胡椒	柳叶蜡梅	无油樟
Ⅱ型	37	40	40	50	25	50	39	22
MIKC^c	30	34	37	44	21	46	33	20
MIKC*	7	6	3	6	4	4	6	2
C/D	5	6	5	5	4	4	4	2
A	2	3	2	2	1	3	1	1
AGL12	2	4	2	4	0	1	1	1
TM3/SOC1	6	6	8	8	2	6	4	1
AGL6	2	3	2	2	5	2	5	1
SEP	3	4	6	5	4	6	3	2
FLC	0	0	0	0	0	0	0	0
AGL15	1	1	1	1	0	1	1	1
ANR1	4	2	4	10	1	5	5	2
B	3	4	3	4	3	16	5	5
TM8	0	1	1	1	0	0	1	2
SVP	2	0	3	2	1	2	3	1
OsMADS32	0	0	0	0	0	0	0	1
Ⅰ型	16	26	14	28	16	7	43	12
Mα	13	21	11	21	5	5	41	6
Mβ	1	3	0	4	9	1	1	5
Mγ	2	2	3	3	2	1	1	1
总计	53	66	54	78	41	57	82	34

（二）香樟 A 类、SEP 类及 AGL6 类 *MADS-box* 基因的进化分析

在进化上 A 类基因与 SEP 亚家族和 AGL6 亚家族关系最近,因此在对来自不同类群的同源基因进行系统发育分析时,选取了 13 个被子植物的 A 类基因、SEP 类基因与 AGL6 亚家族基因,2 个裸子植物的 AGL6 亚家族基因,以苔藓类和蕨类植物 AGL6 亚家族基因作为外部类群进行系统发育分析,结果如图 2-9 所示。

A 类 *MADS-box* 基因发生了 4 次大规模的基因复制事件,第一次发生在单子叶植物类群中,产生了 *OsMADS14/15* 与 *OsMADS18*,接着在产生的 *OsMADS14/15* 中发生了第二次基因复制事件,产生了 *OsMADS14* 和 *OsMADS15* 两个分支,第三次、第四次基因复制事件均发生在核心真双子叶植物类群中,分别产生了 *FUL* 分支、AGL79 分支和 AP1 分支。香樟共含有两个 A 类基因:*CcMADS11*、*CcMADS12*。*CcMADS11* 与牛樟、山苍子等 A 类基因聚为一支,*CcMADS12* 与闽楠 A 类基因聚为一支,*CcMADS12* 与其他物种 A 类基因聚类形成的大进化枝与 *CcMADS11* 所在的进化枝互为姐妹类群,因此可推测二者起源早于被子植物祖先的形成。香樟 A 类基因的系统发育位置与它在物种树上的位置相一致,均处于被子植物的木兰类分支中。

SEP 类基因在与其祖先分离后发生了多次大规模的基因复制事件,第一次基因复制将 SEP3 类基因与 SEP1/2/4 类基因进行了分离,随后 SEP3 类基因在单子叶植物中发生了第二次基因复制事件,产生了 *OsMADS7* 和 *OsMADS8* 两个分支,SEP1/2/4 类基因中发生了 4 次基因复制事件,在单子叶植物中分别产生了 *OsMADS34*、*OsMADS5* 和 *OsMADS1* 3 个分支,在核心真双子叶植物中产生了 *SEP4* 分支、*FBP9* 分支和 *SEP1/2* 分支。香樟共含有 3 个 SEP 类基因:*CcMADS1*、*CcMADS2*、*CcMADS3*。香樟 *CcMADS3* 基因处于 SEP1/2/4 类基因所在分支中,与牛樟 SEP 类基因聚在一起,*CcMADS1*、*CcMADS2* 处于 SEP3 类基因所在分支中,这两个基因先分别与其他木兰类植物的 SEP 类基因聚为两支,这两支再聚在一起互为姐妹类群。

AGL6 类基因在种子植物的进化过程中一共发生了 4 次大规模的基因复制事件,第一次基因复制事件发生在裸子植物内部,随后在单子叶植物内部、木兰类植物内部以及核心真双子叶植物中分别发生了一次基因复制事件。AGL6 类基因总是与 A 类、SEP 类基因在系统发育树聚集成超大亚族,研究表明,相较于 A 类基因,AGL6 类基因与 SEP 类基因亲缘关系更近。如图 2-9 所示,AGL6 类基因与 SEP 类基因两个进化枝互为姐妹类群,这一结果与前人研究一致。香樟 AGL6 类基因有 2 个:*CcMADS4*、*CcMADS5*,*CcMADS4* 与闽楠 AGL6 类同源基因亲缘关系最近,*CcMADS5* 与牛樟 AGL6 类同源基因亲缘关系最近。香樟 AGL6 类基因处于被子植物木兰类分支位置。

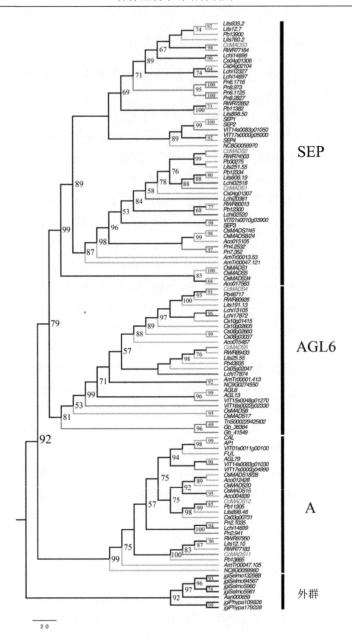

图 2-9　A 类、SEP 类及 AGL6 类基因系统发育进化树

(三) 香樟 B 类 *MADS-box* 基因的进化分析

相对于 A 类基因亚家族而言，目前对于 B 类基因的进化历史已经有了十分深入的了解和认识。大量的系统分析结果表明，在被子植物中，B 类基因亚家族已经发生了两次主要的基因重复事件。一次发生在现存被子植物起源之前，祖先的

B类基因经过基因重复事件后产生了两种类型：AP3和PI；第二次基因重复事件发生在核心真双子叶植物起源之前。本研究以苔藓植物B类基因作为外部类群，选取5个裸子植物与13个被子植物共66个B类基因重建了 *MADS-box* 基因的系统发育进化树，结果如图2-10所示。B类基因进化树由3个分支组成：Bs亚家族、AP3亚家族和PI亚家族。Bs亚家族位于进化树的基部，与AP3亚家族、PI亚家族组成的进化枝互为姐妹类群。香樟含有3个B类基因，分别为 *CcMADS28*、*CcMADS29* 和 *CcMADS30*。*CcMADS28* 属于Bs亚家族，在进化树上和牛樟B类基因的系统发育位置最近；*CcMADS29* 属于AP3亚家族，在进化树上和闽楠B类基因的系统发育位置最近，二者同为樟科植物，均处于木兰类植物类群中，属于早期的被子植物；*CcMADS30* 属于PI亚家族，其聚类结果与 *CcMADS28* 相同，与牛樟B类基因聚为一类。相对于AP3类基因在进化过程中发生的基因复制，PI

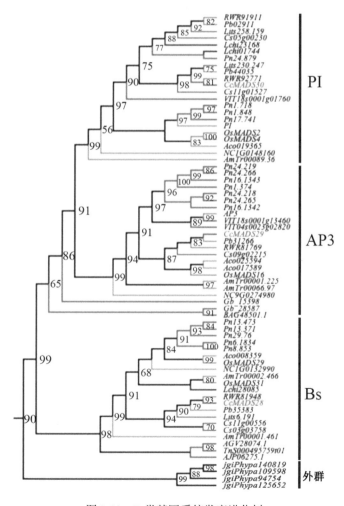

图2-10　B类基因系统发育进化树

类基因在进化过程中并没有发生大规模的基因复制事件，但是在物种内部发生了许多小范围的基因复制事件，尽管在香樟中只获得了一个 PI 类基因，但在其他木兰类植物中产生了许多个旁系同源基因，如山苍子、牛樟、闽楠、鹅掌楸、柳叶蜡梅等物种中产生了 2 个 PI 类基因，黑胡椒中产生了 4 个 PI 类基因。

（四）香樟 C/D 类 *MADS-box* 基因的进化分析

C/D 类基因在与其祖先分离后发生了两次大规模的基因复制事件，第一次基因复制事件之后，C 类基因与 D 类基因发生分离，第二次基因复制事件发生在核心真双子叶植物内部，C 类基因产生了 AG 分支和 PLE 分支。因此，在被子植物的不同类群中，C/D 类基因的种类是不同的。在基部被子植物和基部真双子叶植物中，存在 C 类 AG 型与 D 类 STK 型两种基因，而在核心真双子叶植物中，存在 C 类 AG 型、C 类 PLE 型及 D 类 STK 型 3 种基因。本研究以苔藓类和蕨类植物 C/D 类基因作为外部类群，选取了 5 个裸子植物和 13 个被子植物共 55 个 C/D 类基因进行系统发育分析，结果如图 2-11 所示。香樟含有 3 个 C 类基因，分别为

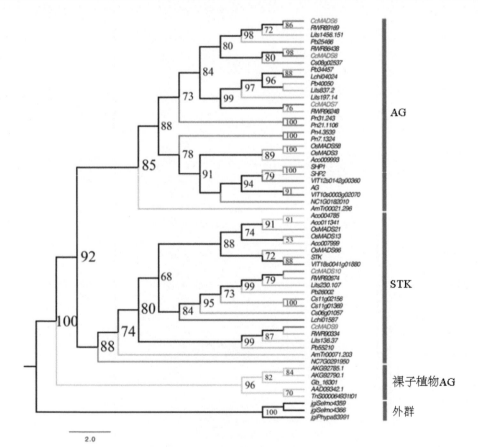

图 2-11　C/D 类基因系统发育进化树

CcMADS6、*CcMADS7*、*CcMADS8*。*CcMADS6*、*CcMADS8* 先是与其近缘种，如山苍子、牛樟等木兰类植物的 C 类基因聚为一支，再与 *CcMADS7* 所在的进化枝聚在一起互为姐妹类群。香樟 D 类基因有 2 个：*CcMADS9* 与 *CcMADS10*。与 C 类基因的聚类情况相似，*CcMADS9* 与 *CcMADS10* 先分别与其他近缘种聚为一支后再与其他 D 类同源基因一起聚成 STK 亚家族大支。香樟 C/D 类基因的系统发育位置与其在物种树上的位置一致。

(五)香樟花发育模型

MADS-box 基因家族包含了被子植物花发育 ABCDE 模型中的 4 类基因，花发育 ABCDE 模型中的基因提供了 5 种不同的同源性功能，其中 A 类基因调控萼片，A+B+E 类基因调控花瓣，B+C+E 类基因调控雄蕊，C+E 类基因调控心皮，C+D+E 类基因调控胚珠。B 类和 C 类基因的功能在被子植物中高度保守，但 A 类基因的功能并不总是属于同一基因谱系，因此 A 类基因的功能在被子植物中并不保守，如睡莲 AGL6 同源基因执行指定萼片和花瓣的 A 类基因的功能。表达量分析显示香樟的 *CcAGL6a* 和 *CcAGL6b* 基因在营养与生殖器官中均有表达，在花被片中表达量最高，而 *CcAP1a* 基因在花被片中表达量较低(图 2-12a)。但 qRT-PCR 验证显示，*CcAP1a* 基因在花被片的 3 个发育阶段中的表达量明显高于雄蕊和雌蕊(图 2-12b)。*CcAP3* 和 *CcPI* 在花被片和雄蕊中的表达水平高于雌蕊中的表达水平。AP3/PI 同源基因在许多基部被子植物(如无油樟和睡莲)的未分化花被片中的广泛表达，造成了这些分类群中萼片和花瓣之间缺乏明确的形态学区别。*CcAGa* 和 *CcSTKa* 基因在雄蕊与雌蕊中均高度表达，但在花被片中的表达水平较低；*CcSEPa* 和 *CcSEPb* 在所有花器官中高表达(图 2-12a，图 2-12b)。综合香樟各个 *MADS-box* 基因在各个组织的表达模式，香樟 A 类基因在花被片、雄蕊、雌蕊中均有表达，在花被片中的表达水平显著高于在雄蕊、雌蕊中的表达水平；C/D 类基因主要在雄蕊及雌蕊中表达，表达水平显著高于在花被片中的表达水平；A 类基因与 C/D 类基因呈现出类似于边缘衰减模型中的表达模式：香樟 A 类基因在花被片中表达最强，在雄蕊、雌蕊中表达最弱；而香樟 C/D 类基因在雄蕊、雌蕊中表达最强，在花被片中表达最弱；且两者的表达范围也存在着交叉重叠现象。香樟 B 类基因在花被片、雄蕊中的表达水平显著高于在雌蕊中的表达水平。显然，香樟中 ABCDE 类同源基因在花器官中的表达范围比在真双子叶植物中表达更为广泛(图 2-12c)，由此可以看出，香樟花器官发育相关的 *MADS-box* 基因表达模式符合边缘衰减模型。经典的花发育 ABCDE 模型符合真双子叶植物花器官外部形态特征，近年来越来越多的研究显示，边缘衰减模型更适合于基部被子植物花器官的发育模式。

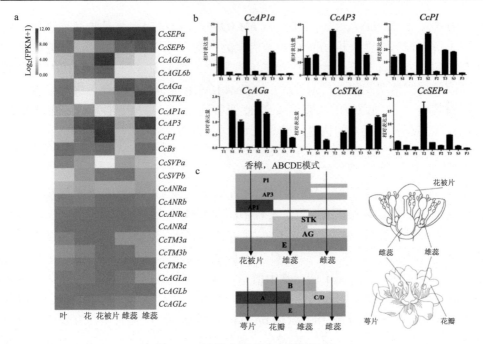

图 2-12　香樟花器官分子调控机制

a. MIKC^c 型基因在香樟各个器官中的表达模式。b. qRT-PCR 验证花发育 ABCDE 模型的同源基因。T1、S1、P1 分别代表受精后第 5 天花朵的花被片、雄蕊和雌蕊；T2、S2、P2 分别代表受精后第 15 天的花被片、雄蕊和雌蕊；T3、S3 和 P3 分别代表受精后第 25 天的花被片、雄蕊和雌蕊。c. 被子植物中的花发育模型。香樟花发育模型是基于各个基因的表达值构建的

二、单萜生物合成

香樟树叶的精油（大约 95% 为萜类化合物）含量高达 3.07%，主要成分是芳樟醇（约占精油的 90%），其次是桉油精、α-萜品醇、异冰片、β-水芹烯和樟脑。这些成分大多数属于单萜家族，它们被广泛应用到化妆品和医药等行业。萜类化合物是通过甲羟戊酸（mevalonic acid, MVA）和甲基赤藓醇-4-磷酸（methylerythritol 4-phosphate, MEP）途径合成的。萜类合成酶（terpene synthase, TPS）是萜类合成的限速酶，亚家族 TPS-b 和 TPS-g 为单萜合成酶，亚家族 TPS-a 为倍半萜合成酶，亚家族 TPS-c 和 TPS-e/f 参与赤霉素植物激素和其他二萜类化合物的生物合成。为了解香樟单萜生物合成的分子机制，本研究鉴定了 MVA 和 MEP 合成途径相关的基因，以及樟科物种的 TPS 基因家族。在香樟基因组中鉴定了 12 个 MVA 通路相关基因和 14 个 MEP 通路相关基因（附表 4），这些基因在叶、茎、花、果中表现出不同的表达模式。

　　在香樟基因组中共鉴定出 85 个 *TPS* 基因(附表 5，表 2-13)，比牛樟的 *TPS* 基因(100 个基因)少但多于闽楠(82 个基因)、山苍子(52 个基因)、鹅掌楸(70 个基因)和柳叶蜡梅(53 个基因)。系统发育分析表明(图 2-13)，TPS-b 亚家族基因在木兰类物种中显著扩张，如香樟有 54 个 TPS-b 基因，牛樟有 58 个 TPS-b 基因，闽楠有 50 个 TPS-b 基因，山苍子有 24 个 TPS-b 基因。在香樟的 *TPS* 基因中，有 59 个单萜合酶基因(TPS-b/g 亚家族)、21 个倍半萜合酶基因(TPS-a 亚家族)和 5 个二萜合酶基因(表 2-13)。表达分析表明，在单萜合酶基因中，*Cc14305*、*Cc15608*、

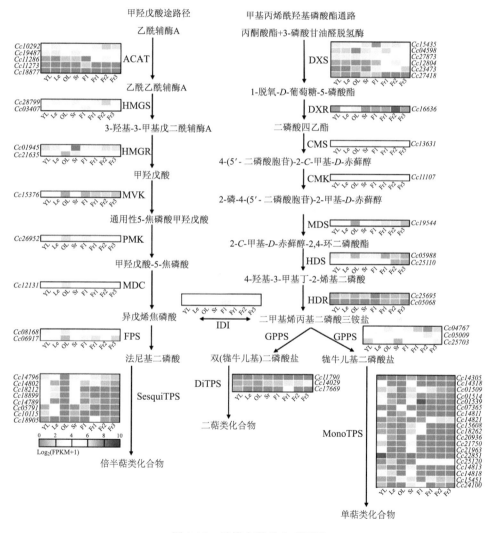

图 2-13　香樟中萜类合成通路

YL：嫩叶；Le：成年叶；OL：老叶；St：茎；Fl：花；Fr1：果皮为绿色的嫩果；Fr2：果皮为深绿色的成熟果；
Fr3：果皮为黑色的成熟果

Cc18262、*Cc21750* 和 *Cc22851* 在叶和茎中高表达，只有 *Cc14821* 在果实中高表达（图 2-14）。

表 2-13　木兰类物种、无油樟和拟南芥 *TPS* 基因数量统计

物种	TPS-a 亚家族	TPS-b 亚家族	TPS-c 亚家族	TPS-e 亚家族	TPS-f 亚家族	TPS-g 亚家族	总计
无油樟	0	7	1	1	3	5	17
拟南芥	23	6	1	1	1	1	33
香樟	21	54	2	1	2	5	85
牛樟	25	58	2	5	6	4	100
闽楠	14	50	2	2	6	8	82
山苍子	17	24	1	1	6	3	52
鹅掌楸	28	23	3	3	6	7	70
黑胡椒	132	66	2	1	0	17	218
柳叶蜡梅	14	24	1	1	10	3	53

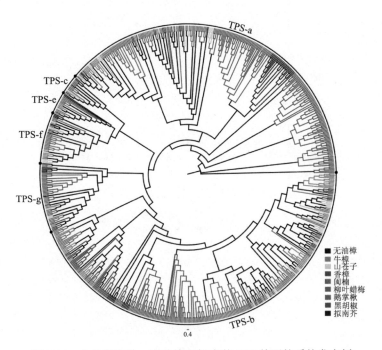

图 2-14　木兰类物种、无油樟和拟南芥 *TPS* 基因的系统发育树

第三节　重要基因家族分析

一、材料与方法

（一）基因家族成员的鉴定和结构域验证

香樟基因组数据可从 BioProject/GWH 网站下载香樟染色体水平组装基因组序列，登录号 PRJCA005135/GWHBCHF00000000。通过在 Pfam 数据库（http://pfam.xfam.org/）中下载 WRKY、BHLH、NAC、茉莉酸合成相关[脂氧合酶（lipoxygenase, LOX）、丙二烯氧化物合成酶（allene oxide synthase, AOS）、丙二烯氧化物环化酶（allene oxide cyclase, AOC）、OPDA 还原酶（12-oxophytodienoate reductase, OPR）及酰基辅酶 A 氧化酶（acyl-coenzyme A oxidase, ACX）]等基因家族的 HMM3.1 模型，用于筛选香樟全基因组中的相应基因蛋白序列，E-value 值为 10^{-10}，利用 NCBI-CDD（https://www.ncbi.nlm.nih.gov/cdd）、Pfam 和 SMART（http://smart.embl.de/）等在线结构域网站验证候选基因的结构域，保留含有相应基因家族的结构域的基因。

（二）候选蛋白基因的基础分析

利用 Expasy（https://web.expasy.org/compute_pi/）对基因家族成员进行等电点、分子量、氨基酸长度等理化性质分析；利用 prabi（https://npsa-prabi.ibcp.fr/cgi-bin/npsa_automat.pl?page=npsa_sopma.html）在线软件进行蛋白质二级结构分析；利用 Euk-mPLoc 2.0（http://www.csbio.sjtu.edu.cn/bioinf/euk-multi-2/）网站进行亚细胞定位，利用 SignalP（https://services.healthtech.dtu.dk/services/SignalP-4.1/）网站进行信号肽预测。

（三）基因家族的进化分析

从拟南芥官网 TAIR（https://www.arabidopsis.org/）中下载拟南芥的蛋白序列，利用 ClustalW 软件，对拟南芥相应的基因蛋白序列和香樟中鉴定的基因蛋白序列进行多序列比对；采用 MEGA 7.0 软件基于邻接法（neighbor-joining method, NJ）构建进化树，利用 Evolview（https://evolgenius.info//evolview-v2/login）网站对进化树进行美化。根据拟南芥已有的分组对相应的基因家族成员进行聚类分析。

（四）基因家族保守基序与基因结构分析

利用 MEME（https://meme-suite.org/meme/）网站对香樟候选基因家族的各个成员进行保守基序（motif）预测，motif 个数设为 15 个，对预测的保守结构基序利用 WEBLOGO（http://weblogo.berkeley.edu/logo.cgi）进行示意图绘制，采用 Tbtools

软件对保守 motif 进行可视化；利用 GSDS（Gene Structure Display Server，http://gsds.gao-lab.org）网站绘制内含子-外显子等基因结构示意图。

（五）共线性分析

从 Ensembl Plants（https://plants.ensembl.org/index.html）网站分别下载拟南芥、稻、葡萄、毛果杨、望春玉兰（*Magnolia biondii*）和流苏马兜铃（*Aristolochia fimbriata*）的全基因数据，用 MCScanX 软件进行物种间共线性分析，采用 Tbtools 软件进行可视化。

（六）启动子顺式作用元件分析

利用 Perl 脚本提取香樟基因组文件的启动子序列，提取香樟 *CcWRKY* 和 *CcNAC* 基因上游 1500bp 的启动子区域，提取香樟 *CcbHLH* 基因上游 2000bp 的启动子区域。通过 Plant Care（http://bioinformatics.psb.ugent.be/webtools/plantcare/html/）对顺式作用元件进行分析，利用 TBtools1.098726 软件对其结果进行可视化。

（七）施肥处理试验

在福建安溪国有林场（24°55′N，117°57′E）进行施肥试验，样地理化性质为：全钾 4.27g/kg，速效钾 23.03mg/kg，碱解氮 24.43mg/kg，有效磷 32.33mg/kg，全磷 0.68g/kg，pH5.66，有机质 4.95g/kg。样地养分含量低于南方土壤养分含量的各指标，养分较为贫瘠。以厦门牡丹香化实业有限公司培育的香樟优质品系"芳香樟无性系 MD1"2 年生种苗作为试验材料，香樟地径在 14.7～15.9mm，树高在 75～77cm，冠幅 80cm 左右。根据本研究组确定的香樟最适生物炭配施氮磷钾肥配方进行施肥试验，单次施肥配方为：生物炭 3.40g/株（购自四川省久晟农业科技有限责任公司）、尿素 115.00g/株（总氮含量≥46%；购自安阳中盈化肥有限公司）、过磷酸钙 15.00g/株[过磷酸钙含量≥16%；购自瓮福（集团）有限责任公司]、氯化钾 15.00g/株（氯化钾含量≥60%；购自中国农业生产资料集团公司）。

于 2020 年 6 月中旬进行一次性施肥处理，共 3 个处理，每个处理 15 株，对照组不施肥。4 个月后分别取施肥和未施肥的生长健壮的无病虫害的茎、嫩叶和老叶进行转录组测序，以比较这两个处理的基因表达量的差异。

（八）盐胁迫试验

盐胁迫试验共设置 4 组盐分处理，分别为 CK、低浓度（LS）、中浓度（MS）、高浓度（HS），每组设置 3 个重复，每个重复 3 株栽植在花盆内，共 36 株。CK 为清水对照 NaCl 0%、低浓度盐浇灌处理 NaCl 50mmol/L、中浓度盐浇灌处理 NaCl

100mmol/L、高浓度盐浇灌处理 NaCl 200mmol/L。每 10d 向各处理浇灌用去离子水配制的盐溶液 500mL(对照加等量去离子水)，保证溶液完全加入且不溢出托盘，每天对试验苗进行称重补水，补水时先冲洗托盘上的盐粒，将洗液倒入相应处理中，避免盐分流失，以保持盆内盐浓度一致。试验持续 30d 收集试验后各浓度梯度香樟叶片和根系进行转录组测序。

(九)采伐伤口管护试验

试验对象'南安 1 号'种苗来源于南安市向阳乡海山果林场，选择 2018 年移栽的 2 年生生长一致、健康未采伐过的'南安 1 号'芳樟油用林。设置 3 块 10m×10m 样地，2021 年 10 月进行采收，C1 处理在采伐伤口上涂抹伤口愈合剂(国光-糊涂,四川国光农化股份有限公司),C0 处理作为对照组,不做任何特殊管护。分别在 2021 年 10 月采收前、采收后第 5 天进行芳樟细根样品采集,基于有无伤口管护试验处理,分别记为采伐前未采伐状态(CK)、涂抹伤口愈合剂第 5 天(TD5)、未涂抹伤口愈合剂第 5 天(BTD5)。取 CK、TD5、BTD5 处理的嫩根作为转录组测序试验材料,每个处理取 3 个重复。

(十)表达量分析

使用 HeatMap 制作基因表达量热图,通过热图分析相应基因家族在香樟根、茎、叶、花、果、花被、雄蕊、雌蕊中的表达量变化。

二、香樟全基因组 *WRKY* 基因家族鉴定与分析

WRKY 转录因子基因家族是植物特有的一类基因,在植物次生代谢、生物和非生物胁迫中起着重要的调节作用。

(一)*CcWRKY* 的鉴定及其编码蛋白的理化性质

本研究从香樟基因组鉴定了 60 个 *CcWRKY* 基因,根据基因在染色体上的分布位置,依次将其命名为 *CcWRKY1*～*CcWRKY60*。理化性质分析结果表明,*CcWRKY* 基因家族编码产物的氨基酸数量在 111(*CcWRKY31*)～916(*CcWRKY2*);蛋白质分子质量在 12558.1(*CcWRKY31*)～100435.6Da(*CcWRKY2*);等电点在 4.53(*CcWRKY29*)～10.65(*CcWRKY43*);α 螺旋在 7.38%(*CcWRKY6*)～32.77%(*CcWRKY3*),无规则卷曲在 45.11%(*CcWRKY1*)～78.07%(*CcWRKY6*),β 转角在 0.99%(*CcWRKY52*)～9.13%(*CcWRKY33*),延伸链在 5.81%(*CcWRKY38*)～21.62%(*CcWRKY31*);经亚细胞定位预测,除了 *CcWRKY16* 定位于细胞核和细胞质中,其余 59 个 *WRKY* 均定位于细胞核中(表 2-14)。

表 2-14　*CcWRKY* 编码蛋白的理化性质

基因名	基因 ID	等电点	分子质量/Da	氨基酸的数量/aa	α 螺旋/%	无规则卷曲/%	β 转角/%	延伸链/%	亚细胞定位
CcWRKY1	Maker00010213	9.48	15 009.8	133	27.07	45.11	9.02	18.80	细胞核
CcWRKY2	Maker00001383	6.07	10 0435.6	916	20.52	64.19	3.60	11.68	细胞核
CcWRKY3	Maker00023810	9.44	20 605.2	177	32.77	45.76	6.21	15.25	细胞核
CcWRKY4	Maker00023877	7.94	31 219.4	278	20.50	62.95	4.68	11.87	细胞核
CcWRKY5	Maker00023762	6.78	23 287.5	205	10.24	63.90	6.34	19.51	细胞核
CcWRKY6	Maker00011705	7.19	54 354	488	7.38	78.07	4.10	10.45	细胞核
CcWRKY7	Maker00029283	10.12	39 198.4	353	25.78	60.34	4.53	9.35	细胞核
CcWRKY8	Maker00028873	6.7	28 687	261	22.61	62.07	2.68	12.64	细胞核
CcWRKY9	Maker00002470	5.4	35 446.7	318	27.36	60.69	4.40	7.55	细胞核
CcWRKY10	Maker00026734	6.17	35 778.2	330	18.48	67.58	2.73	11.21	细胞核
CcWRKY11	Maker00016479	8.14	21 950.8	195	26.15	55.90	5.13	12.82	细胞核
CcWRKY12	Maker00001757	9.13	17 031.7	152	26.32	53.29	7.89	12.50	细胞核
CcWRKY13	Maker00013021	6.24	35 748.4	318	19.81	63.52	4.09	12.58	细胞核
CcWRKY14	Maker00013004	7.05	40 467.2	365	31.51	56.99	2.19	9.32	细胞核
CcWRKY15	Maker00021155	7.87	63 892.6	587	11.07	77.85	2.56	8.52	细胞核
CcWRKY16	Maker00008386	5.65	62 723.3	573	30.89	52.71	3.66	12.74	细胞质、细胞核
CcWRKY17	Maker00027019	7.45	46 676.5	427	22.48	59.48	2.34	15.69	细胞核
CcWRKY18	Maker00021815	10.25	38 763.9	352	22.44	67.33	2.56	7.67	细胞核
CcWRKY19	Maker00027425	6.03	65 194.9	598	22.41	65.05	2.84	9.70	细胞核
CcWRKY20	Maker00027370	9.99	25 646	236	25.42	60.59	5.51	8.47	细胞核
CcWRKY21	Maker00000573	8.81	52 258.2	471	12.10	72.82	4.25	10.83	细胞核
CcWRKY22	Maker00000339	4.74	47 071.7	430	19.30	68.60	4.19	7.91	细胞核
CcWRKY23	Maker00000693	9.43	18 686.9	170	27.65	50.00	5.88	16.47	细胞核
CcWRKY24	Maker00002869	7.76	51 829.2	481	20.37	65.07	4.37	10.19	细胞核
CcWRKY25	Maker00002858	7.11	33 125	297	31.31	55.22	3.37	10.10	细胞核
CcWRKY26	Maker00003655	9.2	25 037.8	229	20.52	58.52	4.37	16.59	细胞核
CcWRKY27	Maker00006333	8.27	33 153.1	296	22.97	65.20	3.04	8.78	细胞核
CcWRKY28	Maker00019115	6.84	50 130.7	456	31.36	55.48	3.07	10.09	细胞核
CcWRKY29	Maker00019124	4.53	26 546	242	18.18	69.42	3.31	9.09	细胞核
CcWRKY30	Maker00023264	6.09	32 838.2	299	22.07	58.86	5.69	13.38	细胞核
CcWRKY31	Maker00025256	10.02	12 558.1	111	18.92	55.86	3.60	21.62	细胞核
CcWRKY32	Maker00026519	6.42	79 988.6	740	9.86	77.70	2.97	9.46	细胞核
CcWRKY33	Maker00004301	9.85	24 816.7	219	26.03	52.97	9.13	11.87	细胞核
CcWRKY34	Maker00019512	10.24	39 654.8	352	23.30	60.80	5.11	10.80	细胞核
CcWRKY35	Maker00003143	9.62	37 845.9	339	18.29	66.08	2.65	12.98	细胞核

续表

基因名	基因ID	等电点	分子质量/Da	氨基酸的数量/aa	α螺旋/%	无规则卷曲/%	β转角/%	延伸链/%	亚细胞定位
CcWRKY36	Maker00003168	9.1	26 903.1	231	19.91	57.14	7.79	15.15	细胞核
CcWRKY37	Maker00016810	9.8	20 865.1	182	17.58	58.24	7.14	17.03	细胞核
CcWRKY38	Maker00007742	5.73	47 396.6	430	19.77	70.70	3.72	5.81	细胞核
CcWRKY39	Maker00024479	6.57	70 459.6	654	24.31	61.31	4.28	10.09	细胞核
CcWRKY40	Maker00019539	9.71	30 229.6	277	19.49	69.68	2.17	8.66	细胞核
CcWRKY41	Maker00019565	5.84	29 315.3	267	17.98	71.16	2.62	8.24	细胞核
CcWRKY42	Maker00019837	10.2	36 606.5	325	28.92	59.69	4.31	7.08	细胞核
CcWRKY43	Maker00018431	10.65	38 685.8	353	19.55	63.17	5.10	12.18	细胞核
CcWRKY44	Maker00029428	6.89	60 483.8	561	19.07	67.38	2.50	11.05	细胞核
CcWRKY45	Maker00029447	8.47	35 315.7	317	29.65	56.47	2.52	11.36	细胞核
CcWRKY46	Maker00029446	10.09	22 945.9	208	20.67	56.73	5.77	16.83	细胞核
CcWRKY47	Maker00020555	5.59	43 696.1	400	20.75	63.00	4.00	12.25	细胞核
CcWRKY48	Maker00002727	6.23	37 554.5	336	23.21	63.10	2.68	11.01	细胞核
CcWRKY49	Maker00000864	5.39	27 470.1	240	16.25	67.50	2.50	13.75	细胞核
CcWRKY50	Maker00000949	6.27	34 454.9	313	25.24	66.77	1.28	6.71	细胞核
CcWRKY51	Maker00016426	7.93	56 028.8	511	24.85	63.21	2.35	9.59	细胞核
CcWRKY52	Maker00022378	5.71	33 627.3	303	25.08	65.68	0.99	8.25	细胞核
CcWRKY53	Maker00022386	6.95	26 927.1	236	19.92	61.44	4.24	14.41	细胞核
CcWRKY54	Maker00008009	6.51	73 619	674	12.02	72.55	3.86	11.57	细胞核
CcWRKY55	Maker00004154	7.3	54 179.8	495	24.04	64.44	2.42	9.09	细胞核
CcWRKY56	Maker00026173	8.93	51 656.9	465	11.40	73.12	4.73	10.75	细胞核
CcWRKY57	Maker00026047	6.03	78 335.1	724	12.02	73.07	3.18	11.74	细胞核
CcWRKY58	Maker00010781	4.87	30 247.3	275	12.00	73.82	2.91	11.27	细胞核
CcWRKY59	Maker00010751	8.55	32 897.3	299	23.08	67.22	1.67	8.03	细胞核
CcWRKY60	Maker00010797	6.64	58 037.3	532	28.76	62.03	1.88	7.33	细胞核

(二)*CcWRKY* 的系统发育

对 74 个拟南芥和 60 个香樟 *WRKY* 家族成员构建系统进化树，结果显示它们可分为三大组(图 2-15)。其中，组 I 包含 11 个 *CcWRKY* 成员，均含有 2 个 BDB 和 C2H2 的锌指基序，根据结构域又可分为组 I -N 和组 I -C 端；组 II 有 42 个 *CcWRKY* 成员，可继续分为 5 个亚组(组 II -a~e)；剩下的 7 个 *CcWRKY* 成员组成了组III。

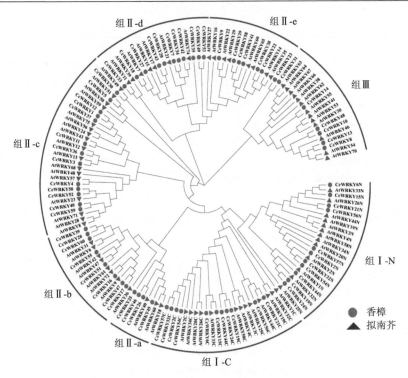

图 2-15　*AtWRKY* 与 *CcWRKY* 进化树构建

　　蛋白序列比对分析显示，大部分 CcWRKY 结构域比较保守，但仍存在一些特异的变异(图 2-16)。其中，组 I 所有成员拥有 N 类和 C 类结构域；而组Ⅱ-c *CcWRKY1*、*CcWRKY12* 和组Ⅲ *CcWRKY8* 的结构域存在丢失现象。*CcWRKY* 保守位点的 WRKYGQK 变成了 WRKYGKK，推测 WRKYGQK 的变异可能是产生了一些新的生物学功能。此外，WRKY 结构内主要存在 R 型和 V 型内含子。R 型内含子用于编码 R 位点，主要位于三联子密码 AGG 的 GG 之间(图 2-16 菱形)，V 型内含子主要位于 C2H2 锌指结构第二个 C 后 6 个位点(图 2-16 星形)。在锌指基序方面，*CcWRKY33* 的锌指基序 C2H2 发生了丢失，组Ⅲ的锌指基序为 C2HC，但 *CcWRKY23* 和 *CcWRKY31* 发生了变异，由原来的 C2HC 变成了 C2H2。

(三) *CcWRKY* 的保守基序和基因结构

　　通过 MEME 网站对香樟 *CcWRKY* 家族的 motif 进行在线预测，共鉴定出 15 个保守 motif,其中 motif3 和 motif1 分别位于组 I 的 N 端和 C 端。motif10、motif12、motif6 和 motif13 都在 WRKY 结构域附近,而其他 motif 如 motif14、motif2、motif4、motif7 和 motif9 位于 WRKY 结构域；motif1 和 motif2 成对出现,表明它们在功能上和亚组相关；而 motif14、motif15 在 7 个亚组中无规律分布。总的来说,同一亚组成员具有共同的 motif。

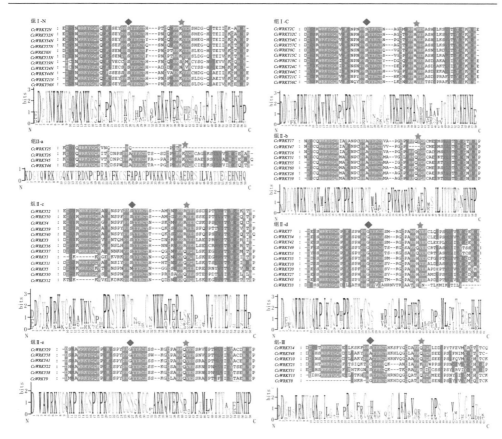

图 2-16　CcWRKY 多序列比对

菱形代表 R 型内含子；星形代表 V 型内含子

基因结构分析结果显示，组Ⅱ-e 中所有成员均含有 3 个外显子，基因结构保守。但不同组之间外显子个数存在差异，如组Ⅰ大多数成员有 7 个外显子，组Ⅱ-c 成员多有 3 个外显子，此外，大部分组Ⅱ-d 成员拥有 2 个内含子。相应地，不同组之间的内含子个数也存在差异，如组Ⅱ-e 含有 2 个内含子，组Ⅰ含有 4～7 个内含子；组Ⅱ-c 的 *CcWRKY12*、*CcWRKY37*、*CcWRKY1* 和组Ⅲ的 *CcWRKY31* 仅有 1 个内含子（图 2-17）。由此可见，同组内 *CcWRKY* 的基因内含子和外显子结构相似，不同组间的内含子和外显子结构变化较大。

（四）*CcWRKY* 的染色体分布及基因复制事件

对基因进行染色体定位分析，结果显示，60 个香樟 *CcWRKY* 基因非均匀分布在 12 条染色体上；Chr2 上最多，有 12 个，其次是 Chr4（9 个），Chr9 上最少，仅 1 个（图 2-18）。根据 Holub 描述，200kb 内包含两个及以上基因的染色体区域可以定义为基因簇，位于同一染色体上的两个或多个相邻同源基因被认为是串联复制事件，而位于不同染色体上的同源基因对被定义为片段复制。本研究发现，位于 Chr2 上的 *CcWRKY13* 和 *CcWRKY14* 为串联重复基因；除 Chr9 外，其余 11 条染色体上均存在着大量的片段复制基因（图 2-18）。

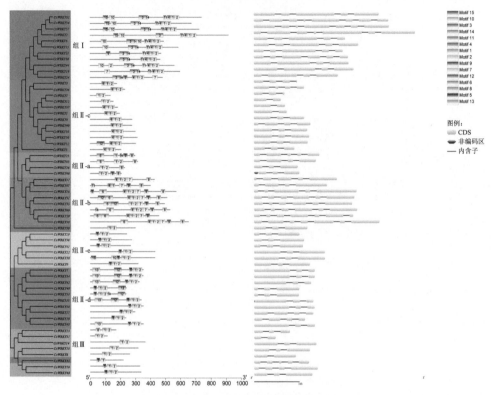

图 2-17　*CcWRKY* 基因家族基因结构分析

从左到右依次为香樟 *WRKY* 基因家族进化树、保守基序、基因结构

此外，本研究对香樟与稻、拟南芥、葡萄和毛果杨 4 个代表性模式植物进行了共线性分析，以推断 *CcWRKY* 基因家族的系统发育机制。结果表明，香樟有 36 个 *CcWRKY* 基因与稻形成共线性基因对，与拟南芥有 33 对共线性基因，与葡萄有 56 对共线性基因，与毛果杨有 106 对共线性基因（图 2-19）。在香樟和毛果杨的共线染色体上可以找出 3 对及以上的共线性基因，如香樟 2 号染色体上的 *CcWRKY7* 和 *CcWRKY15*。香樟和毛果杨的共线性基因对被锚定在高度保守的区块间，这些区块跨越 100 多个基因。而香樟和稻、拟南芥之间的共线区块的基因则少于 40 对。

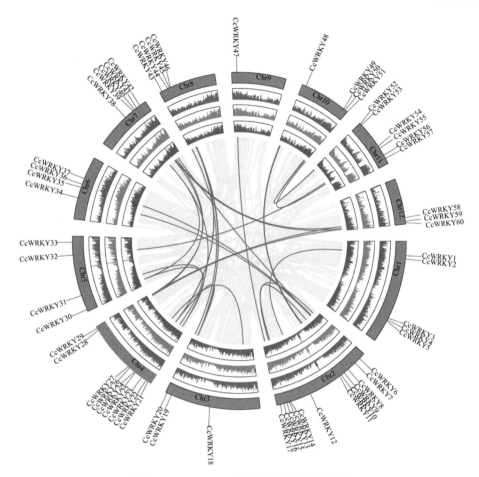

图 2-18 *CcWRKY* 基因家族片段复制事件

(五) *CcWRKY* 基因家族启动子顺式作用元件分析

提取香樟 *CcWRKY* 基因上游 1500bp 的启动子区域,进行顺式作用元件分析。结果显示,启动子区域除核心的增强元件、转录开始元件和 WRKY 结合位点元件之外,还存在 12 种顺式作用元件。其中有 5 种是激素类响应相关元件,分别为脱落酸(ABA)、茉莉酸甲酯(MeJA)、赤霉素(GA)、生长素(IAA)和水杨酸(SA)响应元件(图 2-20)。在 60 个 *CcWRKY* 成员中,有 41 个含有 ABA 响应相关的元件,37 个含有 MeJA 响应有关的元件,20 个含有与 GA 响应有关的顺式作用元件,10 个含有 IAA 响应有关的作用元件,19 个含有和 SA 响应有关的顺式作用元件。此外,49 个基因含有厌氧诱导元件,28 个基因含有干旱诱导元件,40 个基因含有光响应作用元件,16 个基因含有低温响应作用元件,10 个基因存在昼夜节律相关的作用元件。这些结果表明 *CcWRKY* 的大多数元件都和胁迫有关,*CcWRKY* 在防御和胁迫响应中可能发挥重要作用。

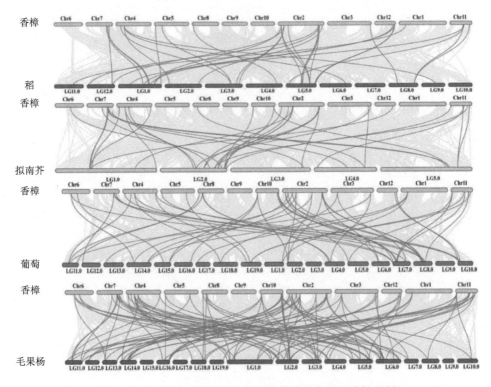

图 2-19　*CcWRKY* 基因家族与其他模式植物的共线性分析

(六) 施肥处理对 *CcWRKY* 基因家族表达的影响

对 *CcWRKY* 基因在施肥前后香樟不同部位的表达水平进行分析，结果显示，未施肥对照组中，每个 *CcWRKY* 基因至少在 1 个组织部位进行了表达，在茎和嫩叶中高表达的基因数量比在老叶中的多 (图 2-21a)。嫩叶中有 34 个高表达的基因，主要分布在组Ⅲ、组Ⅱ-b、组Ⅱ-c、组Ⅱ-d 和组Ⅱ-e 中；茎中有 24 个基因高表达，主要分布于组Ⅰ、组Ⅱ-b 和组Ⅱ-d 中；老叶中有 14 个高表达的基因。以生物炭配施氮磷钾肥 4 个月后，*WRKY* 基因的表达量整体下调，大多数基因仍在茎和嫩叶中表达，与未施肥处理形成了鲜明的对比 (图 2-21b)。如组Ⅲ里面的 *CcWRKY48*、*CcWRKY10*、*CcWRKY33*、*CcWRKY14* 和 *CcWRKY31* 基因在施肥后的嫩叶里表达量均显著下调。

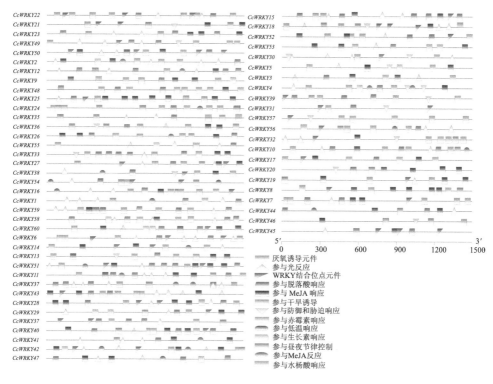

图 2-20 *CcWRKY* 基因家族顺式作用元件分析

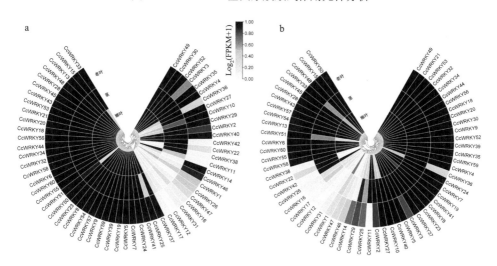

图 2-21 *CcWRKY* 基因家族在香樟不同施肥处理中的表达量热图

a. 未施肥香樟 *WRKY* 基因的表达水平；b. 施肥后香樟 *WRKY* 基因的表达水平

（七）讨论

本研究从香樟中鉴定了 60 个 *CcWRKY* 基因家族成员，与可可（61 个）（Almeida et al., 2017）、葡萄（59 个）（Guo et al., 2014）中数量相近，但比拟南芥（74 个）（Eulgem et al., 2000）、稻（102 个）（Yamasaki et al., 2013）少。研究表明，草本植物的 *WRKY* 基因数量比木本植物的多，这可能与物种的生长环境不同有关。根据 N 端和 C 端恒有的平行结构域构建了拟南芥和香樟 *WRKY* 基因的无根树，将 *CcWRKY* 分为 3 组，其中组 II 有 5 个亚家族。水稻（Yamasaki et al., 2013）和毛果杨（Eulgem and Somssich et al., 2007）WRKY 系统发育分析中将组 I 分为组 I a 和组 I b 端，是以 N 端结构域丢失、C 端都享有一个保守的内含子作为分组依据的。而本研究鉴定的组 I 的 11 个成员在 N 端均没有发生结构域丢失现象。香樟中有 11 个 *WRKY* 基因划分在组 I 中，而拟南芥、稻、毛果杨分别有 34 个、32 个和 26 个；香樟仅有 7 个基因划分在组III中，而拟南芥为 14 个，稻为 36 个，毛果杨为 10 个（Yamasaki et al., 2013）。这些结果说明香樟组 I 和组III的成员发生了收缩。此外，基于染色体定位分析，认为 *CcWRKY* 基因家族中片段复制是其主要扩张的驱动力，类似事件在毛果杨和石榴（Eulgem and Somssich， 2007; Ross et al., 2007）中也有发现。

多序列比对结果表明，*CcWRKY* 家族在 N 端和 C 端具有保守的 WRKYGQK 七肽位点，在其 C 端有 C2H2 和 C2HC 的锌指基序。其中，组 I 的 C 端和 N 端均有完整的 WRKY 结构域和锌指基序，但组 II 和组III存在结构域和锌指基序的丢失与变异现象，如组 II -c 中 *CcWRKY1*、*CcWRKY12* 和组III中 *CcWRKY8* C 端的结构域丢失。有关研究表明，组III的 *WRKY* 基因只存在于有花高等植物中，且在植物进化过程中组 II 和组III中的成员由组 I 的 C 端和 N 端结构域和锌指基序丢失或变异演变而来（Shen et al., 2022）。因此，*CcWRKY1*、*CcWRKY12* 和 *CcWRKY8* 结构域的丢失可能促进了 *CcWRKY* 基因家族的扩张。此外，*CcWRKY5* 编码产物的保守七肽位点 WRKYGQK（Gln 残基）变成了 WRKYGKK（Lys 残基）；烟草（*Nicotiana tabacum*）中 *NtWRKY12* 的编码产物变成了 WRKYGKK 后，通过水杨酸和病原体的诱导后发现原本能结合 W-box（TTGACT/C）的区域，却和 TTTTCCAC 结合，产生新的功能（Van et al., 2008）。香樟的 *CcWRKY5* 变异也可采用上述方法来验证其潜在的新功能。锌指基序的作用相当于螯合剂，缺少锌指基序会降低 W-box 结合能力或满足新的生物学功能（Shen et al., 2022）。香樟 *CcWRKY33*、*CcWRKY23* 和 *CcWRKY31* 的锌指基序发生了丢失或变异，可能因此丧失了原先结合结构域的能力而产生新的生物学功能。

WRKY 基因参与多种植物的冷、干旱、盐等非生物胁迫响应。在香樟 *CcWRKY* 基因 1500bp 的启动子区域内存在大量的激素类响应和胁迫类响应顺式作用元件，如 ABA、MeJA、SA 和干旱诱导、厌氧相关胁迫类响应元件等，表明香樟 *WRKY*

基因可能参与非生物胁迫响应(Wang et al., 2019)。本研究发现，*CcWRKY45* 与 *AtWRKY18*、*AtWRKY60* 聚在一起，而 *AtWRKY18*、*AtWRKY60* 通过互作可抑制 *ABI4* 和 *ABI5* 的活性，从而弱化 ABA 的信号(Liu et al., 2012)。*CcWRKY45* 在香樟老叶中高表达，可能介导 ABA 代谢通路，延长老叶的生长期，积累更多的光合产物。

基因表达分析结果显示，在未施肥处理中，*CcWRKY* 基因主要在香樟茎和嫩叶中表达，施肥后在嫩叶和茎中高表达的基因比施肥前的数量和表达量都有所减少和下调。这可能是因为较嫩的组织能迅速感应胁迫信号并做出相应的反应。未施肥处理中，*CcWRKY33* 和 *CcWRKY52* 在嫩叶中高表达，*CcWRKY51* 在茎中高表达，*CcWRKY43* 在老叶中高表达；而施肥处理中，这些基因的表达水平均下降。*CcWRKY33* 和 *CcWRKY52* 分别是 *AtWRKY11* 和 *AtWRKY23* 的同源基因，而 *AtWRKY11* 能够增强拟南芥对干旱、盐等非生物胁迫的耐受性(Ali et al., 2018)，*AtWRKY23* 可以增强拟南芥对囊肿线虫的抵御能力(Grunewald et al., 2008)。因此，推测 *CcWRKY33* 和 *CcWRKY52* 可能也在香樟嫩叶中响应非生物胁迫或生物胁迫。*CcWRKY51* 是 *AtWRKY47* 的同源基因，抑制 *AtWRKY47* 可增加拟南芥对硼的拮抗作用，提高植株的耐受程度(Feng et al., 2021)；*CcWRKY43* 是 *AtWRKY17* 的同源基因，*AtWRKY17* 具有抑制 ABA 合成和提高拟南芥耐盐胁迫的能力(Ali et al., 2018)，因此推测 *CcWRKY51*、*CcWRKY43* 可能也具有响应硼和盐等非生物胁迫的功能。由此可见，香樟在贫瘠的环境(未施肥)中，大多数 *CcWRKY* 基因会通过高表达来抵御不利的外界环境，而环境适宜(施肥)时，大多数 *CcWRKY* 基因表达量降低。

三、香樟全基因组 *BHLH* 基因家族鉴定分析

(一)*CcBHLH* 家族成员的鉴定

在香樟基因组中共鉴定出 109 个具有典型 BHLH 结构域的 *CcBHLH* 家族成员。根据每个家族成员所在染色体的位置，将其命名为 *CcBHLH001*～*CcBHLH109*。

通过分析香樟 *BHLH* 家族的理化性质和基本特征(表2-15)。在 109 个 *CcBHLH* 基因中，理论等电点(PI)的最大值为 9.92，最小值为 4.42，平均值为 6.61，此结果表明，香樟的 BHLH 蛋白偏碱性；分子质量范围在 9563.17～132 172.64Da，*CcBHLH* 的氨基酸数量在 81～1199 个，平均 396 个氨基酸(aa)。已鉴定的 *BHLH* 基因的亲水性(GRAVY)平均值在–0.156～–0.926，显示出亲水性，这一结果表明，*CcBHLH* 是可溶性蛋白。蛋白二级结构预测结果表明，α 螺旋为主要结构，β 转角及延伸链均为次要结构，无规则卷曲结构有利于 *CcBHLH* 稳定性的维持。

表 2-15　BHLH 编码蛋白的理化性质

基因名	基因 ID	等电点	分子质量/Da	氨基酸数量/aa	α 螺旋/%	β 转角/%	延伸链/%	平均疏水性
CcBHLH001	Maker00000053	4.68	40 336.85	366	22.40	3.28	10.38	−0.619
CcBHLH002	Maker00000333	9.03	69 847.17	625	50.56	8.00	18.88	−0.156
CcBHLH003	Maker00000507	5.64	47 684.53	426	38.97	4.23	6.81	−0.617
CcBHLH004	Maker00000883	7.26	73 457.49	682	17.60	2.35	6.89	−0.532
CcBHLH005	Maker00001206	8.41	47 868.25	443	31.15	2.93	7.67	−0.591
CcBHLH006	Maker00001327	5.48	54 268.19	496	25.40	2.82	11.69	−0.500
CcBHLH007	Maker00001704	6.30	21 525.57	192	52.08	2.08	13.02	−0.192
CcBHLH008	Maker00002193	7.21	46 383.23	414	37.92	5.31	9.90	−0.743
CcBHLH009	Maker00002358	5.85	66 983.78	596	29.36	2.68	8.05	−0.801
CcBHLH010	Maker00002716	5.83	34 952.69	317	36.59	2.21	10.09	−0.524
CcBHLH011	Maker00003226	5.49	77 045.22	704	34.80	1.85	13.35	−0.386
CcBHLH012	Maker00003403	5.33	61 671.58	541	34.94	2.22	9.24	−0.699
CcBHLH013	Maker00003557	9.30	31 398.46	276	41.30	3.26	15.22	−0.274
CcBHLH014	Maker00003678	4.81	40 338.71	364	26.92	3.02	8.79	−0.648
CcBHLH015	Maker00003723	4.70	43 851.15	386	32.90	3.63	10.62	−0.507
CcBHLH016	Maker00003730	5.47	39 168.97	349	39.26	1.15	6.88	−0.548
CcBHLH017	Maker00003737	5.46	32 914.15	292	40.07	1.37	6.16	−0.634
CcBHLH018	Maker00003759	6.38	66 918.38	604	32.62	2.98	13.25	−0.513
CcBHLH019	Maker00003933	5.03	45 160.08	401	31.92	4.24	13.47	−0.531
CcBHLH020	Maker00004031	5.96	36 016.11	324	24.07	1.85	12.96	−0.732
CcBHLH021	Maker00004086	8.91	19 809.85	174	52.87	1.15	10.34	−0.265
CcBHLH022	Maker00004109	5.34	75 241.88	692	18.64	1.45	5.35	−0.542
CcBHLH023	Maker00004242	5.65	57 978.67	534	21.72	2.25	6.74	−0.516
CcBHLH024	Maker00005176	6.00	39 949.51	375	30.93	2.93	5.33	−0.400
CcBHLH025	Maker00006905	5.44	33 806.28	302	34.44	2.65	11.92	−0.311
CcBHLH026	Maker00007070	5.46	38 639.14	353	40.62	2.23	9.82	−0.509
CcBHLH027	Maker00007811	5.58	51 392.10	475	32.63	1.05	9.26	−0.535
CcBHLH028	Maker00007823	6.53	111 057.50	991	43.19	6.56	18.97	−0.218
CcBHLH029	Maker00008659	5.16	76 634.41	681	35.83	3.67	9.54	−0.440
CcBHLH030	Maker00008727	9.14	25 292.98	227	50.22	0.88	8.37	−0.393
CcBHLH031	Maker00009139	6.26	51 422.00	461	21.69	0.65	9.33	−0.798
CcBHLH032	Maker00009305	5.46	38 639.14	353	33.43	5.95	11.05	−0.509
CcBHLH033	Maker00009605	9.10	15 854.04	141	36.17	4.26	7.80	−0.634
CcBHLH034	Maker00010125	7.67	17 651.97	158	44.30	4.43	5.70	−0.682
CcBHLH035	Maker00010309	9.02	20 290.91	180	48.89	3.89	7.22	−0.670
CcBHLH036	Maker00010430	6.10	132 172.64	1199	43.20	8.01	11.43	−0.305

续表

基因名	基因 ID	等电点	分子质量/ Da	氨基酸数 量/aa	α 螺旋 / %	β 转角 / %	延伸链 / %	平均疏 水性
CcBHLH037	Maker00010981	6.77	56 433.97	514	33.66	2.72	6.61	−0.516
CcBHLH038	Maker00011230	5.00	49 634.90	445	35.06	2.70	5.84	−0.759
CcBHLH039	Maker00011397	5.61	34 025.70	299	41.14	1.67	11.04	−0.373
CcBHLH040	Maker00011405	5.72	68 712.41	630	34.60	1.59	13.49	−0.490
CcBHLH041	Maker00013288	7.77	18 339.84	155	69.68	0.65	7.10	−0.926
CcBHLH042	Maker00013305	7.95	10 243.57	92	66.30	3.26	1.09	−0.423
CcBHLH043	Maker00013392	6.37	39 640.14	351	37.89	5.41	9.97	−0.691
CcBHLH044	Maker00014362	5.01	38 036.91	336	39.58	2.98	8.63	−0.526
CcBHLH045	Maker00015184	8.22	61 014.18	539	39.33	7.98	16.70	−0.608
CcBHLH046	Maker00015639	5.62	61 644.11	561	25.13	2.85	11.05	−0.494
CcBHLH047	Maker00015859	5.47	39 189.31	359	42.62	4.74	11.14	−0.318
CcBHLH048	Maker00015989	5.96	69 738.01	641	22.00	1.87	6.86	−0.542
CcBHLH049	Maker00016073	9.03	26 704.28	239	50.21	3.35	9.62	−0.618
CcBHLH050	Maker00016137	6.26	58 607.79	531	20.72	1.88	7.91	−0.505
CcBHLH051	Maker00016248	5.90	59 022.17	541	22.74	1.11	10.72	−0.676
CcBHLH052	Maker00016358	5.67	70 032.82	621	34.94	3.86	10.14	−0.514
CcBHLH053	Maker00016869	6.30	58 577.07	545	21.83	1.47	3.67	−0.629
CcBHLH054	Maker00017140	9.03	25 191.02	229	36.68	0.87	3.06	−0.357
CcBHLH055	Maker00017252	9.44	24 327.80	223	47.53	3.14	10.76	−0.443
CcBHLH056	Maker00017419	5.47	82 240.15	728	36.26	3.71	11.26	−0.674
CcBHLH057	Maker00017496	5.39	38 911.36	351	24.79	1.14	6.84	−0.810
CcBHLH058	Maker00017697	9.22	27 448.41	253	45.85	2.37	13.44	−0.287
CcBHLH059	Maker00017723	6.61	65 345.16	589	33.28	3.40	12.73	−0.596
CcBHLH060	Maker00017785	5.63	43 657.25	396	37.88	5.05	0.76	−0.467
CcBHLH061	Maker00017816	5.68	23 492.80	206	53.40	2.91	9.22	−0.702
CcBHLH062	Maker00018035	5.13	56 024.55	510	29.22	2.75	10.39	−0.546
CcBHLH063	Maker00018141	8.24	30 111.72	271	30.26	2.95	10.70	−0.804
CcBHLH064	Maker00018192	5.53	70 406.23	638	34.17	2.19	12.70	−0.585
CcBHLH065	Maker00018555	5.96	19 984.87	179	51.96	2.79	11.17	−0.213
CcBHLH066	Maker00018558	8.58	37 080.24	324	49.07	6.17	14.20	−0.614
CcBHLH067	Maker00018744	9.30	78 617.11	708	26.13	4.80	11.16	−0.591
CcBHLH068	Maker00018801	4.53	32 450.61	291	44.33	3.44	3.09	−0.341
CcBHLH069	Maker00018904	6.98	34 403.61	310	34.84	8.39	13.55	−0.366
CcBHLH070	Maker00019574	4.49	32 133.46	291	40.21	1.37	1.37	−0.243
CcBHLH071	Maker00019658	8.57	28 384.81	250	57.14	2.78	8.33	−0.444
CcBHLH072	Maker00019702	6.41	44 009.48	394	40.86	2.54	6.35	−0.503

基因名	基因 ID	等电点	分子质量/Da	氨基酸数量/aa	α 螺旋/%	β 转角/%	延伸链/%	平均疏水性
CcBHLH073	Maker00019800	5.97	61 568.63	542	34.69	2.77	11.25	−0.604
CcBHLH074	Maker00019847	9.91	9 563.17	81	43.21	3.70	14.81	−0.563
CcBHLH075	Maker00020215	5.27	25 764.98	231	41.99	0.87	4.33	−0.743
CcBHLH076	Maker00020238	7.76	31 048.49	278	46.76	2.52	7.91	−0.441
CcBHLH077	Maker00020275	8.08	52 933.38	480	38.96	3.33	11.67	−0.365
CcBHLH078	Maker00020339	5.21	54 326.16	496	24.40	2.02	7.86	−0.492
CcBHLH079	Maker00020450	8.71	23 752.24	214	35.05	4.21	10.28	−0.524
CcBHLH080	Maker00021499	6.50	62 268.17	573	20.94	1.22	4.89	−0.699
CcBHLH081	Maker00021582	6.27	40 975.81	374	29.95	4.01	5.88	−0.589
CcBHLH082	Maker00021829	5.64	40 908.38	374	33.42	6.15	9.63	−0.710
CcBHLH083	Maker00021939	5.74	33 649.19	316	27.22	2.53	7.59	−0.682
CcBHLH084	Maker00022082	5.98	27 218.67	243	29.22	1.65	11.52	−0.443
CcBHLH085	Maker00022220	8.83	27 768.32	245	42.86	2.45	6.12	−0.713
CcBHLH086	Maker00022442	5.53	44 803.23	398	35.18	1.76	14.07	−0.347
CcBHLH087	Maker00023062	9.30	28 220.78	258	45.35	3.49	14.73	−0.526
CcBHLH088	Maker00024232	5.90	53 046.70	475	26.32	2.95	6.11	−0.607
CcBHLH089	Maker00024243	6.18	48 866.13	442	40.95	2.26	11.76	−0.458
CcBHLH090	Maker00024511	5.52	31 132.83	276	43.12	2.54	4.71	−0.628
CcBHLH091	Maker00024769	9.11	44 763.03	402	31.59	2.24	11.44	−0.500
CcBHLH092	Maker00025934	5.32	52 906.87	501	23.75	2.59	9.58	−0.405
CcBHLH093	Maker00026262	5.12	36 932.95	327	39.45	3.06	10.70	−0.425
CcBHLH094	Maker00026267	6.80	41 595.49	376	25.80	2.93	6.65	−0.622
CcBHLH095	Maker00026275	8.29	33 310.17	299	40.47	1.00	7.36	−0.366
CcBHLH096	Maker00026290	5.09	42 413.48	380	37.89	2.63	13.16	−0.476
CcBHLH097	Maker00026378	4.42	32 900.81	292	36.99	5.82	14.73	−0.608
CcBHLH098	Maker00026411	9.22	13 238.67	115	53.91	6.96	12.17	−0.207
CcBHLH099	Maker00026639	6.32	24 705.91	229	50.22	3.49	10.48	−0.457
CcBHLH100	Maker00026816	6.12	43 110.24	393	27.99	2.54	5.85	−0.501
CcBHLH101	Maker00026876	8.13	43 981.63	399	29.07	2.51	11.28	−0.494
CcBHLH102	Maker00027598	5.37	28 898.71	253	55.34	1.98	8.70	−0.528
CcBHLH103	Maker00027611	6.83	39 961.31	379	33.77	4.49	7.65	−0.617
CcBHLH104	Maker00027788	6.20	41 892.95	368	32.34	2.45	8.97	−0.686
CcBHLH105	Maker00028098	9.92	24 300.26	210	48.57	4.76	11.43	−0.488
CcBHLH106	Maker00028493	5.39	29 800.58	266	52.26	2.63	9.02	−0.602
CcBHLH107	Maker00028501	6.68	44 600.27	397	36.52	1.76	7.81	−0.569
CcBHLH108	Maker00029441	6.93	45 480.76	429	34.97	6.53	9.56	−0.475
CcBHLH109	Maker00029565	7.63	23 899.17	213	46.01	1.88	4.69	−0.646

（二）*CcBHLH* 系统进化分析

利用邻接法基于 109 个 *CcBHLH* 和 161 个 *AtBHLH* 编码的氨基酸序列，使用软件 MEGA-X 构建系统发育树。结果（图 2-22）表明，270 个 *BHLH* 基因被分为 23 个亚家族（组 1~21，23，24）。此外，未分类组（UC）包含 3 个 *CcBHLH* 和 4 个 *AtBHLH* 基因。109 个 *CcBHLH* 聚为 21 个亚家族。其中第 9 亚族成员最多，为 17 个，第 2、21、24 亚家族最少，为 1 个。第 23 亚族仅包含 4 个 *CcBHLH* 基因（*CcBHLH002*、*CcBHLH021*、*CcBHLH065*、*CcBHLH066*）。一些 *CcBHLH* 与 *AtBHLH* 紧密地聚在一起，它们可能与 *AtBHLH* 同源，并具有相似的功能。

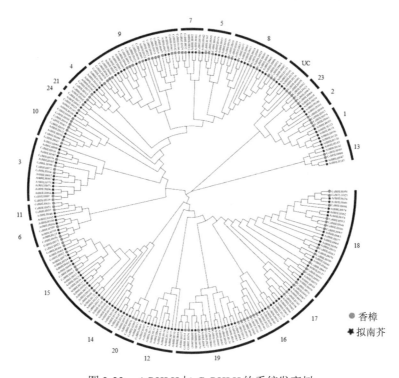

图 2-22　*AtBHLH* 与 *CcBHLH* 的系统发育树

（三）*CcBHLH* 的基因结构、保守基序分析

为了了解 *CcBHLH* 基因的结构，利用在线网站 GSDS（http://gsds.gao-lab.org/）比较相应的基因组 DNA 序列获得了它们的外显子和内含子结构，并在系统发育树上进行了定位。如图 2-23 所示，109 个 *CcBHLH* 基因具有不同数量的外显子，从 1 到 12 不等。8 个 *BHLH* 基因（7.34%）只含有 1 个外显子，如 *CcBHLH015*、*CcBHLH095* 和 *CcBHLH096*。其余基因含有 2 个或 2 个以上外显子。亚族 9、10、

15 有超过 11 个外显子，而在亚族 2、3、6 中最多有 6 个外显子。相应地，*CcBHLH*
基因中的内含子分布也不同，如 9 个不含内含子的基因分属 7 个亚家族(5、8、9b、
10、15、16、19)和 1 个未分类族(UC)。来自 9 亚族的内含子最多，有 11 个。在
第 19 亚族中，大多 *CcBHLH* 基因含有 6 个及以上的内含子。研究发现，不同亚
族的外显子-内含子排列有所不同，而同一亚族内的外显子-内含子排列具有很大
的相似性。为了进一步揭示 *CcBHLH* 的功能特征和结构多样性，通过
MEME(https://meme-suite.org/meme/) 在线网站探索了基序模式，共检测处理 15
个 motif,其中 3 个具有显著的保守性。109 个 *CcBHLH* 基因包括 motif1 和 motif2，
确定了其特有保守的螺旋-环-螺旋(HLH)域。尽管其余的 motif 分布不同，但在
同一亚族中的基因具有相似的 motif 分布，如 *CcBHLH006*、*CcBHLH046*、
CcBHLH062、*CcBHLH078*，这表明它们可能具有相似的功能。

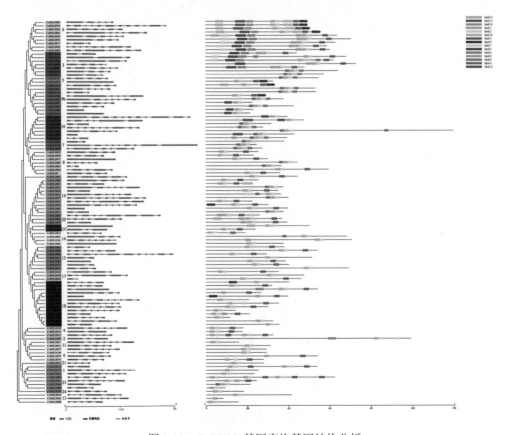

图 2-23　*CcBHLH* 基因家族基因结构分析

(四)*CcBHLH* 染色体定位和基因复制事件分析

根据从香樟基因组中检索的 *CcBHLH* 基因的染色体位置信息，由图 2-24 可

知，109 个 *CcBHLH* 在香樟 12 条染色体上呈现不均匀分布。第 3 条染色体分布的 *CcBHLH* 数量最多，为 17 个；第 12 条染色体分布的 *CcBHLH* 数量最少，为 3 个。基因的片段复制和串联复制是基因家族扩大和进化的力量之一。如图 2-24 所示，本研究共鉴定出 32 对重复基因，其中有 6 对串联重复基因，位于第 1、第 2、第 3、第 4、第 7、第 10 条染色体上，分别为 *CcBHLH100/CcBHLH101*、*CcBHLH039/CcBHLH040*、*CcBHLH093/CcBHLH097*、*CcBHLH016/CcBHLH017*、*CcBHLH073/CcBHLH074*、*CcBHLH065/CcBHLH066*，其余为片段重复的基因。因此，*CcBHLH* 基因的扩增既发生了片段复制，也发生了串联复制。

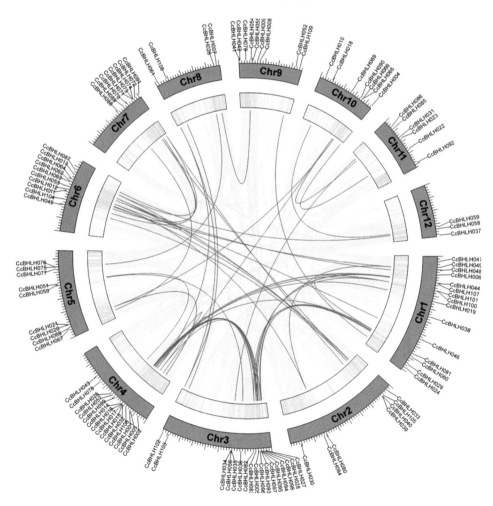

图 2-24　*CcBHLH* 基因家族复制事件

(五)共线性分析

为了进一步推测 *CcBHLH* 的系统发育机制,本研究对香樟与柳叶蜡梅、毛果杨、牛樟、望春玉兰 4 个代表性木本植物的 *BHLH* 基因家族进行了共线性分析(图2-25)。结果表明,香樟有 98 个基因与柳叶蜡梅形成共线性基因对,与毛果杨有65 对共线性基因,与牛樟有 103 对共线性基因,与望春玉兰有 83 对共线性基因。在香樟与望春玉兰(木兰科)的共线染色体上至少有 3 对共线性基因,如*CcBHLH035*、*CcBHLH043*,这可能与望春玉兰和香樟的亲缘关系有关。这些基因在樟科和木兰科进化过程中发挥着重要的作用。在香樟与其近缘种牛樟的共线染色体上至少有 5 对共线性基因,如 *CcBHLH005*、*CcBHLH023*。香樟和牛樟的共线性基因对被锚定在高度保守的区块间,这些区块跨越 100 多个基因。这表明香樟的 *BHLH* 基因与牛樟在进化过程中保持高度同源性。

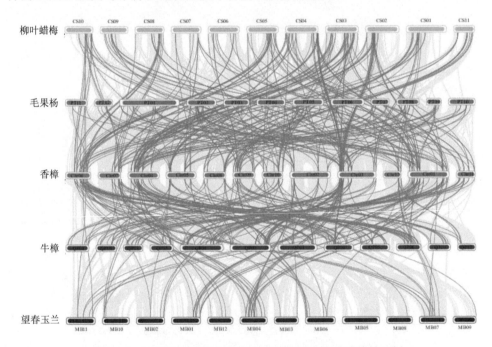

图 2-25　香樟与 4 种木本植物 *BHLH* 基因家族的共线性分析

(六)*CcBHLH* 启动子顺式作用元件分析

启动子区域的顺式作用元件对于应激环境中转录因子的控制是必不可少的。提取 *CcBHLH* 基因上游 2000bp 的启动子区域,进行顺式作用元件分析。启动子分析表明(图 2-26),*CcBHLH* 基因中有 25 个顺式作用元件分布在 109 个基因中。如图 2-26 所示,在 *CcBHLH005*、*CcBHLH017*、*CcBHLH077* 检测出至少超过 20

个顺式作用元件，而在*CcBHLH056*检测到的顺式作用元件最少，只有 3 个。此外，启动子区域除核心的增强元件、转录起始元件和*BHLH*结合位点元件之外，还存在 9 个激素响应相关元件，7 个非生物胁迫响应元件，3 个调节响应的相关元件。与激素响应相关的元素包括生长素(IAA)、脱落酸(ABA)、水杨酸(SA)和赤霉素(GA)。大多数非生物胁迫响应元件与光反应有关，如 G-BOX、ACE 等，其次是低温(LTR)和干旱(MBS)。*CcbHLH* 启动子区域这些顺式调控元件的存在表明了它们在基因家族调控和植物生长发育途径中的重要性。

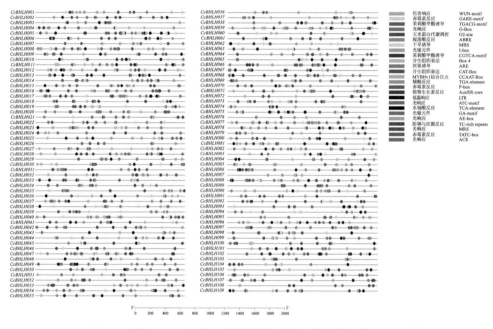

图 2-26　*CcBHLH* 基因家族顺式作用元件分析

（七）*CcBHLH* 在香樟不同部位的表达分析

利用所测转录组数据对 *CcBHLH* 基因在香樟的茎、叶、果、花、花被、雌蕊和雄蕊中的表达水平进行分析。从图 2-27 可以看出，每个 *CcBHLH* 基因至少在 1 个部位表达，在花器官表达的基因数量最多，其次是茎和叶组织，在果中的基因表达数量最少，这表明 *CcBHLH* 基因可能与花器官的发育过程密切相关。*CcBHLH* 基因在不同部位中的表达具有特异性。*CcBHLH047*、*CcBHLH077*、*CcBHLH097* 在多数部位中具有高表达。而一些基因仅在某一部位表达，如 *CcBHLH020*、*CcBHLH068*、*CcBHLH070* 只在雄蕊中表达，*CcBHLH044*、*CcBHLH066* 只在茎组织中表达。*CcBHLH* 基因在不同部位的表达特异性进一步揭示了香樟 *CcBHLH* 行使功能时的空间特征。

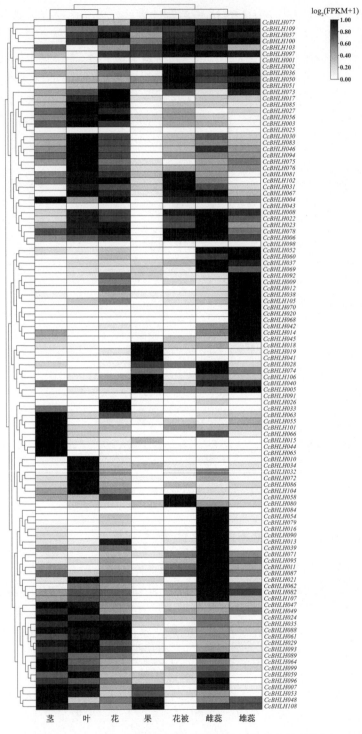

图 2-27 *CcBHLH* 基因家族在香樟不同部位的表达量热图

(八)讨论

在香樟全基因组数据中共鉴定得到 109 个 *CcBHLH* 家族成员。对其进行理化性质分析可知，CcBHLH 等电点(PI)的平均值为 6.61，为偏碱性蛋白；亲水性(GRAVY)平均值在–0.156～0.926，是可溶性蛋白；CcBHLH 的结构主要以无规则卷曲为主，大多数成员位于细胞质和细胞核中，且不存在信号肽。根据 BHLH 转录因子特有保守的螺旋-环-螺旋(HLH)域，构建了香樟和拟南芥 *BHLH* 基因的系统发育树，将 *CcBHLH* 分为 21 个亚族。不同亚族之间的外显子-内含子排列结构有所不同，而同一亚族内具有相同的排列结构且具有相似的 motif 分布。染色体定位及基因复制事件表明，109 个 *CcBHLH* 成员不均匀分布在 12 条染色体上，*CcBHLH* 基因的复制事件既发生了片段复制也发生了串联复制，但片段复制是 *CcBHLH* 基因扩增的主要驱动力。香樟与 4 种具有代表性的木本植物进行共线性分析表明，香樟与其近缘种牛樟保持高度同源。本研究通过探究香樟 *BHLH* 基因的启动子顺式作用元件以及在不同部位的表达水平，结果发现，包括脱落酸、水杨酸等激素响应的元件与光反应、低温等非生物胁迫响应元件主要参与了调控香樟 *BHLH* 基因的表达，且在香樟的花器官、茎和叶组织中最为明显。

本研究鉴定的 109 个 *CcBHLH* 家族成员与高粱(174 个)(Fan et al., 2021)、向日葵(162 个)、拟南芥(162 个)(于冰等，2019)相比数目较少，但与鉴定出的烟草(100 个)(Bano et al., 2021)和辣椒(107 个)(Liu et al., 2021)数量略接近。鉴定出的 CcBHLH 虽然主要为亲水偏碱性蛋白，但也有少量的酸性氨基酸富集于蛋白质分子中，在拟南芥、稻中的 BHLH 也存在这种现象(应炎标等，2018)。研究者根据系统发育树的拓扑结构及 Pires 和 Dolan(2010)提出的分类方法，将高粱 *BHLH* 聚为 21 个亚族，本研究参照此方法将 109 个 *CcBHLH* 家族成员分为 21 个亚族，这与拟南芥中 *BHLH* 的分类群一致(Li er al., 2006)。在高粱中，17 个二色链霉菌蛋白组成 3 个典型的拓扑结构(第 22～24 亚族)(Fan et al., 2021)，然而香樟 BHLH 缺少了第 22 亚族，这可能与香樟 *BHLH* 基因的螺旋结构域发生了丢失有关，这表明了香樟 BHLH 多样性进化的新特征。外显子-内含子多样性同样是基因家族进化的关键部分，这为系统发育聚类提供了额外的证据(Wang et al., 2014)，也可以用来预测蛋白质的功能(Bork and Koonin, 1996)。本研究共鉴定了 *CcBHLH* 基因的 15 个保守基序，外显子-内含子的排列表明大多数同一亚族的基因相似，不同亚族有所不同。*CcbHLH* 基因的这种差异可能是由于它们之间存在着不同的进化关系，这可能导致它们结构、功能生物学特性的不同。

BHLH 基因参与多种植物的生长发育及胁迫响应过程。例如，烟草中的 *NtbHLH3.2* 和 *NtbHLH24* 基因在控制烟草的冷害反应中发挥着重要作用(于冰等，2019)。马铃薯中 *StbHLH84*、*StbHLH87* 和 *StbHLH89* 响应盐、脱落酸、赤霉素及热等胁迫的诱导，参与马铃薯生长及响应多种逆境胁迫的调节(应炎标等，2018)。

启动子顺式作用元件分析表明，香樟 *CcBHLH* 基因存在大量的激素类响应和胁迫类响应顺式作用元件，如与光响应相关的 G-BOX、ATC-motif 和 AE-BOX，这些光反应元件参与应激反应(Kaur et al., 2017)。此外，ABA 是一种异戊二烯类植物激素，其过度表达可提高对冷胁迫的耐受性(Sah et al., 2016)。ABA 反应的 ABRE元素在 *CcBHLH047*、*CcBHLH077*、*CcBHLH097* 中表达量较高，其次是*CcBHLH028*、*CcBHLH069* 和 *CcBHLH071*，表明这些基因在耐冷性中起重要作用。在本研究热图分析中，*CcBHLH047*、*CcBHLH077*、*CcBHLH097* 在香樟多数部位均上调表达，*CcBHLH044*、*CcBHLH066* 只在茎组织表达。*CcBHLH* 基因在不同的部位呈现出不同的表达模式，揭示了其参与植物发育进程及环境胁迫的普遍性。*CcBHLH047*、*CcBHLH077*、*CcBHLH097* 在顺式作用元件和基因表达水平分析的结果可以表明，它们可能在香樟的低温胁迫响应中发挥着重要的作用，但其中关键基因的功能还有待进一步验证。

四、香樟全基因组 *NAC* 基因家族鉴定分析

(一)香樟 *NAC* 基因家族理化性质分析

通过筛选共鉴定出香樟 *NAC* 基因家族成员 103 个，根据其所在染色体顺序及位置将其命名为 *CcNAC001*～*CcNAC103*(表 2-16)，香樟 *NAC* 基因家族氨基酸数量差异较大，数量最多为 1136 个(*CcNAC052*)，氨基酸数量最少为 137aa(*CcNAC072*)，分子质量最大为 129 859.29Da(*CcNAC052*)，最小为 15 644.4Da(*CcNAC072*)。等电点在 4.54(*CcNAC099*)～10.00(*CcNAC004*)，其中 66 个为酸性蛋白，36 个为碱性蛋白。平均疏水性全部为负值，说明 103 个蛋白质都为亲水蛋白，通过亚细胞定位发现大部分香樟 *NAC* 基因被定位在细胞核和细胞质中。

(二)香樟 *NAC* 基因家族进化关系

为了解香樟 *NAC* 基因家族进化关系，本研究基于拟南芥 105 个、香樟 103个 *NAC* 基因多序列比对后构建了 ML 系统发育树(图 2-28)。根据 Ooka 等(2003)对拟南芥 *NAC* 的分类方式将香樟 *NAC* 基因家族分为 15 个亚家族，其中 NAM 亚家族 17 个成员，OsNAC7 亚家族 14 个成员，ONAC022 亚家族 10 个成员，ANAC011亚家族含有 6 个成员，NAC1、NCA2 亚家族各含有 5 个成员，NAP、ONAC003亚家族各含有 4 个成员，ANAC063、TERN 亚家族各含有 3 个成员，TIP、SENU5亚家族各含有 2 个成员，ANAC001、OsNAC8、ATAF 亚家族各含有 1 个成员，其余 25 个 *CcNAC* 基因与未分类的 *AtNAC* 基因聚合在一起。而 AtNAC3 分组中没有发现香樟 *NAC* 基因和拟南芥基因聚类。

表 2-16 香樟 *NAC* 基因编码蛋白的理化性质

基因名	基因 ID	等电点	分子质量/Da	氨基酸数量/aa	α螺旋/%	延伸链/%	β转角/%	无规则卷曲/%	平均疏水性	亚细胞定位
CcNAC001	Maker00015958	9.04	36 161.9	315	19.68	10.48	2.86	66.98	-0.678	细胞核
CcNAC002	Maker00015937	7.57	47 253.27	421	18.29	10.93	4.75	66.03	-0.634	细胞核
CcNAC003	Maker00010181	7.65	18 798.39	162	13.58	16.67	8.02	61.73	-0.59	细胞核
CcNAC004	Maker00001339	10.00	33 352.87	277	18.41	21.30	4.33	55.96	-0.815	细胞核
CcNAC005	Maker00004993	6.22	46 467.97	411	22.63	14.11	4.62	58.64	-0.785	细胞核
CcNAC006	Maker00028548	5.81	42 402.42	380	18.68	12.89	3.42	65.00	-0.663	细胞核
CcNAC007	Maker00022775	9.18	28 012.79	248	15.73	18.15	3.63	62.50	-0.576	细胞核
CcNAC008	Maker00021725	4.98	78 673.2	683	23.43	16.69	6.15	53.73	-0.816	细胞核
CcNAC009	Maker00027896	5.83	59 341.74	515	26.41	17.09	5.44	51.07	-0.723	细胞核
CcNAC010	Maker00019255	5.2	44 057.66	392	26.53	13.01	2.81	57.65	-0.566	细胞核
CcNAC011	Maker00005175	5.7	42 667.45	385	12.73	14.55	5.97	66.75	-1.276	细胞核
CcNAC012	Maker00029360	5.6	60 986.62	541	27.36	20.70	9.24	42.70	-0.55	细胞核
CcNAC013	Maker00028727	5.41	71 137.21	624	23.56	14.74	6.57	55.13	-0.789	细胞核
CcNAC014	Maker00028817	6.31	41 582.54	360	19.17	14.44	3.06	63.33	-0.761	细胞核
CcNAC015	Maker00028969	4.86	29 154.52	248	29.44	16.13	5.65	48.79	-0.952	细胞核
CcNAC016	Maker00028953	5.86	45 857.6	402	16.67	12.94	3.23	67.16	-0.6	细胞核
CcNAC017	Maker00005387	4.74	103 340.8	903	31.34	18.49	6.53	43.63	-0.705	细胞核
CcNAC018	Maker00002424	5.25	28 384.61	252	30.16	12.70	5.56	51.59	-0.631	细胞核
CcNAC019	Maker00006607	6.52	37 354.01	328	22.26	12.80	3.05	61.89	-0.717	细胞核
CcNAC020	Maker00006680	7.67	20 964.79	179	15.64	25.14	3.35	55.87	-0.658	细胞核
CcNAC021	Maker00020783	5.59	37 469.17	330	24.85	15.45	3.03	56.67	-0.678	细胞核
CcNAC022	Maker00027053	6.84	40 027	352	19.89	12.22	4.55	63.35	-0.687	细胞核

续表

基因名	基因ID	等电点	分子质量/Da	氨基酸数量/aa	α螺旋/%	延伸链/%	β转角/%	无规则卷曲/%	平均疏水性	亚细胞定位
CcN4C023	Maker00027010	9.26	26 212.45	228	14.04	22.37	6.58	57.02	-0.885	细胞核
CcN4C024	Maker00023965	5.74	62 201.58	539	23.56	14.10	3.34	59.00	-0.73	细胞核
CcN4C025	Maker00001935	4.88	69 684.43	633	26.54	11.69	3.32	58.45	-0.447	细胞质、细胞核
CcN4C026	Maker00001914	6.49	43 932.04	388	22.94	17.27	5.41	54.38	-0.906	细胞核
CcN4C027	Maker00026381	6.46	38 257.46	338	23.37	15.98	4.14	56.51	-0.482	细胞核
CcN4C028	Maker00010346	5.32	84 723.27	742	20.75	18.06	6.87	54.31	-0.986	细胞核
CcN4C029	Maker00014581	9.18	24 514.93	210	22.86	17.62	7.14	52.38	-0.828	细胞核
CcN4C030	Maker00014622	9.29	23 811.13	205	21.95	18.05	6.34	53.66	-0.79	细胞核
CcN4C031	Maker00011577	6.65	48 287.12	418	23.21	15.31	4.07	57.42	-0.911	细胞核
CcN4C032	Maker00013860	6.46	80 398.29	715	22.52	16.36	5.45	55.66	-0.642	细胞核
CcN4C033	Maker00013876	5.83	34 714.98	304	25.66	10.20	3.29	60.86	-0.795	细胞核
CcN4C034	Maker00008602	4.8	20 053.54	177	12.43	24.29	6.21	57.06	-0.531	细胞核
CcN4C035	Maker00027500	9.11	33 173.3	299	18.39	15.72	5.69	60.20	-0.575	细胞核
CcN4C036	Maker00000453	8.88	27 278.94	242	15.29	19.42	4.13	61.16	-0.694	细胞核
CcN4C037	Maker00000590	8.4	35 769.25	313	17.25	15.97	3.19	63.58	-0.689	细胞核
CcN4C038	Maker00000396	6.42	33 547.47	292	23.97	15.75	4.45	55.82	-0.813	细胞核
CcN4C039	Maker00000655	7.08	36 183.4	321	19.31	14.64	3.12	62.93	-0.646	细胞核
CcN4C040	Maker00000388	5.71	29 535.1	258	26.36	12.40	3.88	57.36	-0.685	细胞核
CcN4C041	Maker00028349	6.55	49 537.41	435	18.62	17.47	5.75	58.16	-0.981	细胞核
CcN4C042	Maker00003671	7.72	37 484.8	328	21.04	15.24	3.05	60.67	-0.47	细胞核
CcN4C043	Maker00026602	5.47	52 324.78	466	26.82	15.88	6.22	51.07	-0.703	细胞核
CcN4C044	Maker00007346	5.55	28 842.12	253	24.11	13.44	3.95	58.50	-0.735	细胞核
CcN4C045	Maker00012913	6.79	29 375.94	258	16.67	14.34	4.65	64.34	-0.703	细胞核

续表

基因名	基因 ID	等电点	分子质量/Da	氨基酸数量/aa	α螺旋/%	延伸链/%	β转角/%	无规则卷曲/%	平均疏水性	亚细胞定位
CcNAC046	Maker00025156	6.27	33 709.56	294	14.97	20.07	5.10	59.86	-0.522	细胞核
CcNAC047	Maker00019032	8.1	36 022.43	324	18.21	14.20	3.40	64.20	-0.618	细胞核
CcNAC048	Maker00018798	5.37	34 997.74	307	15.96	14.66	3.58	65.80	-0.447	细胞核
CcNAC049	Maker00005246	8.12	34 807.16	304	18.75	12.50	2.96	65.79	-0.637	细胞核
CcNAC050	Maker00006821	6.46	32 412.44	281	14.95	17.44	4.27	63.35	-0.732	细胞核
CcNAC051	Maker00025261	7.66	38 114.44	337	21.96	18.40	4.75	54.90	-0.751	细胞核
CcNAC052	Maker00025314	6.42	129 859.29	1136	52.46	11.27	4.75	31.51	-0.21	细胞质
CcNAC053	Maker00025662	5.69	46 189.3	403	32.01	11.66	3.97	52.36	-0.567	细胞核
CcNAC054	Maker00025614	5.03	26 275.32	232	25.00	15.52	3.45	56.03	-0.703	细胞核
CcNAC055	Maker00020141	6.79	40 172.92	350	18.57	11.71	4.57	65.14	-0.869	细胞核
CcNAC056	Maker00020262	5.41	73 813	645	31.47	11.16	2.95	54.42	-0.633	细胞核
CcNAC057	Maker00004608	8.22	32 128.76	273	29.30	13.19	2.56	54.95	-0.784	细胞核
CcNAC058	Maker00004422	9.33	70 885.61	639	21.60	15.81	4.38	58.22	-0.744	细胞核
CcNAC059	Maker00013429	6.41	45 399.16	399	17.04	6.52	2.76	73.68	-0.67	细胞核
CcNAC060	Maker00003103	6.6	40 370.19	354	17.23	13.56	5.08	64.12	-0.779	细胞核
CcNAC061	Maker00003080	5.83	42 782.16	384	17.19	13.54	2.60	66.67	-0.542	细胞核
CcNAC062	Maker00017961	9.45	27 978.76	248	16.53	18.55	3.63	61.29	-0.701	细胞核
CcNAC063	Maker00003583	4.69	87 061.83	794	26.95	15.87	4.28	52.90	-0.47	细胞核
CcNAC064	Maker00013954	8.51	60 664.11	527	30.55	20.11	11.39	37.95	-0.829	细胞核
CcNAC065	Maker00013941	5.26	67 749.69	608	18.09	13.16	5.59	63.16	-0.763	细胞核
CcNAC066	Maker00013949	4.66	48 397.9	427	25.53	22.48	6.56	45.43	-0.593	细胞核
CcNAC067	Maker00015145	5.55	49 870.28	437	35.93	15.56	9.15	39.36	-0.575	细胞质、细胞核
CcNAC068	Maker00024365	8.09	30 332.28	270	27.78	12.59	6.30	53.33	-0.511	细胞核

续表

基因名	基因 ID	等电点	分子质量/Da	氨基酸数量/aa	α螺旋/%	延伸链/%	β转角/%	无规则卷曲/%	平均疏水性	亚细胞定位
CcNAC069	Maker00020052	7.17	35 961.64	310	27.42	12.26	4.84	55.48	-0.77	细胞核
CcNAC070	Maker00019629	8.68	55 899.45	486	20.99	19.34	4.53	55.14	-0.531	细胞核
CcNAC071	Maker00019694	5.95	42 501.56	380	17.63	14.47	2.89	65.00	-0.674	细胞核
CcNAC072	Maker00019543	5.07	15 644.4	137	14.60	25.55	4.38	55.47	-0.722	细胞核
CcNAC073	Maker00020021	6.42	44 994.82	396	19.19	10.10	4.29	66.41	-0.862	细胞核
CcNAC074	Maker00024675	9.15	28 342.66	252	9.52	31.75	7.54	51.19	-0.852	细胞核
CcNAC075	Maker00011339	7.67	33 469.98	296	16.89	13.51	3.38	66.22	-0.678	细胞核
CcNAC076	Maker00022189	9.3	27 900.82	248	13.31	15.32	4.44	66.94	-0.609	细胞核
CcNAC077	Maker00008998	9.55	18 770.44	160	13.12	28.12	3.75	55.00	-0.851	细胞核
CcNAC078	Maker00028204	5.81	42 450.47	380	13.68	12.37	2.63	71.32	-0.667	细胞核
CcNAC079	Maker00014987	8.41	36 283.39	329	15.50	12.16	2.74	69.60	-0.816	细胞核
CcNAC080	Maker00014953	5.49	30 966.11	267	26.59	13.48	4.12	55.81	-0.749	细胞核
CcNAC081	Maker00014852	4.56	49 484.33	427	26.70	17.56	5.39	50.35	-0.709	细胞核
CcNAC082	Maker00013771	6.74	40 734.16	360	26.11	13.06	4.44	56.39	-0.737	细胞核
CcNAC083	Maker00013778	5.05	21 158.84	185	23.24	17.84	2.70	56.22	-0.354	细胞核
CcNAC084	Maker00001646	8.38	41 970.79	368	16.58	13.32	5.43	64.67	-0.913	细胞核
CcNAC085	Maker00012883	9.24	91 915.1	813	40.84	12.05	6.52	40.59	-0.397	细胞核
CcNAC086	Maker00013300	7.01	46 622.05	416	19.47	6.73	3.12	70.67	-0.41	细胞核
CcNAC087	Maker00020428	6.93	31 347.62	268	27.99	13.81	3.73	54.48	-0.815	细胞核
CcNAC088	Maker00020562	5.93	65 625.81	567	28.40	11.99	3.53	56.08	-0.668	细胞核
CcNAC089	Maker00020432	9.24	19 275.07	165	13.33	16.36	6.06	64.24	-0.765	细胞核
CcNAC090	Maker00020510	5.46	53 541.42	480	23.54	13.75	6.25	56.46	-0.516	细胞核
CcNAC091	Maker00020520	4.85	21 925.59	193	24.35	14.51	4.15	56.99	-0.475	细胞核

续表

基因名	基因 ID	等电点	分子质量/Da	氨基酸数量/aa	α螺旋/%	延伸链/%	β转角/%	无规则卷曲/%	平均疏水性	亚细胞定位
CcNAC092	Maker00014685	5.67	35 825.35	310	21.61	11.94	3.23	63.23	-0.824	细胞核
CcNAC093	Maker00018930	7.71	40 338.32	357	26.61	9.80	4.20	59.38	-0.655	细胞核
CcNAC094	Maker00002370	5.32	38 878.78	337	29.97	14.84	4.75	50.45	-0.75	细胞核
CcNAC095	Maker00024985	4.6	67 940.79	609	21.51	13.63	3.12	61.74	-0.407	细胞核
CcNAC096	Maker00018253	5.95	42 429.49	380	17.11	13.42	4.21	65.26	-0.672	细胞核
CcNAC097	Maker00024611	7	33 969.19	301	18.60	15.95	2.33	63.12	-0.611	细胞核
CcNAC098	Maker00022326	9.47	27 683.58	243	27.16	18.11	6.58	48.15	-0.758	细胞核
CcNAC099	Maker00022488	4.54	69 198.48	623	23.11	17.17	4.82	54.90	-0.498	细胞核
CcNAC100	Maker00018946	5.95	42 429.49	380	17.11	13.42	4.21	65.26	-0.672	细胞核
CcNAC101	Maker00005985	5.35	31 984.11	279	13.26	19.35	5.38	62.01	-0.667	细胞核
CcNAC102	Maker00017700	8.08	35 261.91	314	26.11	11.15	2.55	60.19	-0.583	细胞核
CcNAC103	Maker00010777	6.32	37 474.24	327	20.18	12.84	3.36	63.61	-0.652	细胞核

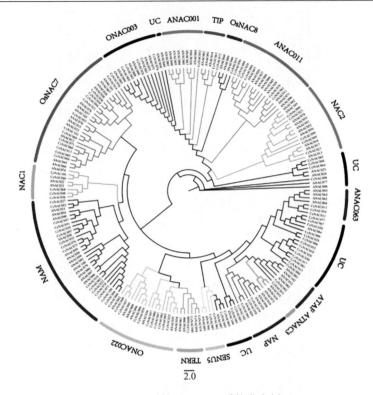

图 2-28　香樟 *NAC* ML 系统发育树

(三) 保守基序和基因结构分析

　　本研究进一步研究了 *CcNAC* 家族的序列特征分析了结构域和基因结构。如图 2-29 所示，*CcNAC* 基因家族拥有高度保守的结构域，多数 *CcNAC* 基因家族含有 motif2、motif8、motif6、motif5、motif1、motif4、motif3、motif7，并按顺序排列，说明以上 motif 在香樟基因遗传进化中趋于稳定。有趣的是，相同亚家族保守基序的位置分布具有一定的相似性，motif9 和 motif10 多数分布在 NAC 家族中。ONAC003 亚家族成员同时缺少 motif6，同时该亚家族成员基因结构也具有相似的特征，该现象可能是同一亚家族基因具有相似功能的原因。

　　在基因家族的进化过程中，基因结构的多样化有助于基因的进化选择，以应对环境的变化。*CcNAC* 基因均含有内含子，数量在 1 到 8 个不等，其中 59 个 (57.28%) *CcNAC* 基因有两个内含子，12 个 (11.65%) 基因含有 3 个内含子。此外，多数 *CcNAC* 基因的外显子长度大于内含子长度。

　　对 *CcNAC* 家族成员进行多序列比对 (图 2-30)，结果表明筛选出的 *CcNAC* 家族成员都含有 NAC 结构域且符合 NCA 结构域中 A、C、D 亚结构域保守，B 和 E 亚结构域不保守的序列特征，表明所鉴定的 *CcNAC* 基因属于 *NAC* 家族成员。

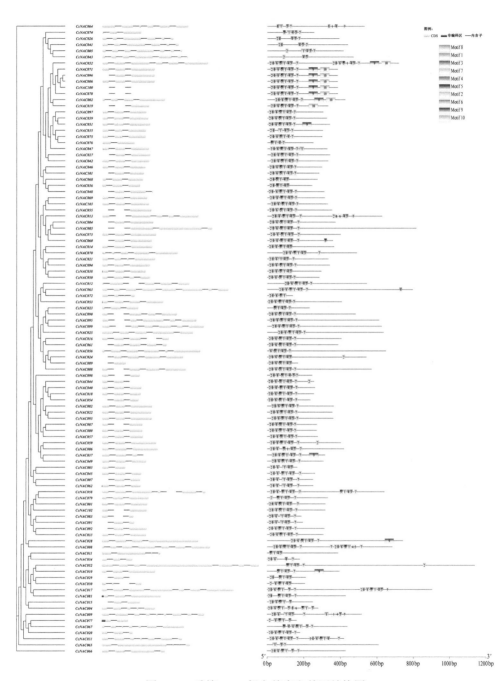

图 2-29　香樟 *NAC* 保守基序和基因结构图

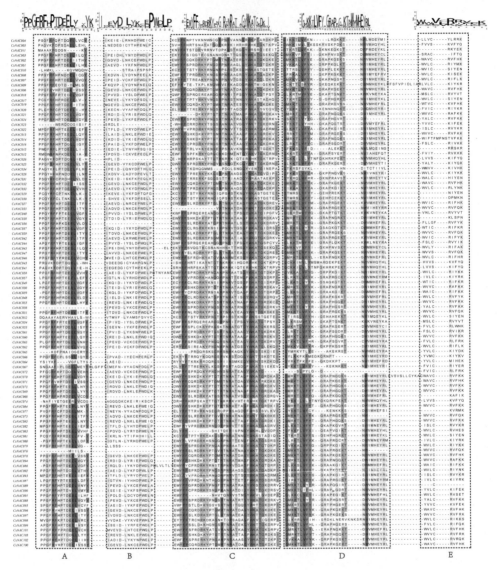

图 2-30　*CcNAC* 家族成员多序列比对

（四）*CcNAC* 染色体定位和复制事件分析

染色体定位表明 103 个 *CcNAC* 基因不均匀地定位到 Chr01～Chr12 中（图 2-31），按照染色体位置先后命名为 *CcNAC001*～*CcNAC103*，最多的是 Chr02 染色体，其上分布了 13 个 *CcNAC* 基因（*CcNAC012*～*CcNAC024*），最少的是 Chr10 和 Chr11，各含有 2 个基因（分别为 *CcNAC096*、*CcNAC097* 和 *CcNAC098*、*CcNAC099*）。

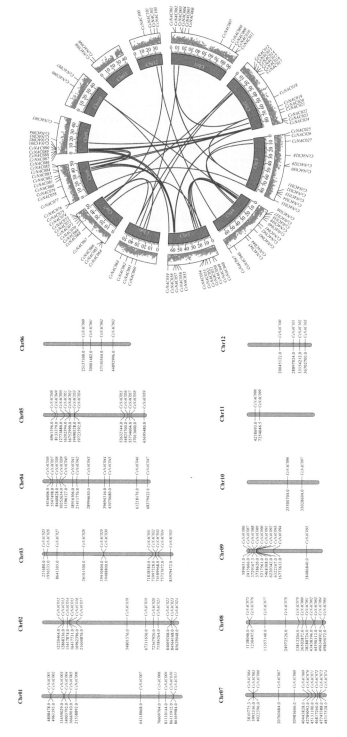

图 2-31　香樟 *CcNAC* 染色体定位和基因复制

基因的串联重复和片段复制是促进基因家族进化的主要原因，由图 2-31 可以看出，*CcNAC* 基因家族共发生了 2 次串联重复事件和 38 次片段复制事件；串联重复事件发生在 Chr07 和 Chr09 中；Chr05 中共发生 10 次片段复制事件，Chr11 中未发生片段复制事件。该结果说明片段复制是 *CcNAC* 基因的主要扩增途径。

（五）多物种间共线性分析

为进一步挖掘 *CcNAC* 的进化关系，本研究构建了望春玉兰、黑胡椒、香樟、牛樟、柳叶蜡梅、流苏马兜铃 6 种木兰类植物的共线图（图 2-32）。香樟与牛樟同属樟科植物含有 162 对共线基因，其次，香樟与柳叶蜡梅拥有 159 对共线基因，与望春玉兰、黑胡椒各含有 84 对共线基因，与流苏马兜铃亲缘关系最远，只含有 36 对共线基因，说明在 6 种植物中香樟与牛樟的亲缘关系最近，与流苏马兜铃的亲缘关系最远。

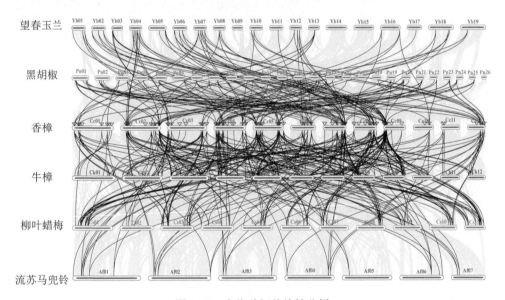

图 2-32　多物种间共线性分析

（六）香樟 *CcNAC* 顺式作用元件预测

为了进一步研究 *CcNAC* 在非生物胁迫中的潜在调节机制，将 *CcNAC* 基因上游 1.5kb 序列提交到 PlantCARE 用以检测响应元件。结果如图 2-33 所示，*CcNAC* 启动子含有与胁迫（825 个）、植物生长发育（410 个）、植物激素（316 个）相关的响应元件。STRE 响应元件在 *CcNAC* 启动子中出现的频率最高（215 个），而 STRE 可以控制具有保护功能的基因进行应激诱导转录。其次是脱落酸响应元件（175 个）。值得注意的是，启动子含有胁迫相关元件最多的是 *CcNAC092*、*CcNAC031*、

CcNAC039，各含有 18 个，其次是 *CcNAC079*，含有 17 个，这些基因可能会对胁迫产生应答。综上，*CcNAC* 家族成员以胁迫响应为主，同时也参与香樟的生长发育及激素生成，功能是多样性的。

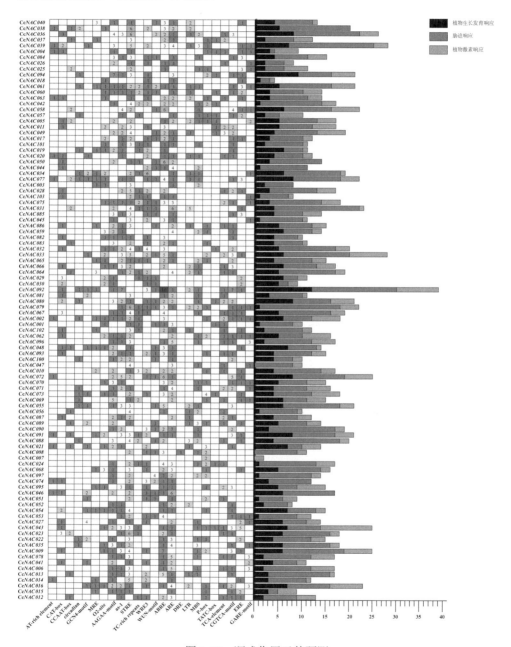

图 2-33　顺式作用元件预测

左图中数字为基因启动子中每个顺式作用元件的个数；右图中横轴数据为每个基因启动子中总的顺式作用
元件个数

（七）盐胁迫下 *CcNAC* 表达量分析

为更好地了解 *CcNAC* 基因在应对盐胁迫时的响应机制，本研究对盐胁迫下香樟的根部、叶片进行了转录组测序，以了解 *CcNAC* 的表达情况。结果表明，共检测到 94 个 *CcNAC* 在根和叶中的表达变化。在根中发现了 4 个基因的表达量随着盐胁迫浓度的升高而升高，其分别为 *CcNAC063*、*CcNAC092*、*CcNAC0058*、*CcNAC032*；在叶中发现了 5 个基因的表达量随着盐浓度的升高而下降，其分别为 *CcNAC090*、*CcNAC033*、*CcNAC092*、*CcNAC058*、*CcNAC007*。因此，推测这些基因参与了盐胁迫的响应。其中 *CcNAC092*、*CcNAC058* 在叶和根中均产生特异性表达，且表达量较高（图 2-34）。

（八）讨论

香樟多种植于中国南方亚热带地区，其林产品精油具有广泛的药用价值和经济价值。盐碱、干旱、洪涝、矿物质缺乏、土壤贫瘠等非生物胁迫是限制植物正常生长发育、林产品生产量的重要环境因素（Zhu，2016），而香樟喜酸性土壤，不适宜种植在中国南方盐碱度较高的土地中。因此，研究香樟对盐胁迫的响应机制，有利于为扩大香樟的种植范围提供参考。植物在遭受胁迫时通过转录因子调控下游的基因而维持植物的正常运转。*NAC* 构成了植物中最大的特异性转录因子家族，不仅仅存在于单子叶植物和双子叶植物中，在木兰类、针叶树和藓类植物中也有发现（Olsen et al.，2005），对植物响应非生物胁迫起到重要作用，目前，利用全基因组数据已对多种植物的 *NAC* 家族进行了鉴定和功能分析，如拟南芥中鉴定出 105 个（Sun et al.，2022）、辣椒中鉴定出 104 个（Diao et al.，2018）、毛果杨中鉴定出 163 个（Hu et al.，2010）、花椒中鉴定出 109 个（Hu et al.，2022）、玉米中鉴定出 148 个（Peng et al.，2015）、菠萝中鉴定出 73 个（He et al.，2019）等。本研究在香樟基因组中共鉴定出 103 个香樟 *NAC* 家族成员，基于香樟和拟南芥 *NAC* 的系统发育结果显示香樟 *NAC* 被划分为 15 个亚家族，并发现 *CcNAC* 家族丢失了 AtNAC3 亚家族成员，研究表明番茄的 2 个 *AtNAC3* 同源基因的高表达可提高番茄的耐盐性（Al-Abdallat et al.，2015）。由于 *NAC* 家族的保守性，相同亚家族的基因可能拥有相似的功能，因此 *AtNAC3* 亚家族成员丢失可能降低了香樟的抗盐能力。

基因的结构与亚家族分类相关（Ke et al.，2021），*CcNAC* 的结构分析发现，motif10 只存在于 NAM 亚家族中，且 NAM 亚家族成员大多含有 2 个外显子，这意味着 NAM 亚家族可能具有不同于其他亚族的特殊功能，但未发现 NAM 亚家族成员在盐胁迫下特异性表达。多序列比对发现 *NAC* 家族的 5 个结构域中 A、C、D 亚结构域非常保守，而 B 和 E 亚结构域不保守，与大多数植物 NAC 结构域相似，这可能是 *NAC* 家族功能多样性的原因（Kikuchi et al.，2000）。香樟基因的进化通常由全基因组复制事件形成，*CcNAC* 家族发生了 38 次片段复制和 2 次串联重复。

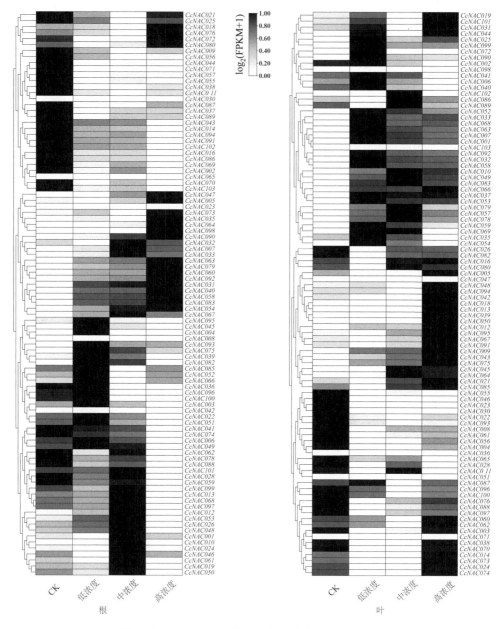

图 2-34 *CcNAC* 基因家族在根与叶中的表达量热图

启动子是位于基因编码区上游的 DNA 序列，包含多个顺式作用元件，这些元件是参与转录启动和调节基因表达的特异结合位点（Hernandez-Garcia and Fine，2014）。在 *CcNAC* 家族中检测出 24 种顺式作用元件，主要分为胁迫类、生长发育类、激素类三大类。植物激素脱落酸是在高盐度、高干旱等非生物胁迫下产生的，对植物响应非生物胁迫起到重要作用（Nakashima et al.，2012）。我们发现

CcNAC092 含有 10 个脱落酸响应元件（ABRE），此外，*CcNAC092*、*CcNAC31*、*CcNAC39* 基因含有的胁迫类元件最多（18 个），大量胁迫类元件的发现表明 *CcNAC* 拥有复杂的调控网络来调控植物的正常生长。

本研究通过对低（50mmol/L）、中（100mmol/L）、高（200mmol/L）浓度胁迫下香樟叶片和根系的转录组分析发现，叶片中 *CcNAC* 在低浓度盐胁迫时高表达，而根部 *CcNAC* 基因在中、高浓度盐胁迫时高表达，说明相比于根部，香樟叶片对盐胁迫的响应速度更快，此外我们发现了 *CcNAC058*、*CcNAC092* 同时在叶片和根部产生了特异性表达，结合系统发育分析发现 *CcNAC092* 和 *CcNAC058* 被划分在 ATAF 和 NAP 家族中，相关研究表明 ATAF、NAP、ATNAC3、OsNAC3 家族成员可能参与植物的应激反应（Sun et al., 2022）。综上所述，我们推测 *CcNAC092*、*CcNAC058* 参与了盐胁迫的响应。

本研究鉴定了香樟 *NAC* 基因家族的数量，通过结构分析、染色体定位、基因复制事件、多物种间共线性分析、顺式作用元件及表达量分析对香樟盐胁迫进行了初步探究，然而对于 *CcNAC092*、*CcNAC058* 基因响应盐胁迫的置信度及机制仍不清楚，接下来我们将会通过功能验证继续探索。

五、香樟全基因组茉莉酸代谢基因家族鉴定分析

植物激素是主要的生长调节剂，植物间歇性地暴露于生物和非生物的环境压力下，这是可持续农林业的主要制约因素。为了在胁迫情况下生存，植物必须引发适当的适应性反应，其中大多数由许多植物激素控制和指导，激素将信号传递到形态、生化和生理适应中，包括根和芽生物量的变化、叶衰老、抗氧化防御等。其中茉莉酸（jasmonic acid，JA）是植物体内调节生长发育的一类重要的植物激素。除了控制植物生长发育，在应对胁迫时，茉莉酸也发挥了重要的响应作用（李金涛等，2021）。

参与茉莉酸生物合成途径的酶主要包括脂氧合酶（lipoxygenase, LOX）、丙二烯氧化物合成酶（allene oxide synthase, AOS）、丙二烯氧化物环化酶（allene oxide cyclase, AOC）、OPDA 还原酶（12-oxophytodienoate reductase, OPR），以及酰基辅酶 A 氧化酶（acyl-coenzyme A oxidase, ACX），这些酶在植物生长、响应胁迫方面发挥着重要作用（Pauwels et al., 2008）。

（一）茉莉酸代谢候选基因鉴定

通过 HmmerSearch 在芳樟本地蛋白数据库获得 9 个芳樟 *LOX* 候选基因，通过 NCBI Batch CD-search（https://www.ncbi.nlm.nih.gov/Structure/bwrpsb/bwrpsb.cgi）进行保守结构域验证，鉴定得到 7 个结构域完整的 *LOX* 基因，根据其在染色体上的位置和顺序将其命名为 *CcLOX1*～*CcLOX7*（图 2-35）。7 个 *CcLOX* 分布在 4 条染色上，在 Chr1 分布着 3 个 *CcLOX* 基因，Chr3 分布着 2 个 *CcLOX* 基因，Chr4、

Chr12 各分布着 1 个 *CcLOX* 基因。芳樟 LOX 蛋白氨基酸长度存在较大差异，CcLOX2 最小，为 821aa，CcLOX6 最大，为 1802aa。芳樟 LOX 蛋白的分子质量范围为 93 726.12～202 310.16Da，等电点范围是 5.46～7.85；CcLOX1 的 PI 值>7.5，为碱性蛋白，CcLOX4、CcLOX5、CcLOX6 的 PI 值<6.5，为酸性蛋白，其余 3 个 LOX 蛋白的 PI 值介于 6.5～7.5 之间，显中性；CcLOX2、CcLOX5 不稳定系数低于 40，为稳定蛋白，其余 5 个 LOX 均为不稳定蛋白（表 2-17）。

在芳樟基因组中鉴定了 6 个 *AOS* 基因（图 2-35），*CcAOS1*、*CcAOS2* 位于 Chr1，*CcAOS3*、*CcAOS4* 位于 Chr3，*CcAOS5* 位于 Chr5，*CcAOS6* 位于 Chr12。*CcAOS3* 的蛋白氨基酸长度最长，为 1158aa，*CcAOS5* 的蛋白氨基酸长度最短，为 142aa。6 个 AOS 蛋白的分子质量范围为 15 757.96～133 554.47Da，等电点范围是 7.96～9.32；芳樟 AOS 均为碱性蛋白（PI 值>7.5）；*CcAOS5* 与 *CcAOS6* 不稳定系数低于 40，为稳定蛋白，其余芳樟 AOS 蛋白均为不稳定蛋白（表 2-17）。

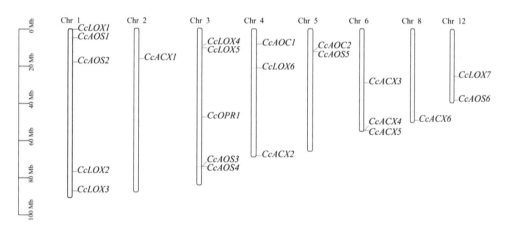

图 2-35　芳樟 *LOX*、*AOS*、*AOC*、*OPR*、*ACX* 基因染色体定位

通过比对鉴定出 2 个芳樟 *AOC* 基因，*CcAOC1* 位于 Chr4，*CcAOC2* 位于 Chr5。*CcAOC2* 的蛋白氨基酸长度为 247aa，分子质量为 27 207.02Da，等电位为 9.38；*CcAOC1* 的蛋白氨基酸长度为 253aa，分子质量为 27 694.71Da，等电位为 8.99；芳樟 AOC 均为碱性蛋白（PI 值>7.5），且不稳定系数高于 40，为不稳定蛋白（表 2-17）。

在芳樟基因组中仅在 Chr3 鉴定到 1 个 *OPR* 基因（*CcOPR1*），其蛋白氨基酸长度为 397aa，分子质量为 43 918.70Da，等电点为 6.55，不稳定系数为 32.15，为中性稳定蛋白。

6 个芳樟 *ACX* 基因分布在 4 条染色体上，*CcACX1* 位于 Chr2，*CcACX2* 位于 Chr4，*CcACX3*、*CcACX4*、*CcACX5* 位于 Chr6，*CcACX6* 分布在 Chr8 上。芳樟 ACX 蛋白氨基酸长度存在较大差异，CcACX5 最小，为 135aa，CcACX3 最大，为

表 2-17 芳樟 *LOX*、*AOS*、*AOC*、*OPR*、*ACX* 基因家族成员的基本信息、二级结构预测及亚细胞定位

基因名称	基因 ID	等电点	分子质量/Da	编码氨基酸长度/aa	α螺旋/%	β折叠/%	延伸链/%	无规则卷曲/%	不稳定系数	脂溶指数	平均疏水性	亚细胞定位
CcLOX1	Maker00023720	7.85	103 634.67	918	365	48	114	391	51.01	87.96	-0.370	叶绿体
CcLOX2	Maker00021650	6.52	93 726.12	821	309	41	112	359	38.58	84.77	-0.421	叶绿体、细胞质
CcLOX3	Maker00005153	7.39	106 150.50	942	368	48	132	394	49.20	86.83	-0.363	叶绿体
CcLOX4	Maker00001261	6.20	97 683.25	874	320	48	123	383	42.89	86.12	-0.285	叶绿体
CcLOX5	Maker00001245	5.46	97 881.22	864	326	46	117	375	36.95	88.92	-0.326	细胞质
CcLOX6	Maker00003713	6.21	202 310.16	1802	613	124	296	769	40.86	85.99	-0.303	叶绿体
CcLOX7	Maker00005486	6.68	98 285.49	856	310	44	113	389	43.50	78.83	-0.499	叶绿体
CcAOS1	Maker00016092	9.18	130 543.48	1143	540	52	163	388	47.26	88.03	-0.176	内质网
CcAOS2	Maker00015168	9.32	58 451.32	529	192	30	87	220	47.62	83.86	-0.123	叶绿体
CcAOS3	Maker00013883	7.96	133 554.47	1158	532	50	153	423	53.29	81.92	-0.228	内质网
CcAOS4	Maker00013885	8.56	54 109.94	472	232	20	64	156	41.51	88.22	-0.113	内质网
CcAOS5	Maker00006807	8.96	15 757.96	142	54	7	25	56	33.95	70.77	-0.08	叶绿体
CcAOS6	Maker00010747	8.64	50 402.33	449	172	26	75	176	39.14	89.84	-0.083	内质网
CcAOC1	Maker00000259	8.99	27 694.71	253	54	17	52	130	46.87	90.28	-0.1	叶绿体
CcAOC2	Maker00015533	9.38	27 207.02	247	37	20	59	131	51.8	84.9	-0.276	叶绿体
CcOPR1	Maker00002946	6.55	43 918.70	397	125	29	46	197	32.15	77.91	-0.295	过氧化物酶体
CcACX1	Maker00028809	8.42	68 994.23	613	349	35	48	181	41.59	89.1	-0.239	过氧化物酶体
CcACX2	Maker00018989	8.76	76 705.80	685	359	37	82	207	44.99	87.9	-0.19	过氧化物酶体
CcACX3	Maker00003297	6.48	142 528.62	1284	679	97	160	348	39.58	92.45	-0.084	过氧化物酶体
CcACX4	Maker00029754	9.57	32 385.69	293	143	17	42	91	28.3	94.54	-0.096	过氧化物酶体
CcACX5	Maker00029758	6.08	14 386.74	135	72	10	8	45	41.19	95.48	0.224	过氧化物酶体
CcACX6	Maker00001731	8.62	77 278.97	688	382	34	71	201	36.72	86.35	-0.299	过氧化物酶体

1284aa；分子质量范围为 14 386.74～142 528.62Da；等电点范围为 6.08～9.57；CcACX1、CcACX2、CcACX4 及 CcACX6 的 PI 值>7.5，为碱性蛋白，CcACX3 和 CcACX5 的 PI 值<6.5，为酸性蛋白；CcACX3、CcACX4 和 CcACX6 的不稳定系数低于 40，为稳定蛋白，其余均为不稳定蛋白（表 2-17）。

此外，芳樟 7 个 LOX 蛋白、2 个 AOC 蛋白主要由自由卷曲组成；CcAOS1、CcAOS3 及 CcAOS4 蛋白主要是 α 螺旋结构，其余 AOS 蛋白由自由卷曲组成；OPR 蛋白主要由自由卷曲及 α 螺旋组成；6 个 ACX 蛋白主要由 α 螺旋组成。蛋白质二级结构在很大程度上决定了蛋白质的空间构型，预测二级结构对研究蛋白质功能具有重要意义。亚细胞定位预测显示，CcLOX1、CcLOX2、CcLOX3、CcLOX4、CcLOX6 定位在叶绿体上，CcLOX5 定位于细胞质上；CcAOS2 及 CcAOS5 定位在叶绿体上，其余 AOS 蛋白定位于内质网上；CcAOC 均定位在叶绿体上；CcOPR1 定位在过氧化物酶体上；CcACX 基因均定位于过氧化物酶体上（表 2-17）。

（二）保守基序分析

利用 MEME 数据库对 LOX 蛋白的基序进行鉴定，探究 LOX 蛋白的相似性和多样性。结果如图 2-36a 所示，在芳樟 LOX 中共鉴定出 10 个不同高度保守基序，命名为 motif1～motif10（表 2-18）。此外，CcLOX1 在靠近 N 端处出现 1 个重复基序 motif5，CcLOX4 和 CcLOX5 分别在中间段出现重复基序 motif6 和 motif1。在基序分析中还可以看出 CcLOX6 保守基序进行了片段重复，其氨基酸长度是其他 LOX 蛋白的氨基酸长度的 2 倍，而重复基序是否会使该蛋白质具有独特功能有待研究。总之，对芳樟中高度保守的 LOX 蛋白基序进行鉴定将有助于进一步证明其功能的特异性。

表 2-18　利用 MEME 鉴定的 LOX 基序序列

基序	E 值	基序序列	长度/bp
motif1	8.8E−178	HWLRTHACIEPFIIAANRQLSVMHPIYKLLHPHFRYTMEINALARQILIN	50
motif2	3.2E−159	DKKDEPWWPKLKTKEDLIQVLTTIIWVASALHAAVNFGQYPYGGYLPNRP	50
motif3	4.4E−138	KNWRFDEQALPADLIKRGMAVEDPTQPHGLRLLIEDYPYAVDGLLIWSAI	50
motif4	3.6E−111	LRGDGEGERKEWDRIYDYDTYNDLGNPDKGPDYARPVLGG	40
motif5	1.0E−089	QVKRVFTPAHDATEGWLWQLAKAHVCANDSGYHQLVS	37
motif6	1.7E−088	FETPQIIERDKFAWLRDEEFARZTLAGVNPVIIELLKEFPPVSKLDPKIY	50
motif7	9.7E−084	PEEGTPEYEKFLSNPDSVYLECLPSQLQATLGMAVIDVLSTHSPDEEYLG	50
motif8	2.0E−060	KDYPYPRRCRTGRPPTKTDPKSESR	25
motif9	5.6E−057	EIEKRIDARNNDSQLKNRVGAGVVPYELLYP	31
motif10	8.8E−056	TWVKDYVSIYYPDDASVSSDTELQAWWTE	29

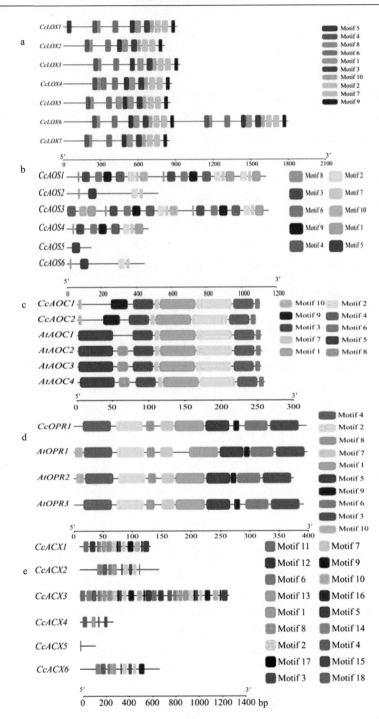

图 2-36 芳樟茉莉酸代谢相关编码蛋白的保守基序分布

a. LOX 编码蛋白；b. AOS 编码蛋白；c. AOC 编码蛋白；d. OPR 编码蛋白；e. ACX 编码蛋白

在芳樟 AOS 中共鉴定出 10 个不同基序(图 2-35b),命名如表 2-19 所示。其中,motif8、motif2 与 motif7 构成 AOS 保守结构域,CcAOS5 序列过短,仅含有 motif5;CcAOS1、CcAOS3 与 CcAOS4 均缺少 motif5,可能发生了扩增及重复事件;CcAOS1、CcAOS3 和 CcAOS4 具有其他序列不包含的 motif1、motif3、motif4、motif6 和 motif9,而 CcAOS1 和 CcAOS3 较长基序中可以看到明显的片段重复基序,因此缺失、重复基序是否使芳樟 AOS 具有特异功能还有待研究。

表 2-19　利用 MEME 鉴定的 AOS 基序序列

基序	E 值	基序序列	长度/bp
motif1	8.30E−46	KFDPSRFEGEGPAPYTFTPFGGGPRMCPGKEFARLQILVFLHNVVKRFRW	50
motif2	1.90E−29	WDDIQKMKYSWNVVNEVLRLSPPVPGAFRRAIADFSYAG	39
motif3	2.50E−32	FVRERMEKYKSQVFKTSLLWEPMAVFCGPAGNKFLFSNENKLVVTWWP	48
motif4	5.80E−24	TADEEGRLMTEEEIIDNILLLLFAGHDTSSSTIALVMKYLAEMPHIYNEV	50
motif5	3.50E−22	LDAASFPALFDVSKVEKKDVFTGTYMPSTSLTGGYRVLAYLDPSEPKH	48
motif6	1.40E−18	LRRYVGIMDAVARRHMQAQWEGKGQVKAFHLVKDYTFRLACR	42
motif7	1.60E−11	IPKGWKLFWSQPTTHKDPEYF	21
motif8	1.30E−09	PPGSYGWPIIGE	12
motif9	1.20E−10	DPDQLSKLKDEFEVLVKGLLGLPLNLPGTRFYRAMRAAEAIRKELKAII	49
motif10	2.60E−08	KFDPSRFEGDGPAPYTFVPFGGGPRMCPGKEFARJEILVFLHNLVKEFKW	50

将拟南芥及芳樟 AOC 序列合并,利用 MEME 数据库对 AOC 基序进行鉴定。结果显示(图 2-36c,表 2-20),在芳樟 AOC 蛋白中共鉴定出 8 个不同基序,与拟南芥 AOC 蛋白基序相比,芳樟 AOC 缺失了 motif5、motif8,增加了 motif9 和 motif10,这些 motif 的增加是否使芳樟 AOC 具有特异功能还有待研究,同时,基序的片段相似性可能会使芳樟与拟南芥具有相似的功能。

表 2-20　利用 MEME 鉴定的 AOC 基序序列

基序	E 值	基序序列	长度/ bp
motif1	1.90E−155	VPFTNKLYTGDLKKRIGITAGLCVLIQHVPEKKGDRFEATYSFYFGDYGH	50
motif2	2.70E−130	JSVQGPYLTYEDTFLAITGGSGIFEGAYGQVKLQQLVYPTKLFYTFYLKG	50
motif3	2.20E−53	RPSKVQELNVYEINERDRNSPAILKLAKK	29
motif4	3.10E−44	NDLPLELTGTPVPPSKDVEPAPEAKATEP	29
motif5	5.30E−40	MASAAISLQSISMTTLNNLSRNHQFHRSSLLGFSKSFQNLGISSNGPGFS	50
motif6	1.30E−04	GVISNFTN	8
motif7	1.60E−01	VLSLGDL	7
motif8	4.90E−01	TPKKNLTPTRALSQNW	16
motif9	5.80E+02	NPLIKNPKLEKTEFRFPIQRSKNIP	25
motif10	1.10E+03	MAAAAA	6

对芳樟及拟南芥 OPR 序列进行鉴定，探究 OPR 相似性和多样性，结果如图 2-35d 所示。在芳樟 OPR 中共鉴定出 9 个不同基序（表 2-21）。芳樟 OPR 含有高度保守的基序，与拟南芥 OPR 相比，CcOPR1 保守结构域与 AtOPR3 完全一致，CcOPR1 较 AtOPR1 与 AtOPR2 来说缺失了 motif10，这说明 CcOPR1 与 AtOPR3 功能可能具有高度相似性，与 AtOPR1 和 AtOPR2 具有部分差异。

表 2-21　利用 MEME 鉴定的 OPR 基序序列

基序	E 值	基序序列	长度/ bp
motif1	2.8E–074	NAIEAGFDGIEIHGAHGYLIDQFLKDGINDRTDEYGGSJQNRCKFLLZVV	50
motif2	4.6E–069	YPDTPGIWTKEQVEAWKPIVDAVHAKGGIFFCQJWHVGRVSNAGYQP	47
motif3	4.2E–066	DADLVAYGRWFJANPDLPKRFQVDAPLNKYNRPTFYTQDPVVGYTDYPFL	50
motif4	7.9E–063	YKMGRFNLSHRVVLAPLTRQRAYGGVPQPAAAEYYSQRTTPGGFLITEGT	50
motif5	1.0E–029	VAKEIGPDRVGIRJSPFADHLDAGDSDPLALGLYVVESLNK	41
motif6	9.0E–028	ESGTQGEVDECSHTLMPMRQAYKGTFISAGGFTREDGNEAV	41
motif7	1.3E–014	YPPPRRLEAEEIPGIVNDYRLAA	23
motif8	2.0E–009	APISSTGKPISPQIR	15
motif9	1.3E–003	YGJLYLHVTZP	11
motif10	7.7E–002	EMENGEAKQSVPLLT	15

在芳樟 ACX 中共鉴定出 18 个不同基序（图 2-35e），命名为 motif1～motif18（表 2-22）。由于 CcACX5 序列不完整，除 CcACX5 外其他 ACX 都含有高度保守的基序。CcACX1、CcACX2、CcACX6 与 CcACX3 的近 N 端的部分基序具有相似性（包含 motif1、motif2、motif3、motif4、motif6、motif7、motif9、motif13 和 motif14）；同时，CcACX3 具有相似的重复片段基序。而 CcACX2、CcACX4 和 CcACX6 具有明显的基序缺失，这些基序的缺失是否使蛋白蛋具有独特功能有待研究。总之，芳樟中高度保守的 ACX 基序将有助于其功能分析。

表 2-22　利用 MEME 鉴定的 ACX 基序序列

基序	E 值	基序序列	长度/ bp
motif1	1.00E–33	LNGVDNGVLQFNNVRIPRNNLLNRVSQVSRDGKY	34
motif2	1.50E–25	ETQVJDYKSQQSRLFPLLASAYAFRFVGEWLKWLYVDVT	39
motif3	1.80E–19	HACSAGLKALTTTATADGIEECRELCGGH	29
motif4	2.60E–25	TELGHGSNVQGLETTATFDPPSDEFVINTPTLSAQKWWIGG	41
motif5	5.90E–19	VDAFNYTDHFLGSILGCYDGNVYPKLYEZAWKDPLNDSVVPEGYHEYIRP	50
motif6	2.30E–15	VYARLIINGRDHGVHGFIVQJRDLDDHLP	29
motif7	6.90E–16	PELFAVYDPACTYEGDNTVLLQQVARILL	29
motif8	3.00E–15	DVPRQLVYGTMVYVRQKIVSDASCALSRAVCIAIRYSAVRRQFGSQDGGP	50

续表

基序	E 值	基序序列	长度/ bp
motif9	5.90E–15	YMQRAEQLMQCTSDVCSAEDWLKPSFILEAFEARAFRLAVACAKNISKAP	50
motif10	9.10E–15	CQLIVVSKFIDKIQGDIDGMGLKEQLQALCCIYALSLLHKHLGEFLSTGC	50
motif11	3.90E–15	MEEDDHLANERNKAQFDVEAMKIVWAGSRHAFEVADRMARLVESDP	46
motif12	2.10E–10	SRKELFKNTLRKAAHIWKRIVELGLSEEEASKLRFFMDEPAYTDLHWWWF	50
motif13	5.80E–06	PGITIGDCGMK	11
motif14	2.20E–04	GSVDVSLGIKIGVQFFLWGGAIQNFGTKKHRDKWFDDIENLEVKGCFAM	49
motif15	6.00E–03	IAIRYSLVRRQFG	13
motif16	7.80E+00	NEKLRSLYAKVRPN	14
motif17	2.60E+01	QANEFETLPEV	11
motif18	4.50E+01	MDGPCPGLP	9

（三）系统发育分析

将拟南芥及芳樟茉莉酸代谢相关基因的蛋白序列用于系统进化树构建，并根据模式植物拟南芥 LOX、AOS、AOC、OPR、ACX 基因的分类方法进行分类。结果表明，芳樟 CcLOX 基因家族分为 9-LOX 和 13-LOX 两个亚族。在 13-LOX 中分为 13-LOXⅠ型和 13-LOXⅡ型两大类。在 9-LOX 亚族中，CcLOX1 与 AtLOX3 和 AtLOX4 构成一进化分支，CcLOX3 与 AtLOX6 聚在一起。CcLOX4、CcLOX6 属于 13-LOXⅠ型，与 AtLOX2 和 AtLOX7 同属于 13-LOXⅠ型。CcLOX2、CcLOX5、CcLOX7 属于 13-LOXⅡ型，与 AtLOX1 和 AtLOX5 同属于 13-LOXⅡ型（图 2-37a）。AOS 基因可明显聚为 2 组，陆地棉 AOS 基因聚在Ⅰ分支，拟南芥 AOS 基因在Ⅱ分支，而芳樟 AOS 基因在Ⅰ、Ⅱ分支均有分布。这可能是芳樟 AOS 基因在进化过程中发生了功能分化，CcAOS1、CcAOS3、CcAOS4 与陆地棉 AOS 基因功能相近，而 CcAOS2、CcAOS5、CcAOS6 与拟南芥 AOS 基因功能相近。AOC 基因可明显分为 2 组，陆地棉 AOC 与芳樟 AOC 基因聚在Ⅰ分支，拟南芥 AOC 基因聚在Ⅱ分支。OPR 基因可明显聚为 2 组，CcOPR1、GhOPR3、GhOPR6、GhOPR10 及 AtOPR3 聚为Ⅱ组，其余 OPR 聚为Ⅰ组。此前研究表明，AtOPR3 在茉莉酸生物合成中起到了关键作用，CcOPR1 与 AtOPR3 聚在一起，说明 CcOPR1 是茉莉酸合成的关键基因。此外，拟南芥、陆地棉、芳樟的 ACX 基因的系统发育分析结果如图 2-37e 所示，ACX 基因可明显聚为 3 组，Ⅰ组和Ⅲ组有 2 个芳樟 ACX 基因，且这些基因均与陆地棉的 ACX 聚在一起。

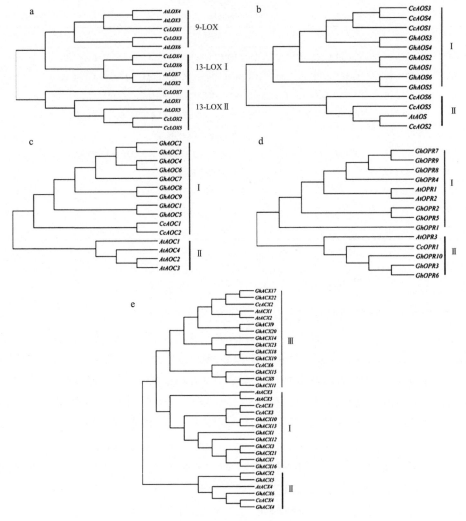

图 2-37　芳樟与拟南芥茉莉酸代谢相关基因进化关系

a. *LOX*；b. *AOS*；c. *AOC*；d. *OPR*；e. *ACX*

（四）香樟茉莉酸分子调控机制

茉莉酸在机械损伤环境下可诱导植物产生防御机制（蒋科技等，2010）。因此，本研究分析了芳樟采伐后是否涂抹伤口愈合剂处理中茉莉酸的分子响应。表达量分析结果表明（图 2-38），*CcLOX4-5*、*CcAOS2*、*CcAOS3*、*CcAOS5*、*CcAOC1*、*CcACX1-2*、*CcACX4*、*CcACX6* 均在采伐后第 5 天表达量升高，说明在采伐造成的创伤刺激下，这几个基因参与了响应表达。TD5 与 BTD5 两个处理相比，BTD5 中的 *CcLOX4*、*CcLOX6*、*CcLOX7*、*CcAOS2*、*CcAOS3*、*CcAOS5*、*CcAOC1*、*CcOPR1* 表达量上调，*CcACX2*、*CcACX4*、*CcACX5* 的表达水平相似，该结果说明未涂抹愈合剂的处理产生了更多茉莉酸。*CcACX5* 采伐后仍维持着较低的表达水平，与 CK 相比变化不大，这个基因在茉莉酸代谢途径中可能未起到关键作用。*CcLOX2*、*CcLOX3*、*CcAOC2* 在采伐后表达量降低，其分子机理需要后续进一步深入地研究。

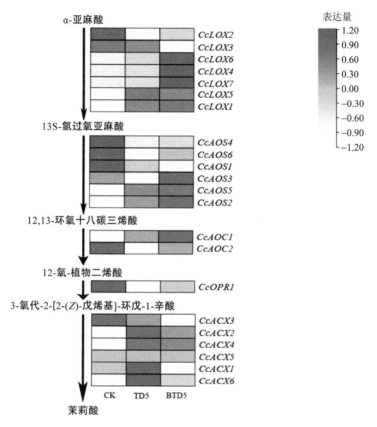

图 2-38　芳樟茉莉酸代谢途径及调控基因表达

CK，对照；TD5，涂抹伤口愈合剂第 5 天；BTD5，未涂抹伤口愈合剂第 5 天

（五）讨论

机械损伤是茉莉酸信号通路的刺激因子之一，机械损伤可迅速诱导植物茉莉酸信号通路的物质积累，从而启动茉莉酸信号通路产生防御反应（孙晓玲等，2011）。过量表达 *AOS* 或 *AOC* 的植物体内的茉莉酸含量并未显著增加（Laudert et al., 2000），而机械损伤后植物体内的 *AOC* 基因的转录水平迅速提高（Hause et al., 2000）。因此，在外部刺激下植物体内会产生较多的茉莉酸。在芳樟基因组中共鉴定了 5 个基因家族共 22 个茉莉酸合成的关键基因，包括 7 个 *LOX*、6 个 *AOS*、2 个 *AOC*、1 个 *OPR* 和 6 个 *ACX*。表达量分析结果表明，芳樟在采伐后有 12 个基因的表达量上调，其中有 8 个基因在未涂抹伤口愈合剂处理中的表达水平比涂抹

伤口愈合剂处理中的高。该结果说明芳樟由于地上部分采伐受到外部刺激，激发了茉莉酸生物合成，且相比涂抹伤口愈合剂的处理，未涂抹伤口愈合剂的处理需要更多茉莉酸。

参 考 文 献

蒋科技, 皮妍, 侯嵘, 等. 2010. 植物内源茉莉酸类物质的生物合成途径及其生物学意义[J]. 植物学报, 45(2): 137-148.

李金涛, 任梦迪, 柴梦梦, 等. 2021. 茉莉酸对水稻根系生长素合成及运输的调控[J]. 信阳师范学院学报(自然科学版), 34(3): 448-451.

孙晓玲, 蔡晓明, 马春雷, 等. 2011. 茉莉酸甲酯和机械损伤对茶树叶片多酚氧化酶时序表达的影响[J]. 西北植物学报, 31(9): 1805-1810.

应炎标, 朱友银, 郭卫东, 等. 2018. 樱桃 bHLH 转录因子家族基因鉴定及表达分析[J]. 分子植物育种, 16(14): 4559-4568.

于冰, 田烨, 李海英, 等. 2019. 植物 bHLH 转录因子的研究进展[J]. 中国农学通报, 35(9): 75-80.

Al-Abdallat A M, Ali-Sheikh-Omar M A, Alnemer L M. 2015. Overexpression of two ATNAC3-related genes improves drought and salt tolerance in tomato (*Solanum lycopersicum* L.)[J]. Plant Cell, Tissue and Organ Culture (PCTOC), 120(3): 989-1001.

Ali M A, Azeem F, Nawaz M A, et al. 2018. Transcription factors *WRKY11* and *WRKY17* are involved in abiotic stress responses in *Arabidopsis*[J]. J Plant Physiol, (226): 12-21.

Almeida D, Amaral D, Del-Bem L E, et al. 2017. Genome-wide identification and characterization of cacao WRKY transcription factors and analysis of their expression in response to witches' broom disease[J]. PLoS ONE, 12(10): e0187346.

Bano N, Patel P, Chakrabarty D, et al. 2021. Genome-wide identification, phylogeny, and expression analysis of the *bHLH* gene family in tobacco (*Nicotiana tabacum*)[J]. Physiology and Molecular Biology of Plants, 27: 1747-1764.

Bork P, Koonin E V. 1996. Protein sequence motifs[J]. Curr Opin Struct Biol, 6(3): 366-376.

Cronquist A. 1981. An Integrated System of Classification of Flowering Plants. New York: Columbia University Press.

Diao W, Snyder J C, Wang S, et al. 2018. Genome-wide analyses of the NAC transcription factor gene family in pepper (*Capsicum annuum* L.): chromosome location, phylogeny, structure, expression patterns, cis-elements in the promoter, and interaction network[J]. International Journal of Molecular Sciences, 19(4): 1028.

Endress P K, Doyle J A. 2015. Ancestral traits and specializations in the flowers of the basal grade of living angiosperms[J]. Taxon, 64(6): 1093-1116.

Eulgem T, Rushton P J, Robatzek S, et al. 2000. The WRKY superfamily of plant transcription factors[J]. Trends Plant Science, 5(5): 196-206.

Eulgem T, Somssich I E. 2007. Networks of WRKY transcription factors in defense signaling[J]. Curr

Opin Plant Biol, 4(10): 366-371.

Fan Y, Yang H, Lai D, et al. 2021. Genome-wide identification and expression analysis of the BHLH transcription factor family and its response to abiotic stress in sorghum [*Sorghum Bicolor* (L.) Moench][J]. BMC Genomics, 22(1): 415.

Feng Y G, Cui R, Huang Y P, et al. 2021. Repression of transcription factor *AtWRKY47* confers tolerance to boron toxicity in *Arabidopsis thaliana*[J]. Ecotoxicol Environ Saf, 220(6): 112406.

Grunewald W, Karimi M, Wieczorek K, et al. 2008. A role for *AtWRKY23* in feeding site establishment of plant-parasitic nematodes[J]. Plant Physiol, 148(1): 358-368.

Guo C L, Guo R G, Xu X Z, et al. 2014. Evolution and expression analysis of the grape (*Vitis vinifera* L.) *WRKY* gene family[J]. J Exp Bot, 65(6): 1513-1528.

Hause B, Stenzel I, Miersch O, et al. 2000. Tissue-specific oxylipin signature of tomato flowers: allene oxide cyclase is highly expressed in distinct flower organs and vascular bundles[J]. The Plant Journal: For Cell And Molecular Biology, 24(1): 113-126.

He Q, Liu Y, Zhang M, et al. 2019. Genome-wide identification and expression analysis of the NAC transcription factor family in pineapple[J]. Tropical Plant Biology, 12(4): 255-267.

Hernandez-Garcia C M, Finer J J. 2014. Identification and validation of promoters and cis-acting regulatory elements[J]. Plant Science, 217: 109-119.

Hu H, Ma L, Chen X, et al. 2022. Genome-wide identification of the *NAC* gene family in *Zanthoxylum bungeanum* and their transcriptional responses to drought stress[J]. International Journal of Molecular Sciences, 23(9): 4769.

Hu L, Xu Z, Wang M, et al. 2019. The chromosome–scale reference genome of black pepper provides insight into piperine biosynthesis[J]. Nature Communication, 10: 4702.

Hu R, Qi G, Kong Y, et al. 2010. Comprehensive analysis of NAC domain transcription factor gene family in *Populus trichocarpa*[J]. BMC Plant Biol, 10: 145.

Kaur A, Pati P K, Pati A M, et al. 2017. In-silico analysis of cis-acting regulatory elements of pathogenesis-related proteins of *Arabidopsis thaliana* and *Oryza sativa*[J]. PLoS ONE, 12(9): e0184523.

Ke Y J, Zheng Q D, Yao Y H, et al. 2021. Genome-wide identification of the *MYB* gene family in *Cymbidium ensifolium* and its expression analysis in different flower colors[J]. International Journal of Molecular Sciences, 22(24): 13245.

Kikuchi K, Ueguchi-Tanaka M, Yoshida K T, et al. 2000. Molecular analysis of the *NAC* gene family in rice[J]. Molecular and General Genetics MGG, 262(6): 1047-1051.

Laudert D, Schaller F, Weiler E W. 2000. Transgenic *Nicotiana tabacum* and *Arabidopsis thaliana* plants overexpressing allene oxide synthase[J]. Planta, 211(1): 163-165.

Li X, Duan X, Jiang H, et al. 2006. Genome-wide analysis of basic/helix-loop-helix transcription factor family in rice and *Arabidopsis*[J]. Plant Physiol, 141(4): 1167-1184.

Liu R, Song J, Liu S, et al. 2021. Genome-wide identification of the capsicum bHLH transcription factor family: discovery of a candidate regulator involved in the regulation of species-specific bioactive metabolites[J]. BMC Plant Biology, 21(1): 262.

Liu Z Q, Yan L, Wu Z, et al. 2012. Cooperation of three WRKY-domain transcription factors *WRKY18*, *WRKY40*, and *WRKY60* in repressing two ABA responsive genes *ABI4* and *ABI5* in *Arabidopsis*[J]. J Exp Bot, 63(2): 695-709.

Nakashima K, Takasaki H, Mizoi J, et al. 2012. NAC transcription factors in plant abiotic stress responses[J]. Biochimica et Biophysica Acta (BBA)-Gene Regulatory Mechanisms, 1819(2): 97-103.

Olsen A N, Ernst H A, Leggio L L, et al. 2005. NAC transcription factors: structurally distinct, functionally diverse[J]. Trends in Plant Science, 10(2): 79-87.

Ooka H, Satoh K, Doi K, et al. 2003. Comprehensive analysis of *NAC* family genes in *Oryza sativa* and *Arabidopsis thaliana*[J]. DNA Research, 10(6): 239-247.

Pauwels L, Morreel K, Witte E D, et al. 2008. Mapping methyl jasmonate-mediated transcriptional reprogramming of metabolism and cell cycle progression in cultured *Arabidopsis* cells[J]. Proceedings of the National Academy of Sciences of the United States of America, 105(4): 1380-1385.

Peng X, Zhao Y, Li X, et al. 2015. Genomewide identification, classification and analysis of NAC type gene family in maize[J]. Journal of Genetics, 94(3): 377-390.

Pires N, Dolan L. 2010. Origin and diversification of basic-helix-loop-helix proteins in plants[J]. Mol Biol Evol, 27(4): 862-874.

Ross C A, Liu Y, Shen Q J. 2007. The *WRKY* gene family in rice (*Oryza sativa*)[J]. J Integr Plant Biol, 6(49): 827-842.

Sah S K, Reddy K R, Li J X. 2016. Abscisic acid and abiotic stress tolerance in crop plants[J]. Front Plant Sci, 7: 571.

Shen T F, Qi H R, Luan X Y, et al. 2022. The chromosome‐level genome sequence of the camphor tree provides insights into Lauraceae evolution and terpene biosynthesis[J]. Plant Biotechnol J, 20(2): 244-246.

Sun W H, Xiang S, Zhang Q G, et al. 2022. The camphor tree genome enhances the understanding of magnoliid evolution[J]. Journal of Genetics and Genomics, 49(3): 249-253.

Van V, Marcel C, Pappaioannou D, et al. 2008. A novel WRKY transcription factor is required for induction of *PR-1a* gene expression by salicylic acid and bacterial elicitors[J]. Plant Physiol, 146(4): 1983-1995.

Wang L, Zhu W, Fang L, et al. 2014. Genome-wide identification of *WRKY* family genes and their response to cold stress in *Vitis vinifera*[J]. BMC Plant Biol, 14: 103.

Wang P J, Yue C, Chen D, et al. 2019. Genome-wide identification of *WRKY* family genes and their response to abiotic stresses in tea plant (*Camellia sinensis*)[J]. Genes Genomics, 41(1): 17-33.

Yamasaki K, Kigawa T K, Seki M, et al. 2013. DNA-binding domains of plant-specific transcription factors: structure, function, and evolution[J]. Trends Plant Sci, 18(5): 267-276.

Zhu J K. 2016. Abiotic stress signaling and responses in plants[J]. Cell, 167(2): 313-324.

第三章　香樟种质资源与良种选育

第一节　香樟种质资源

一、香樟资源多样性

香樟(*Cinnamomum camphora*)属樟科(Lauraceae)樟属(*Cinnamomum*)植物，为亚热带常绿阔叶树种。曾被列入国家Ⅱ级保护植物名录，也是越南、韩国、日本、中国的间断分布种，对研究东亚植物区系具有重要意义。我国的樟树资源非常丰富，长江流域及以南各地区均有分布，包括海南、台湾、福建、江西、广东、广西、湖北、湖南、四川、重庆、云南、贵州、浙江等省份的低山平原地区，尤以台湾、福建、江西、湖南、四川等地栽培较多，台湾的垂直分布范围达海拔1800m左右。香樟不仅是重要的生态树种，更是集药用、材用、香料等于一体的重要植物资源。其枝、叶、果均含有丰富的化学成分，如挥发油、黄酮类、木脂素类、糖苷类等，具有抑菌、抗氧化、抗炎、杀虫、止痛、抗癌等多种药理活性，极具开发和利用价值。据《中国植物志》中记载其木材及根、枝、叶可提取樟脑和樟油，樟脑和樟油可供医药及香料工业用；果核含脂肪，含油量约40%，油可供工业使用；根、果、枝和叶入药，有祛风散寒、强心镇痉和杀虫等功能；芳樟的器官均可生产芳香油，芳樟枝叶提油率为0.173%～2.668%，主要成分除芳樟醇(含量23%～98%)外，还含有桉叶油素、β-橙花叔醇、樟脑、龙脑、甲基丁香酚及少量黄樟油素等，这些成分均为香料工业、医药卫生、化工合成的重要原料，同时蒸油后的枝、叶渣富含叶黄素、β-胡萝卜素，是饲料的优质添加剂。

香樟枝叶中精油种类和含量存在着显著差异，根据精油成分的差异可将香樟划分为不同的化学类型。目前，根据叶中所含化学成分，可将樟树划分为芳樟、脑樟、异樟、油樟和龙脑樟5个化学类型。各化学类型的表现型及其精油特点分述如下。

1. 芳樟醇型——芳樟

芳樟叶油中含芳樟醇60%～98%，另含少量的桉叶油素、α-松油醇、黄樟油素等。芳樟是该类型的代表，其叶油中主要含游离芳樟醇，可用于提取芳樟醇、制造乙酸芳樟酯或直接用于配制复合香料。由于芳樟叶油具有优雅而愉悦的香气，在各种香型的香精配方中占有重要的地位，因此芳樟是重要的香精香料工业原料。

2. 樟脑型——脑樟或本樟

脑樟叶油中约含樟脑70%，桉叶油素、α-松油醇的含量也均超过3%，是樟脑含量最多的樟树化学类型，主要用于医药及生产杀虫剂、防蛀剂、增韧剂、稳定剂等。

3. 异橙花叔醇型——异樟

异樟所含的异橙花叔醇含量较其他类型高，叶油中含量可达 0.94%，精油中含量可达 57.67%。精油中还含有一定量的 α-松油醇(3.58%)和芳樟醇(2.31%)。异橙花叔醇是合成香料和精细化学产品的重要原材料。

4. 桉叶油素型——油樟或桉樟

油樟叶油中以桉叶油素为主,含量达 50%左右,其次是 α-松油醇,含量达 15%以上,是提取桉叶油素和 α-松油醇的重要原料,可用于制造表面活性剂及高级洗衣粉、香皂等。

5. 龙脑型——龙脑樟

龙脑樟叶油中没有占绝对优势的成分，主要成分有樟脑(26.11%)、1,8-桉叶油素(19.91%)、芳樟醇(9.15%)、α-松油醇(7.22%)、柠檬烯(5.28%)等。天然右旋龙脑为该类型的特征性成分，叶油中含量可达 1.93%，精油中含量可达 81.78%。此外，还含有烯、Δ′-蒈烯、对伞花烃、α-松油烯、γ-松油烯、Δ8(9)-对孟烯、芳樟醇等单萜烯(醇)，草烯、β-榄香烯、β-石竹烯等倍半萜烯等。龙脑樟主要用于提取天然冰片，应用于医药和香精香料生产。

二、新品种权和良种资源

香樟是常绿乔木，没有明显的季相变化，作为观赏树种颜色难免单调，为了更好地开发利用香樟的观赏功能，人们对其进行了长期的新品种选育研究并取得了进展。宁波市林业局于 1999 年从香樟变异品种中发现樟树彩叶新品种'涌金'(王建军，2010)，经过多年选育，使其在叶、花颜色上呈现明亮的金黄色，此外，其枝会随木质化程度增大由嫩黄色转为浅红色，后转为鲜红色，故又有'金叶红樟'之称；之后又相继从'涌金'的变异种中选育出新品种'霞光'(王建军，2015)、'御黄'(王豪等，2019)。福建、江西、广西、四川等地持续开展樟树良种选育，2014 年新品种'桂樟 1 号''柠香'通过国家林业和草原局植物新品种测试中心华东分中心专家组的现场查定和会议审查。福建省芳樟良种选育也取得了一系列突破，筛选出适宜福建发展的芳樟油用品种，并有 7 个良种通过福建省林木品种审定委员会审定。按国家植物新品种授权和审定的良种资源归纳总结如下。

(一)国家授权的樟属植物新品种

国家林业和草原局科技发展中心(植物新品种保护办公室)负责林木、竹、木质藤本、木本观赏植物(包括木本花卉)、果树(干果部分)及木本油料、饮料、调料、木本药材等林草植物新品种保护事宜，已发布了 8 批 293 个属(种)林草植物新品种保护名录，初步建成林草植物新品种测试体系。在已授权的林木新品种权中樟属仅 11 个，具体如下。

1. '涌金'

品种权人： 宁波市林业局林特种苗繁育中心

品种特征特性： 乔木，树皮黄色或棕色。枝初生时为嫩黄色，未木栓化时为红色，木栓化时为黄色或棕色。叶近革质，卵形，长 6～8cm，宽 3～4cm，春季新叶初展为金黄色，成熟时为淡黄色，夏季新叶初展为米黄色或黄白色，成熟时为浅黄色。花序腋生，长 4～7cm，金黄色；花金黄色，长约 3mm、花梗金黄色，长 1～2mm，花期 3～5 月。果扁圆形，直径 8～9mm，未成熟的果皮为淡黄色，成熟的果皮为紫红色或紫褐色，果序柄长约 0.8cm，黄色；果梗长 4～5mm，黄色；果托杯状，黄色；果期 6～12 月。

2. '御黄'

品种权人： 宁波市林业局林特种苗繁育中心

品种特征特性： 申请品种'御黄'是'涌金'自然杂交的种子播种后培育的新品种，为高大乔木，树皮黄色或棕色。小枝红色。叶近革质，狭长形，长 10～11cm，宽 4.5～5.5cm，新叶呈鹅黄色，成熟后呈黄色或浅黄色。

3. '霞光'

品种权人： 宁波市林业局林特种苗繁育中心

品种特征特性： '霞光'是从'涌金'种子实生苗中选育获得的。乔木，树皮黄色或棕色。小枝红色。叶近革质，窄卵形，春季新叶艳红色或鲜红色，成熟后呈暗红色或橙黄色。花序腋生，长 4～7cm，金黄色；花金黄色，长约 3 mm；花梗金黄色，长 1～2mm；花期 4～5 月。

4. '焰火香樟'

品种权人： 董义大

品种特征特性： 本品种色泽鲜艳，成叶淡绿，幼叶春天鲜红，秋天紫红。枝条伞头下垂，类似垂柳，四季不落叶。树叶第一侧脉对称，从第二侧脉开始互生，叶柄长，叶脉粗，叶排列不规则，叶片呈幼圆形或椭圆状卵形，比普通香樟树气味淡，枝条软。树高可控，不再向上生长。经多年观察与普通樟属植物相比，它抗寒能力强，2008 年春冰雪灾害对其毫无损伤。

5. '龙脑 1 号'

品种权人： 吉安市林业科学研究所

品种特征特性： '龙脑 1 号'是从樟树自然授粉群体中发现的特异类型，其自然授粉种子育苗子代仍为龙脑樟的比例为 20%～60%，因而分类培育和经营必须在苗期采用闻香法进行分类，剔除其他类型的苗木。樟树的 5 个化学类型在外观上没有差异，无法从外观上区别。5 个化学类型依据叶精油主成分划分，龙脑型樟树叶油含右旋龙脑 52%～91%。'龙脑 1 号'喜温暖湿润气候和肥沃深厚的酸性或中性砂壤土。

6. '龙脑樟 L-1'

品种权人：湖南新晃龙脑开发有限责任公司

品种特征特性：该品种是从进行林业资源普查时发现的含有右旋龙脑的母树上剪取部分枝条进行无性系扦插育种获得的。为常绿乔木，树冠庞大，宽卵形。幼树树皮青嫩，微显红褐色，平滑有光，成年树树皮灰褐色，有规则的纵裂纹。叶薄革质，互生，椭圆形，长 6～12cm，宽 3～6cm，叶背灰绿色，两面无毛，先端短渐尖，基部楔形，鲜叶下面无白粉，光滑，边缘波状，芽苞深绿色，普通樟树芽苞青绿色。花絮长 4～7cm，花黄绿色。果球形，成熟时紫黑色，果托杯状，果梗不增粗。右旋龙脑含量 2%～3%。适宜土质疏松、通气良好的土壤条件。

7. '赣彤 1 号'

品种权人：江西省科学院生物资源研究所

品种特征特性：高大乔木，树干表皮常年基本维持鲜红色，6～9 月红色变淡，呈微红色或黄色。春季枝条呈浅粉红色，夏季初生新枝为黄色，有密的白色斑点且有紫色基环，10 月下旬后逐步转为鲜红色。叶椭圆形，渐尖，离基三出脉，有腺点，背面白色，互生，老叶无绒毛，叶片内折。新芽呈粉白色，外面有红色鳞片。春季展叶后幼叶呈橙色，随着叶片的不断成熟，逐渐变为橘黄色、黄绿色、绿色；夏季新生叶为黄绿色，成熟后转为浅绿色、绿色。

栽培技术要点：适宜在长江中下游以南地区樟树适生区域进行景观林及园林绿化等应用。土壤肥沃、深厚疏松，气候温暖湿润向阳的微酸性和中性土壤最佳。每年春季应适当修剪，生长季节应及时去除主枝下部萌蘗和侧芽，促进主枝生长。主要采用扦插和组培方法进行繁殖。每年 4～10 月，地面积温达到 15℃以上即可进行扦插，穗条宜采用当年半木质化或 80%木质化、健壮、无病害的枝条。组培苗主要以未萌发的新梢腋芽作为外植体进行诱导、增殖。常见病虫害有溃疡病、炭疽病、樟叶蜂、樟巢螟等，可用福美砷、代森锰锌、甲基托布津、波尔多液、灭幼脲、苦烟乳油、阿维菌素等进行喷洒防治。

8. '赣彤 2 号'

品种权人：江西省科学院生物资源研究所

品种特征特性：高大乔木，树干表皮常年基本维持鲜红色，6～9 月红色变淡，呈微红色或黄色。叶椭圆形，渐尖，离基三出脉，有腺点，背面白色，互生，老叶无绒毛，叶片内折。新芽呈粉白色，外面有红色鳞片。春季展叶后幼叶呈橙红色，中脉叶肉周围略带红色，随着叶片的不断成熟，逐渐变为浅红色、黄绿色、绿色；夏季新生叶为浅黄色，成熟后转为浅绿色、绿色。春季枝条粉红色，有疏的白色斑点，嫩枝无基环；夏季初生新枝为黄色，有红色斑点且有紫色基环，10 月下旬后逐步转为鲜红色。

栽培技术要点：在长江中下游以南地区樟树适生区域均可栽培，适宜进行景观林及园林绿化等应用。生长季节应及时去除主枝下部萌蘗和侧芽，促进主枝生长。主要采用扦插和组培方法繁殖。

9.'千叶香'

品种权人：吉安市林业科学研究所

品种特征特性：为黄樟中富含右旋芳樟醇的特异化学类型，叶具有芳樟特有香气，其他类型的黄樟中不具有芳樟醇气味（有樟脑、柑、姜等气味），它与芳樟比较主要不同点如表3-1所示。

表3-1　'千叶香'与芳樟的性状特征比较

性状		'千叶香'	芳樟
分类地位		黄樟（*C. porrectum*）	香樟（*C. camphora*）
外观形态	叶形及大小	椭圆状卵形或长椭圆状卵形，长6～16cm，宽3～8cm	卵形或卵状椭圆形，边缘微波状，长6～12cm，宽2.5～5.5cm
	叶脉	羽状脉，侧脉4～5对，脉腋无腺窝	多离基三出脉，脉腋有明显的腺窝
	花萼裂片	长椭圆形，具腺点，先端钝形	宽椭圆形，无腺点，果时花被片脱落
	果托	狭长倒锥形	杯状、顶端平截
	果期	6～9月	10～11月
其他特征说明		叶具芳樟醇特有香气，提取叶油测定主成分为右旋芳樟醇	叶具芳樟醇特有香气，提取叶油测定主成分为左旋芳樟醇

10.'龙仪芳'

品种权人：宜兴市香都林业生态科技有限公司

品种特征特性：'龙仪芳'是常绿大乔木，四季常青，树皮褐色或黄褐色。小枝淡褐色，光滑。叶互生，革质；卵状椭圆形至卵形，长7～15cm，宽5～9cm，先端尖；边缘轻微内卷；全缘或呈波状，正面深绿色具光泽，背面灰绿色，无毛，叶背面无白粉，嫩芽幼叶深红色，脉在基部以上三出脉，脉腋内有隆起的腺体。花小，绿白色，长约2mm；花被5裂，榔圆形，长约3mm；子房卵形，光滑无毛，花柱短；柱头头状。核果球形，熟时紫黑色；果托杯状，果硬不增粗。花期2～4月，果期6～8月。'龙仪芳'与近似品种'龙脑1号'及'龙脑樟L-1'和普通樟树相比，其不同点如表3-2所示。

表3-2　4种樟树的性状特征比较

性状	'龙仪芳'	'龙脑樟L-1'（新晃）	'龙脑1号'（吉安）	普通樟树
树皮	幼时平滑，成熟纵裂	平滑	纵裂	纵裂
叶生	叶互生	叶互生	叶互生或近对生	叶互生或近对生
叶形态及大小	卵形，先端尖；边缘轻微内卷；长7～15cm，宽5～9cm，叶背面无白粉，嫩芽幼叶深绿色	先端骤短渐尖或长渐尖；尖头常见镰形，边缘内卷；长6～12cm，宽3.5～6.5cm	先端尖，边缘微波状，长6～12cm，宽2.5～5.5cm	先端尖，边缘微波状，长3～10cm，宽2～4.5cm，背面有白粉，嫩芽幼叶背面绿色
叶脉	离基三出脉	通常羽状脉	离基三出脉	通常羽状脉

11. '如玉'

品种权人： 德兴市荣兴苗木有限责任公司

品种特征特性： 乔木，老树皮黄褐色至灰黄褐色，不规则纵裂；幼树皮绿色，不裂；嫩枝皮初期粉红色，后逐渐变绿色，无毛。叶芽红色至粉红色。叶互生，薄革质，椭圆形至卵圆形；离基三出脉；叶片初展时粉红色，后随叶片逐渐成熟，叶色先从叶肉开始褪去粉红色变成乳黄色，并随着叶绿素含量的增加最终由黄绿色转成绿色；叶脉早期乳黄色，略呈透明状，后逐渐呈淡绿色略透明状；叶肉转色先自叶片中间开始，转色过程中叶肉和叶脉间具有明显的粉红色色晕过度。嫩叶光泽透亮，树冠嫩叶期整体颜色鲜艳明亮。老叶绿色，边缘波状不明显。主要适宜栽培区为长江中下游以南的浙江、江苏、上海、湖南、广东、广西、福建等；栽种环境以低山平原为主，喜温暖湿润气候和肥沃、深厚的酸性土壤或中性土壤，在弱碱性土壤中生长不良。

(二)省审定的香樟品种

福建省与江西省是樟树非常适宜的生长区域，樟树是两省重要的材用、油用和绿化树种；江西省盛产龙脑樟、福建省盛产芳樟，两省是芳樟精油和龙脑最重要的生产基地，选育了一大批专用香樟良种，分述如下。

1. 福建省审定的良种

1) '南安 1 号'

'南安 1 号'：审定编号闽 S-SC-CC-029-2019；树冠圆满，枝叶浓密绿色，嫩叶呈红色。2 年生高达 1.3~2m，春季抽梢期达 20d 以上，秋季抽梢期为 15~25d，新叶呈现酒红色，且红色持续时间长。采叶蒸馏提取精油，枝叶鲜样精油得率>3.6%，并保持很好的稳定性，芳樟醇含量高，提取的精油可达到国际标准。

主要用途： 生产精油及园林绿化。

栽培技术要点： 选择有适当荫蔽度、土层疏松、酸性或中性砂壤土，坡向东南、西南，海拔 400~800m 林地进行栽植。栽植时间 3 月中下旬至 4 月上旬为宜，栽植密度每亩 380 株左右，每株施入钙镁磷复合肥 1kg 作基肥。6 月下旬以后加强水肥管理，结合中耕除草、培土进行施肥，以氮肥为主。种植当年每株施尿素 50g、复合肥 50g，第三年采收后每株施尿素 250g、复合肥 250g。每隔 3 年，改施腐熟人粪尿或有机肥一年，每株施 5~10kg。高温干旱季节要引水灌溉。实行矮林作业，种植后每年可在春、秋两季进行采收。2 年生枝叶亩产≥2100kg；3 年生枝叶亩产达 3541kg。

适宜种植范围： 福建省樟树适生区种植，对水肥条件要求较高。

2) '芳樟 MD1'

'芳樟 MD1'：无性系，审定编号闽 S-SC-CC-054-2020；采叶蒸馏提取精油，得油率 1.6%以上，芳樟醇含量高达 96.1%以上，樟脑含量低于 0.2%，提取的精油可达到国际标准，并可保持很好的稳定性。

主要用途： 可作为油料林、香料林品种。

栽培技术要点： 选择Ⅰ～Ⅲ级立地，集约经营，每公顷造林密度 7500 株，穴施基肥磷肥 150g，农家肥 2kg，每年抚育 1～2 次，第二年 8～9 月收割枝叶蒸馏精油，采用矮林作业，平茬更新，收割枝叶后施复合肥 250g/株。

适宜种植范围： 酸性红壤，福建省丘陵和低山山地，台地、平原撂荒地，均可种植。

3）'芳樟 MD2'

'芳樟 MD2'：无性系，审定编号闽 S-SC-CC-055-2020；采叶蒸馏提取精油，得油率 1.6%以上，芳樟醇含量高达 95.0%以上，樟脑含量低于 0.3%，提取的精油可达到国际标准，并可保持很好的稳定性。

主要用途： 可作为油料林、香料林品种。

栽培技术要点： 同'芳樟 MD1'。

适宜种植范围： 酸性红壤，福建省丘陵和低山山地，台地、平原撂荒地，均可种植。

4）'芳樟 PC6017'

'芳樟 PC6017'：无性系，审定编号闽 S-SC-CC-056-2020；采叶蒸馏提取精油，得油率 2.18%以上，芳樟醇含量高达 97.3%以上，平均樟脑含量 0.187%，并可保持很好的稳定性，提取的精油达到国际标准。

主要用途： 可作为油料林、香料林品种。

栽培技术要点： 同'芳樟 MD1'。

适宜种植范围： 酸性红壤，福建省丘陵和低山山地，台地、平原撂荒地，均可种植。

5）'芳樟 PC1'

'芳樟 PC1'：无性系，审定编号闽 S-SC-CC-057-2020；采叶蒸馏提取精油，得油率 1.81%以上，芳樟醇含量高达 96.53%以上，平均樟脑含量 0.15%，并可保持很好的稳定性，提取的精油达到国际标准。

主要用途： 可作为油料林、香料林品种。

栽培技术要点： 同'芳樟 MD1'。

适宜种植范围： 酸性红壤，福建省丘陵和低山山地，台地、平原撂荒地，均可种植。

6）'芳樟 NP209'

'芳樟 NP209'：无性系，审定编号闽 S-SC-CC-058-2020；采叶蒸馏提取精油，得油率 2.4%以上，芳樟醇含量高达 95.3%以上，平均樟脑含量 0.057%，并可保持很好的稳定性，提取的精油达到国际标准。

主要用途： 可作为油料林、香料林品种。

栽培技术要点：同'芳樟 MD1'。

适宜种植范围：酸性红壤，福建省丘陵和低山山地，台地、平原撂荒地，均可种植。

7）'芳香樟无性系 NP187'

'芳香樟无性系 NP187'：无性系，审定编号闽 S-SC-CC-003-2011；适应性强、生长旺盛，生物产量较高，叶油清香纯正，采用蒸馏提取精油，得油率达到 1.8%以上，芳樟醇含量高于 95%，樟脑含量低于 0.5%。

主要用途：可作为油料林、香料林品种。

栽培技术要点：选择中等肥力以上，立地Ⅰ～Ⅲ级荒山荒地、采伐迹地、退耕林地或撂荒地；每亩造林密度 433～450 株；穴施基肥 150g，农家肥 2kg；第一年抚育 2 次；从第二年开始采用矮林作业，每年 7～8 月收刈枝叶蒸馏精油，收刈枝叶后结合除草抚育每亩施复合肥 50kg。

适宜种植范围：适宜在福建省丘陵和低山山地、台地、平原撂荒地推广种植。

2. 江西省审定的香樟良种

1）'樟树赣芳 1 号'

'樟树赣芳 1 号'：优良无性系，审定编号赣 S-SC-CC-001-2020；叶片鲜重平均得油率 2.53%，干重平均得油率 6.03%，左旋芳樟醇平均含量 93.50%。

栽培技术要点：与樟树相同。

适宜种植范围：江西省樟树适生区。

2）'樟树赣芳 2 号'

'樟树赣芳 2 号'：优良无性系，审定编号赣 S-SC-CC-002-2020，叶片鲜重平均得油率 2.08%，干重平均得油率 5.09%，左旋芳樟醇平均含量 95.86%。

栽培技术要点：与樟树相同。

适宜种植范围：江西省樟树适生区。

3）'樟树赣芳 3 号'

'樟树赣芳 3 号'：优良无性系，审定编号赣 S-SC-CC-003-2020，叶片鲜重平均得油率 1.86%，干重平均得油率 4.11%，左旋芳樟醇平均含量达 94.76%。

栽培技术要点：与樟树相同。

适宜种植范围：江西省樟树适生区。

4）'樟树赣柠 1 号'

'樟树赣柠 1 号'：优良无性系，审定编号赣 S-SC-CC-004-2020，叶片鲜重平均得油率 1.09%，干重平均得油率 2.86%，柠檬醛平均含量达 56.50%。

栽培技术要点：与樟树相同。

适宜种植范围：江西省樟树适生区。

5）'黄樟赣芳 1 号'

'黄樟赣芳 1 号'：优良无性系，审定编号赣 S-SC-CP-005-2020，叶精油含量在 1.78%以上。母树叶精油平均含量为 2.06%，右旋芳樟醇含量可达 97.75%；无性扩繁所得的子代叶精油中右旋芳樟醇含量可达 97.39%以上。

栽培技术要点：与樟树相同。

适宜种植范围：江西省樟树适生区。

6）'黄樟赣芳 2 号'

'黄樟赣芳 2 号'：优良无性系，审定编号赣 S-SC-CP-006-2020，无性系叶精油含量(5～9 月)2.11%以上。母树叶精油含量达 2.79%，右旋芳樟醇含量可达 96.41%；通过无性扩繁所得子代的叶精油中右旋芳樟醇含量可达 95.92%以上。

栽培技术要点：与黄樟相同。

适宜种植范围：江西省黄樟适生区。

第二节　'南安 1 号'良种选育

一、品种来源及特性

'南安 1 号'的亲本为福建省南安市向阳乡的芳樟变异株，是我国珍贵的香料及用材树种，主要分布于长江以南，福建是主要产区。福建省南安市北部的向阳乡海山果林场，位于北纬 24°34′30″～25°19′25″，东经 118°08′30″～118°36′20″，地貌大部分属低山，土地肥沃，立地条件较好；年平均气温 20.9℃，1 月平均气温 12.1℃，7 月平均气温 28.9℃，无霜期 349d 左右，雨量充沛，年降水量 1650mm 左右；土层疏松，地力较肥沃，坡度较缓，适合香樟种植。自然生物资源保育利用福建省高校工程研究中心(以下简称"中心")在该林场发现突变体'南安 1 号'，其树冠广卵形，枝叶浓密，生长快、生物量大；一年生杆、枝、叶柄均为绿色，叶厚，出叶较早，枝、叶及木材均有清香的芳樟醇气味，嫩叶呈酒红色，持续时间长 15～25d；树皮绿色，光滑；花期 4～5 月，果期 8～11 月。

二、选育或引种过程

2010 年 4 月，向阳乡海山果林场人员在南安市向阳乡发现芳樟变异单株(原株)，经本课题组调查研究发现，其主要分布在 800～900m 的高海拔地区，其含油量高达 3.6%～5.6%、精油中芳樟醇含量高达 88.0%～91.2%，年均亩产量是芳樟 MD 系列产量的 1.5～2 倍，高于普通'杂樟'的产量。遂引种至向阳乡海山果林场进行选育研究。

2013 年 3 月至 2013 年 12 月，本课题组研究了不同年、季节的枝条、3 种激素、不同基质上的扦插成活率，得出了芳樟无性系分株最佳扦插繁殖方法。2014 年 3 月开始进行选优、分类，选出第一轮优良子株；2015 年 6 月从第一轮优良子株上采集插条进行第二次扦插，至 2016 年 6 月选出第二轮优良子株进行繁育。

2016 年 7 月至 2018 年 7 月，选择南安市向阳乡海山果林场、明溪县盖洋镇和安溪半林国有林场 3 个不同生态区域进行多点栽培观察，综合评价各区域试验株的形态性状、生长性状、抗逆性状、抗病虫害性状等，筛选出芳樟新品种‘南安 1 号’，并建立了新品种栽培技术体系。

2018 年 8 月至 2019 年 6 月，进行芳樟变异种基因组学、转录组学研究，探究芳樟各品种间的差异及芳香醇合成途径。

三、品种比较试验及结果

目的：以 MD 系列为对照，比较测试‘南安 1 号’的主要技术指标和经济指标。

时间：2017 年

地点：福建省南安市向阳乡海山果林场

试验结果：

新叶期

对两个品系的新叶颜色及持续时间进行统计，研究结果显示，‘南安 1 号’的新叶展放较迟，颜色呈酒红色，持续时间长；而 MD 系列芳樟，新叶呈微红或浅红色，持续时间短、转绿快。

生物量

统计不同海拔和种植年份影响下两个品系的生物量，研究结果显示，同年份、同处理、同(近)海拔下，‘南安 1 号’的胸径、树高、冠幅生长量都远远高于 MD 系列。而同年份，同品种，不同海拔下其生长量有所差异，海拔稍高一点的‘南安 1 号’比海拔稍低一点的长势更好。山顶生长的‘南安 1 号’和 MD 其生长量比山腰农户门前生长的低。

病虫害

比较‘南安 1 号’与 MD 系列的病虫害发生情况，研究结果显示，‘南安 1 号’无病虫害，抗病虫害能力强；MD 系列危害严重，抗病虫害能力较差。

四、区域化试验

1)试种点 1 福建省安溪半林国有林场

试验地概况：福建省安溪半林国有林场位于福建省安溪县东南部，北纬 24°55′，东经 117°57′，林地分布于晋江上游西溪支流地带，属戴云山系，地势东南较高，向西逐渐倾斜，地貌类型以中、低山为主，海拔在 250～900m(图 3-1)。属亚热带季风型气候，夏季高温多雨，冬季温和湿润，年均气温 18～19℃，最高气温 39℃，最低气温 0℃，全年无霜期 260d 左右，年平均降水量 1600～1800mm。林场立地条件比较差，全场立地质量等级为Ⅰ、Ⅱ类地的仅 207.2hm^2 左右，约占林地面积的 12.5%；立地质量等级为Ⅲ、Ⅳ类地的有 1450.7hm^2 左右，约占林地面积的 87.5%。

图 3-1　安溪试验地

试验过程： 2016 年 12 月对试验点进行整地，采取全面劈杂清理，水平带穴状整地，挖明穴、回表土，挖穴密度 400 穴/亩，规格 50cm×40cm×30cm，株行距1.3cm×1.3cm，上下行呈"品"字形排列，每穴施有机肥基肥 0.5kg。2017 年 3 月进行造林栽植，选择'南安 1 号'苗木，种植后 1～2 个月及时检查存活率，对死株、弱株进行补植，确保成活率 95%以上。造林当年及第二年的 5～6 月和 9～10月分别进行 2 次劈杂+扩穴除草抚育，并每年进行一次追肥，施肥量为每次每株施 0.15kg(尿素：复合肥为 1：1)，选择阴雨天气前后挖穴埋施。2019 年进行地上物采收，提炼芳樟油。

试验结果： 幼林成活率达 96%。2.5 年生树高生长量达 3.3m，冠幅达 3.8m²，生物量≥3.3t/年，比对照高约 1.5 倍；含油率高达 5.6%，是对照(4.63%)的 1.2 倍；精油中芳香醇含量高达 88.0%～91.2%。

2)试种点 2　福建省永春县云峰村

试验地概况： 云峰村位于外山乡东端；海拔约 700m，外山乡地理坐标为北纬 25°19′、东经 118°28′。属南亚热带湿润季风气候，年平均温度 19.5℃，年降水量在 1700～1900mm，无霜期达 330d 以上(图 3-2)。

试验过程： 试验苗木来自南安市向阳乡海山果林场。造林地海拔 500～600m，2016 年 12 月整地采取全面劈杂清除杂灌和茅草，挖明穴，2017 年 3 月造林栽植，种植后定期检查成活率并及时补植。第一年终检查幼林成活率达 93%，保存率91%。造林当年及 2017 年、2018 年的 5～6 月和 9～10 月分别进行劈杂和扩穴抚育并施肥，施肥量为每次每株施 0.15kg。同时，经对比，周边其他香樟种类幼叶受叶蜂危害较重，而'南安 1 号'对叶蜂具有一定的趋避性，新叶生长正常。

图 3-2　永春试验地

　　试验结果：幼林成活率达 96%。2.5 年生'南安 1 号'树高生长量达 3.25m，冠幅达 3.68m^2，生物量≥3.25t/年，比对照高约 1.5 倍；含油率高达 5.6%，是对照（4.63%）的 1.2 倍；精油中芳香醇含量高达 88.0%～91.2%。

　　3）试种点 3　福建省南安市向阳乡海山果林场

　　试验地概况：向阳乡位于南安市北部，境内群山环抱，风景秀丽，海拔 800m 以上的山峰就有 17 座，乡政府所在地海拔约 680m，属低纬亚热带气候，春夏多雾，空气潮湿，年平均气温 20℃，年平均降水量 1760mm，无霜期约 300d（图 3-3）。

　　试验过程：试验苗木来自南安市向阳乡海山果林场。造林地海拔 530～700m，2016 年 12 月整地采取全面劈杂清除杂灌和茅草，挖明穴，2017 年 3 月造林栽植，种植后定期检查成活率并及时补植。第一年终检查幼林成活率达 93%，保存率 91%。造林当年及 2017 年、2018 年的 5～6 月和 9～10 月分别进行劈杂和扩穴抚育并施肥，施肥量为每次每株施 0.15kg。同时，经对比，周边其他香樟种类幼叶受叶蜂、潜叶蛾、尺蠖、枯梢病危害较重，而'南安 1 号'对这些病虫害具有一定的趋避性，新叶生长正常。

　　试验结果：幼林成活率达 96%。2.5 年生'南安 1 号'树高生长量达 3.3m，冠幅达 3.8m^2，生物量≥3.3t/年，比对照高约 1.5 倍；含油率高达 5.6%，是对照（4.63%）的 1.2 倍；芳香醇含量高达 88.0%～91.2%。

图 3-3　南安试验地

五、主要技术与经济指标

在'南安1号'品种的选育过程中,随着培育技术的提高和栽培管理方法的改善,如今该品种具有种植后不变异,产量高,芳樟醇含量高,杂质少,含油量高等特性。试验区以 MD 品种为对照,2~2.5 年生'南安1号'枝叶亩产 3300kg,比对照(1200kg/亩)增产 175%,到第三年'南安1号'枝叶亩产达 3541kg,是对照芳樟(2080kg/亩)的 1.7 倍;'南安1号'含油量达到 5.6%;'南安1号'芳樟醇含量高达 88.0%~91.52%,与对照相当;两年生株高可达 3m,树形优美,树高生长量逐年增加且遗传性状表现稳定,作为大苗培育单株幼苗价格比对照品种增长 3 倍,'南安1号'的市场前景十分广阔。

'南安1号'已建立示范苗圃 800 亩,用于推广培育栽培技术,建立优良采穗圃 30 亩,年可提供优选插穗 80 万~100 万株。培育推广油用经济树种或观赏大苗,可为推动樟树开发利用提供充分的资源,带动产业结构调整,为园林绿化开发应用提供优良种源和成熟的繁育技术体系。

六、品种特性

香樟是常绿大乔木,高可达 30m,直径可达 3m;其突变体'南安1号',树冠广卵形,枝叶浓密,生长快、生物量大;一年生杆、枝、叶柄均为绿色,叶厚,出叶较早,枝、叶及木材均有清香的芳樟醇气味,嫩叶呈酒红色,持续时间长 15～25d;树皮绿色,光滑。枝条圆柱形,绿色,无毛。叶互生,卵状椭圆形,长 6～12cm,宽 3.5～5.5cm,先端尖,基部宽楔形,近圆,边缘全缘,软骨质,有光泽,两面无毛;叶柄纤细,长 2～3cm,腹凹背凸,无毛。圆锥花序腋生,长 3.5～7cm,具梗,总梗长 2.5～4.5cm。花绿白色或淡黄色,长约 3mm;花梗长 1～2mm,无毛。花被外面无毛或被微柔毛,内面密被短柔毛,花被筒倒锥形,长约 1mm,花被裂片椭圆形,长约 2mm。能育雄蕊 9,长约 2mm,花丝被短柔毛。退化雄蕊位于最内轮,箭头形,长约 1mm,被短柔毛。子房球形,长约 1mm,无毛,花柱长约 1mm。果卵球形或近球形,直径 6～8mm,紫黑色;果托杯状,长约 5mm,顶端截平,宽达 4mm,基部宽约 1mm,具纵向沟纹。花期 4～5 月,果期 8～11 月。

七、繁殖栽培技术要点

(一)扦插繁殖技术

‘南安 1 号’通过种子繁殖的后代种间变异大,所以必须通过无性繁殖以保持母株优良的遗传性状。

扦插时间:扦插繁殖多在 5 月至 7 月进行,6 月扦插成活率最高,如有温室的地方,也可采用春插和秋插,扦插时间分别为 3 月上旬及 10 月上旬至 11 月中旬。

处理插穗:采集优良子株的 1 年生枝条和当年生木质化或半木质化嫩枝,为防止失水影响扦插生根率,剪取的枝条必须用水充分喷淋。将插穗剪为长度 10～15cm,保留 2～3 片叶并用刀片把下切口削成平滑的斜面,将剪好的穗条立即放入 100mg/L 的萘乙酸(NAA)溶液中浸泡 2h,插前加入少量多菌灵消毒 10min 捞出并用清水冲洗干净后备用。

圃地准备:选择土壤疏松、肥沃、排灌方便的砂壤地作为圃地,翻犁晒白使土壤风化。整地采用生石灰和 3‰高锰酸钾溶液进行土壤消毒,做成高床(宽 1m、高 3cm、沟宽 40cm),土块要细碎、床面要平整,然后在畦面上铺一层疏松的黄心土,厚 3cm 左右。

扦插:将处理好的插条插入圃地内。为了防止插条伤皮,可采用沟埋法扦插,扦插深度为插穗长度的 2/3,扦插株行距按 5cm×5cm。用手将土压实,浇一次透水,以利插穗与土壤紧密结合。为了防止插穗失水,应做到随剪随插。夏插或秋插时,因气温高,一般在早上插或晚上插为好。

插后管理:架好塑料棚、覆盖遮阳网,塑料棚可调节土壤和空气的温湿度。加强水肥管理,圃地湿度保持在 95%左右。插穗尚未萌发叶片时,耗水量少,供水不宜太多。抽梢展叶后,3～7d 浇水一次。雨季要注意排水,勿使圃地积涝。及时拔除圃地内的杂草。插后 6 个月后,要适当延长通风和光照时间,以提高苗木适应外部环境的能力。待第二年春天幼苗长到 20～30cm 高时可移苗种植。

（二）栽培关键技术

选择有适当荫蔽度、土层疏松、酸性或中性砂壤土，坡向东南、西南，海拔在 400～900m 的林地进行移栽。移栽时间在 3 月中下旬至 4 月上旬较为适宜，移植密度每亩 380 株左右，按株行距 1.3m×1.3m 挖穴，穴面宽 50cm、深 40cm，底宽 30cm，然后施入钙镁磷复合肥 1kg 作基肥，回填表土入穴中拌匀作底土，将扦插容器苗定植，同时解除容器，并做到深栽、苗正、根舒、压紧。定植后保持土壤湿润，及时浇水，提高成活率。

6 月下旬以后要加强水肥管理，每年除草松土 3～5 次，结合中耕除草、培土进行施肥。施肥以氮肥为主，其他肥配施，少量多次，勤施薄施促进幼苗快速生长。种植当年每株施尿素 50g、复合肥 50g，第三年采收后每株施尿素 250g、复合肥 250g。每隔 3 年，改施腐熟人粪尿或有机肥一年，腐熟人粪尿、农家肥或有机肥每 50kg 加过磷酸钙 0.5kg 掺混沤熟，每株施 5～10kg。高温干旱季节要引水灌溉。由于实行矮林作业，种植后每年可在春、秋两季进行采收，砍去离地面 20cm 处的所有枝丫、鲜叶及幼枝。

大苗移植成活率高，适应性广。大苗培育期间应及时除草，幼树高达 1.5m 时进行修剪造型，以培养树姿优美的干形和冠形。春秋季节，可疏剪过密枝、交叉枝、徒长枝和病虫危害枝。大苗通常应培育成有明显主干、树冠匀称、枝条分布均匀的自然株形。

'南安 1 号'病虫害以黑斑病、卷叶蛾、潜叶虫、叶蜂、尺蠖、钻心虫为主，多发生于抽发新梢时，可喷施 50%二溴磷乳剂、50%马拉松乳剂 1000 倍液，5d 喷 1 次，连续喷 2～3 次，效果明显。

八、主要缺陷

'南安 1 号'干材明显，作为油用林要及时进行第一次采收利用，以培养多分枝多枝叶的树形。该树种与 MD 系列品种相比，对病虫害有一定的抗性，但黑斑病、卷叶蛾、钻心虫仍有发生。

九、主要用途、抗性与适宜种植范围

（一）主要用途

香樟是福建乡土树种，也是亚热带地区重要的用材和特种经济林树种。芳樟是香樟种质资源中优良的芳樟型变种。芳樟是我国珍贵的香料及用材树种，也是亚热带常绿阔叶林的主要组成树种之一，主要分布于长江以南，福建是主要产区。其干材巨大，四季常青，树姿秀丽美观，具香气，是城市和庭院绿化的主要树种，也是重要的香料树种，其木材亦可用于造船、做橱箱和建筑等。《中国植物志》中记载其木材及根、枝、叶可提取樟脑和樟油，樟脑和樟油可供医药及香料工业用；果核含脂肪，含油量约 40%，油可供工业使用；根、果、枝和叶入药，有祛风散寒、强心镇痉和杀虫等功能；芳樟的器官均可生产芳香油，芳樟枝叶提油率在0.173%～2.668%，主要成分除芳樟醇（含量 23%～98%）外，还含有桉叶油素、β-橙花叔醇、樟脑、龙脑、甲基丁香酚及少量黄樟油素等，这些成分均为香料工业、医药卫生、化工合成的重要原料，同时蒸油后的枝、叶渣富含叶黄素、β-胡萝卜素，是饲料的优质添加剂。

（二）抗性

小苗可忍受–7℃的低温，抗寒能力较强，在我国泉州及周边地区均可种植，且保持高产优质；抗叶蜂、潜叶蛾、尺蠖、枯梢病等病虫害能力强。

（三）适宜种植范围

（1）'南安 1 号'为亚热带主要常绿乔木，在泉州及周边地区均可种植。

（2）适生于海拔 400～1000m，平均气温 16℃，极端低温–7℃以上及年降水量1000mm 以上的地区，年降水量少于 600mm 或多于 2600mm，生长不良。喜酸性或中性砂壤土，不耐干旱瘠薄，能耐短期水淹，对水肥要求高。

（3）对城市环境适应性强，可在广场、街道、庭院孤植与列植或群植。

参 考 文 献

王豪, 张波, 陆云峰, 等. 2019. 香樟新品种'御黄'[J]. 园艺学报, 46(S2): 2924-2925.

王建军. 2010. 香樟新品种'涌金'[J]. 林业科学, 46(8): 181.

王建军. 2015. 香樟新品种'霞光'[J]. 林业科学, 51(6): 163.

第四章　芳樟高效栽培与可持续经营技术

第一节　立地环境对芳樟生长的影响

为提高油用芳樟林的经营效益，促进芳樟林的可持续经营，本研究系统研究了坡向、坡位对芳樟生物量、精油产量和品质的影响，并对芳樟生长指标与土壤养分含量进行了相关性分析。

一、材料与方法

（一）样地概况

福建省安溪半林国有林场位于福建省安溪县东南部，北纬 24°55′，东经117°57′，海拔在 250～1100m。样地所在区域受亚热带季风型气候影响，夏季高温多雨，冬季温和湿润，年均气温 18～19℃，最高气温 39℃，最低气温 0℃，全年无霜期约 260d，年平均降水量 1600～1800mm。试验地为桉树采伐迹地，坡度较缓，土层疏松，地力较肥沃，适合芳樟种植。

于 2017 年引种'芳樟 MD1'共 30hm²。水平带穴状整地，株行距 1.2m×1.2m，穴规格为 50cm 长×40cm 宽×30cm 深，挖明穴，每穴施复合肥基肥 2kg，然后回填小部分表土。4 月，采用 6 个月生容器苗(营养袋口径 6cm、高 8cm，采用主要成分为泥炭、椰糠、珍珠岩和腐殖质的蔬菜育苗基质)造林，苗高(22±1)cm，地径 4～6mm。造林当年进行 2 次除草和松土，第 1 次在 5～6 月，第 2 次在 9～10月。以后每年进行 2 次除草和松土，第 1 次在 4～5 月进行，清理杂草后离树根 20～30cm 挖小穴追加有机肥和复合肥 0.15kg；第 2 次在 9～10 月进行除草和松土。

选择经营水平一致，林相比较整齐的地段，在东南、西北两个坡向的上、中、下坡位，分 6 个类别设置样地，标记为 I～VI；每个类别按 20m×20m 设 3 个重复标准地，标准地四周设置 3m 左右的缓冲带。对标准地内每株苗木进行检测。样地概况见表 4-1。

表 4-1　样地概况

样地类别	海拔/m	坡度	坡向	坡位	郁闭度	田间持水量/(g/kg)	最大持水量/(g/kg)	容重/(g/cm³)	土壤毛管孔隙度/%	土壤质量含水量/(g/kg)
I	850	24°～27°	东南	上	0.6	253.2	413.0	1.03	26.92	172.76
II	815	32°～34°	东南	中	0.55	270.6	424.2	1.06	28.25	225.08

续表

样地类别	海拔/m	坡度	坡向	坡位	郁闭度	田间持水量/(g/kg)	最大持水量/(g/kg)	容重/(g/cm³)	土壤毛管孔隙度/%	土壤质量含水量/(g/kg)
Ⅲ	782	29°~34°	东南	下	0.6	246.4	391.5	1.12	28.97	197.62
Ⅳ	846	25°~27°	西北	上	0.45	250.4	462.1	1.01	24.68	135.20
Ⅴ	848	31°~35°	西北	中	0.6	228.2	392.6	1.03	27.12	168.94
Ⅵ	797	30°~32°	西北	下	0.5	250.0	370.5	1.12	28.10	161.15

(二)植物生长指标及芳樟醇含量测定

1. 生长指标测定

用游标卡尺在距地面1.5cm测量地径,用卷尺测量地表面到植株顶端的高度;用卷尺测量树冠东西、南北两端长度并求出平均值。

将确定的标准株连根全部掘出,分根、枝叶、杆材进行称重,并进行取样带回实验室测定含水率,计算出不同树体部位生物量及总生物量。

2. 精油提取及芳樟醇含量测定

1)精油提取

枝叶采集:在每一个试验地内随机选择20株芳樟苗木进行采集,分别随机采集东、南、西、北4个不同方位、无病虫害健康成熟的枝叶,各株采集完后进行混合,装入自封袋避光保鲜带回实验室。

称取100g芳樟叶鲜品,50℃下烘干至含水量在5%~13%,再用粉碎机粉碎成碎片状,置入500mL挥发油提取器中,加200mL超纯水加热提取,提取时间为60~90min。蒸馏后取上层精油,经无水硫酸钠干燥后称重,记录数据,计算芳樟精油得油率。

芳樟精油得油率(%)=芳樟精油提取质量/新鲜芳樟叶的质量×100%

2)芳樟醇含量测定

取干燥后的芳樟精油0.5mL,色谱甲醇定容至10mL后过滤,取出滤液,即得供试品溶液;取对照品芳樟醇43.5mg,加入色谱甲醇溶解,定容至10mL,配制成4.35mg/mL的对照品溶液,摇匀,备用。

样品用HPLC测定芳樟醇含量:Dikma Diamonsil(C18 250mm×4.6mm,5μm)色谱柱,流动相为甲醇-水(70∶30)等度洗脱,检测波长210nm,柱温30℃,流速1mL/min。分别吸取10μL的对照品和供试品,注入液相色谱仪,按上述色谱条件进行测量,记录色谱图,再根据HPLC计算样品含量的公式进行计算,得出芳樟醇含量。

A. HPLC 检测原料药成品含量

含量计算公式为

含量=(rU/rS)×(CS/CU)×100%

式中，rU 为样品溶液中成品的峰面积；rS 为标准溶液的峰面积；CS 为标准溶液中标准品的浓度(mg/mL)；CU 为样品溶液中样品的浓度(mg/mL)。

B. 线性关系

分别吸取对照品溶液 2μL、4μL、6μL、8μL、10μL、12μL，注入液相色谱仪，按上述色谱条件进行检测，记录色谱图。以对照峰面积为纵坐标，对照品溶液的质量为横坐标，绘制标准曲线。芳樟醇标准曲线回归方程为 $y=6×108x+61162$，$R^2=0.9999$，线性范围为 4.35～52.20μg。

（三）土壤养分含量测定

于 2018 年 11 月采集土壤测定土壤养分含量。在不同样地上分别按处理设置样方，作为取样及试验样地，在每块样地内按"S"形布设取样点 6 个，在每个取样点取 0～20cm 土层的土壤。同一样地内样品按取样层次同层混合后取 1kg 带回实验室内，风干后拣去石砾、植物根系和碎屑，过 1mm、0.149mm 土壤筛后储藏于塑料自封袋中，用于土壤化学性质的测定，测定方法为：土壤碱解氮含量测定用碱解扩散法；土壤速效磷含量测定采用碳酸氢钠浸提-钼锑抗比色法；土壤速效钾含量测定采用醋酸铵浸提-火焰光度法；全磷含量的测定用碱熔-钼锑抗比色法；全钾含量的测定用碱熔-火焰光度法。

二、结果与分析

（一）坡向对芳樟生物量及产油品质的影响

由表 4-2 可见，芳樟的地径，东南坡显著大于西北坡，且以东南下坡位的地径表现最好，为 2.74cm；最差的是西北上坡位，为 0.87cm。平均株高，东南坡位92.7cm，西北坡仅 71.3cm。冠幅，东南坡向平均达到 81.2cm，西北坡向仅 63.3cm。综上，说明坡向是影响芳樟生长的重要因子，东南坡较西北坡更适宜种植芳樟。

表 4-2　芳樟生长指标及精油品质分析

| 样地类别号 | 坡向\坡位 | 株高/cm | 地径/cm | 冠幅/cm | 生物量 | | 枝叶含油量/(mL/kg) | 产油量/(kg/hm²) | 精油含醇率/% |
					标准株/kg	kg/hm²			
I	东南\上坡	80±11b	1.85±0.32b	84.7±7.07a	1.22±0.01c	7343.28±56.72c	25.2±1.7a	166.18±13.57b	86.55±1.26c
II	东南\中坡	89±18b	1.69±0.30b	70.3±13.9b	1.28±0.00b	7665.67±21.37b	23.6±1.5a	162.46±21.34c	91.36±2.01ab

续表

| 样地类别号 | 坡向\坡位 | 株高/cm | 地径/cm | 冠幅/cm | 生物量 | | 枝叶含油量/(mL/kg) | 产油量/(kg/hm²) | 精油含醇率/% |
					标准株/kg	kg/hm²			
III	东南\下坡	109±15a	2.74±0.38a	88.6±12.56a	1.37±0.02a	8225.37±97.73a	23.8±1.4a	175.80±27.53a	93.39±2.30a
IV	西北\上坡	66±11bcd	0.87±0.13d	59.0±13.64c	0.60±0.02e	3598.51±98.51e	23.7±0.1a	76.57±8.34e	90.62±0.01b
V	西北\中坡	76±11b	1.31±0.32c	58.1±12.28c	0.61±0.01e	3649.25±38.28e	24.7±0.1a	80.94±10.30e	86.12±0.07c
VI	西北\下坡	72±10bc	1.13±0.16c	72.9±13.25b	0.71±0.01d	4273.13±57.98d	22.9±0.3a	87.88±21.30d	90.52±0.1ab

注：同列不同小写字母表示样地间差异显著(*P*<0.05)；冠幅值为南北与东西宽的平均值，本章下同

不同坡向的芳樟林分生物量有明显差异。东南坡向上、中、下坡的地上生物量分别为7343.28kg/hm²、7665.67kg/hm²、8225.37kg/hm²，平均为7744.77kg/hm²；而西北坡向上、中、下坡的地上生物量分别为3598.51kg/hm²、3649.25kg/hm²、4273.13kg/hm²，平均为3840.30kg/hm²。由此可见，芳樟的平均生物量，东南坡向比西北坡向高出3904.47kg/hm²。

不同坡向对芳樟枝叶含油率、产油量和精油中芳香醇含量的影响较大。东南下坡位产油量最高，达到175.80kg/hm²；西北上坡位最低，仅76.57kg/hm²；东南坡平均产油量168.15kg/hm²，西北坡平均产油量仅81.80kg/hm²。东南下坡位的精油含醇率最高，为93.39%；西北中坡位精油含醇率最低，仅86.12%，东南坡平均精油含醇率为90.43%，西北坡平均精油含醇率为89.09%。东南坡平均芳樟醇含量为152.14kg/hm²，西北坡平均芳樟醇含量为72.88kg/hm²。说明坡向对精油产量和品质的影响颇大，东南坡优于西北坡。

(二)坡位对芳樟生长及产油品质的影响

对西北坡、东南坡不同坡位的芳樟生长量分析(表4-2)发现：东南坡，芳樟的地径和株高均为下坡位显著大于中坡位、上坡位，地径最大达到2.74cm，最小的仅1.69cm；株高最高达到109cm，最低仅80cm；冠幅差异也较大，最大冠幅为88.6cm，最小为70.3cm。西北坡，芳樟的株高在上、中、下坡位间差异不显著，以中坡位的株高最高，为76cm；上坡位最低，为66cm；芳樟的地径中、下坡显著大于上坡，以中坡位最大，为1.31cm，上坡位最小，为0.87cm；冠幅下坡显著大于中、上坡位。综上，在东南坡种植芳樟，下坡位的各项平均指标要优于中坡位、上坡位；而在西北坡，芳樟的生长指标在不同坡位之间的差异性不明显。

在坡向相同的情况下，下坡位的生物量均要高于中坡位、上坡位，这可能是

随着坡位的下降土壤有机物质积累不断丰富且水分充足，有利于幼树的生长。但芳樟枝叶的含油量在不同坡位间均无显著差异，在东南坡，上坡位的含油量高于中、下坡位，原因是东南坡的上坡位受到阳光的直射，光照强度大，温度较高，使得含油量增高。平均枝叶含油量和精油含醇率，上、中、下坡分别为24.5mL/kg、24.2mL/kg、23.4mL/kg 和 88.59%、88.74%、91.96%。由此可见，高坡位强光照可以提高枝叶含油量；下坡位水肥条件好，精油中含醇率较高。

(三)芳樟生长性状与土壤养分含量的相关性

土壤是植物生长发育的基础，可提供植物所需的各种养分。6 个样地土壤理化性质测定结果见表4-3。速效钾含量从高到低依次为Ⅲ>Ⅱ>Ⅰ>Ⅵ>Ⅴ>Ⅳ；速效磷含量从高到低依次为Ⅱ>Ⅲ>Ⅰ>Ⅵ>Ⅴ>Ⅳ，其中样地Ⅱ的速效磷含量显著高于其他 5 个样地；全钾、全磷含量均为样地Ⅰ最高，与其他样地差异显著，全钾含量样地Ⅳ、Ⅴ、Ⅵ间无显著性差异，全磷含量样地Ⅱ与Ⅳ、样地Ⅴ与Ⅵ无显著性差异。

表 4-3　土壤理化性质分析

样地类别号	全钾/(g/kg)	速效钾/(mg/kg)	碱解氮/(mg/kg)	速效磷/(mg/kg)	全磷/(g/kg)
Ⅰ	4.30±0.24a	24.65±0.20c	25.07±0.99c	12.56±0.14c	1.93±0.01a
Ⅱ	3.47±0.10c	26.17±0.11b	25.43±1.14c	28.10±0.71a	0.51±0.02c
Ⅲ	3.99±1.79b	33.52±0.11a	26.31±4.16c	19.67±0.15b	0.60±0.01b
Ⅳ	0.84±0.19d	17.67±0.27f	29.98±5.47b	2.31±0.15f	0.52±0.08c
Ⅴ	0.97±0.11d	20.78±0.15e	33.38±0.75b	5.73±0.42e	0.43±0.05d
Ⅵ	1.08±0.06d	23.03±0.73d	48.83±0.68a	8.85±0.38d	0.41±0.01d

土壤养分与植物的生长发育密切相关，对各试验样地类别的土壤养分含量与芳樟生长指标进行相关性分析，结果见表4-4。芳樟的株高与速效钾含量有极显著相关性(α=0.01)；地径与速效钾含量有极显著相关性(α=0.01)，与全钾含量在 α=0.05

表 4-4　土壤养分含量与生长指标相关性分析

生长指标	全钾	速效钾	碱解氮	速效磷	全磷
株高	0.742	0.967[**]	−0.475	0.741	0.02
地径	0.835[*]	0.957[**]	−0.519	0.652	0.267
冠幅	0.842[*]	0.841[*]	−0.258	0.522	0.537
枝叶含油量	0.361	−0.056	−0.574	−0.132	0.720
芳樟醇含量	0.181	0.538	−0.022	0.469	−0.477

*表示显著相关；**表示极显著相关

水平显著相关；冠幅与全钾和速效钾含量有显著相关性($\alpha=0.05$)；这说明速效钾和全钾在一定程度上对芳樟的生长有直接的影响。而芳樟枝叶含油量和芳樟醇含量与土壤养分含量相关性不显著。

三、讨论与结论

芳樟属于喜阳性树种，东南坡光照强度、光照时间和温度优于西北坡，对芳樟生长具有很大的促进作用。试验结果表明：位于东南坡的芳樟油用林的平均生物量、产油量、芳樟醇含量均显著高于西北坡，东南坡的平均生物量为7744.77kg/hm²，平均产油量为 168.15kg/hm²，精油中芳樟醇含量平均为152.14kg/hm²；西北坡平均生物量为3840.30kg/hm²，平均产油量为81.80kg/hm²，精油中芳樟醇含量平均为72.88kg/hm²。

从同一坡向不同坡位来看，下坡芳樟油用林的平均生物量、产油量、芳樟醇含量显著高于中、上坡。枝叶含油量在不同坡向、不同坡位间差异均不显著。芳樟的株高、地径、冠幅与土壤全钾和速效钾含量有显著的正相关，枝叶含油量和芳樟醇含量与土壤养分含量相关性不显著。综上，在东南坡的下坡种植芳樟，其生物量、精油得率及品质较好，且可通过适当施用钾肥，促进芳樟的生长。

第二节　时空选择对芳樟生长的影响

"中心"系统测试分析了芳樟枝叶及枝杆精油得率、精油含量月与季节动态变化和首次投产树龄对精油产量、品质的影响，为提高油用芳樟林的经营效益，实现芳樟林的可持续经营提供了理论参考。

一、材料与方法

以'芳樟MD1'为研究对象，选择经营水平一致、立地因子相同、林相比较整齐的地段，于7~11月分别对福建省安溪半林国有林场2年生、3年生和南安市海山果林场5年生、6年生芳樟人工林按照典型抽样的方法进行调查，设置面积均为20m×20m的标准地，对每个样地进行每木检测并采样。

（一）芳樟样品采集

在不同树龄、不同利用部位对精油产量与品质影响的研究中，选择2年生、3年生、5年生、6年生的3个标准样地，进行每木检测，各选1株平均木，连根采掘，将根、枝叶和杆分装，测定鲜重、干材重量，并对各部位材料分别进行精油提取测定。

在不同采收时间对精油产量与品质影响的研究中，选择立地因子一致的5个试验样地，分别于7月、8月、9月、10月、11月采集样品，分别做精油提取及芳樟醇含量测定，样品采收情况见表4-5。

表4-5　样品采收情况

序号	来源	年限	采收时间
1	安溪	3	2018 年 7 月
2	南安	5	2018 年 7 月
3	南安	6	2018 年 7 月
4	安溪	2	2018 年 7 月
5	安溪	2	2018 年 8 月
6	安溪	2	2018 年 9 月
7	安溪	2	2018 年 10 月
8	安溪	2	2018 年 11 月

（二）生长指标及精油测定

具体方法同本章第一节材料与方法（二）植物生长指标及芳樟醇含量测定。

二、结果与分析

（一）采收时间对芳樟含油量及品质的影响

油用芳樟林在持续经营生产中主要利用地上部分，主要是利用地上的枝叶。方差分析、多重比较和 q 检验等统计结果显示，样株枝叶每月含油率间差异显著。7 月、8 月含油率较高，分别为 3.49% 和 3.52%，11 月最低，为 2.28%。7 月、8 月、9 月间差异不显著，但与 10 月、11 月间差异显著（图 4-1）。从秋夏季含油率来看，7～8 月含油率达到最高峰，随后从 9 月起，每月出现不同程度下降。这说明含油率与芳樟的生长节律有关，夏季光合产物不断增多，同化作用强，营养物质不断积累，使之形成更多的精油，因此 8 月的含油率最高。

图 4-1　不同月份含油率变化

根据方差分析、多重比较和 q 检验等统计结果，样株含醇率逐月间差异显著（图 4-2）。10 月含醇率最高，为 94.21%，其次是 11 月、9 月、8 月，分别为 93.52%、92.14%、91.59%，7 月含醇率最低，为 91.45%。

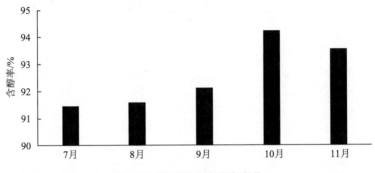

图 4-2　不同月份含醇率变化

（二）芳樟树龄对含油量及品质的影响

芳樟精油以叶片部位的含量最高、品质最好，由图 4-3 可见，不同树龄叶片芳樟油含量有明显差异，随着树龄的增大而下降；2～3 年生首次收获的芳樟叶片精油含量最高，每 100g 叶片鲜样提取的香樟精油量分别为 3.1mL 和 3.2mL，5 年生、6 年生的提取得率有所下降，分别为 2.75mL/100g、2.62mL/100g。

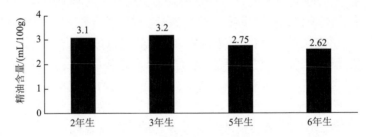

图 4-3　不同树龄精油含量变化

将收集到的 2 年生、3 年生、5 年生、6 年生芳樟叶片精油进行含醇量提取测定，结果如图 4-4 所示。每 100g 鲜枝叶含芳樟醇量(g)=油量×含醇率，该指标能够反映生产经营中获得精油的品质。通过图 4-4 可看出，不同树龄的叶片精油的芳香醇含量有一定的差异，其中 2 年生、3 年生芳樟叶片每 100g 鲜样含醇量较高，分别达到 2.99g 和 2.85g，5 年生、6 年生含醇量较低，分别为 2.54g、2.40g；可见投产树龄对芳樟精油品质及其产量有较大的影响。

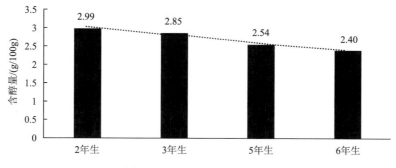

图 4-4 不同树龄含醇量分析

(三)芳樟生物量空间分布与含油品质

季节及树龄对芳樟精油含量有较大的影响,此外芳樟不同部位间的精油含量差异巨大,其中以叶片的含量最高,如 2 年生、3 年生的首次收获叶片,其每 100g 叶片鲜样提取的香樟精油可分别达 3.1mL 和 3.2mL,枝杆的精油含量较低。结合生产利用的习惯,以精油含量最高的 8 月为研究对象,统计分析了 3 因素 3 水平施肥处理下 9 个样地及对照不同部位精油提取得率及品质,结果如表 4-6 所示。芳樟嫩枝叶精油得率是枝杆精油得率的 4～5 倍,嫩枝叶的精油含量优于枝杆,提取利率差距在 4 倍以上,所以在生产中必须优选多叶片树种,根据立地条件、经营水平科学评估采伐利用的时间和频度,有条件的地方应该把嫩枝叶和枝杆区分提取,以提高精油提取效率。

表 4-6 芳樟不同部位精油提取得率及品质

样地	嫩枝叶精油得率/%	枝杆精油得率/%	枝杆/地上生物量	嫩枝叶/地上生物量
1	2.79±0.02a	0.54±0.02a	51.96	48.04
2	2.77±0.01ab	0.53±0.00ab	57.91	42.09
3	2.75±0.02b	0.51±0.01bc	55.98	44.02
4	2.37±0.01d	0.46±0.02fg	53.96	46.04
5	2.40±0.00c	0.44±0.01g	59.91	40.09
6	2.28±0.02e	0.48±0.02def	57.98	42.02
7	2.25±0.00f	0.50±0.01cd	60.67	39.33
8	2.27±0.01ef	0.47±0.02ef	63.90	36.10
9	2.26±0.02ef	0.49±0.01cde	59.82	40.18
CK	2.13±0.01g	0.41±0.02h	59.92	40.08

注:嫩枝叶指当年萌发的新梢,直径小于 2cm;枝杆指直径大于 2cm 的枝及杆材;同列不同小写字母表示处理间差异显著($P<0.05$)

（四）芳樟投产树龄优选

本研究对首次采收的 2 年生、3 年生、5 年生、6 年生的芳樟油用林测定其生物量、产油率及芳樟醇含量，以探讨芳樟的最佳投产树龄。其生物量结果如图 4-5 所示，不同树龄芳樟林分生物量有明显差异。从总生物量来看，随着芳樟年限增加地上、地下生物量逐年增加，2 年生地上生物量最小，为 518.9kg/亩，6 年生的最大，为 4419.4kg/亩；3 年生首次采收的地上生物量达到 1644.3kg/亩，精油含量最高，为 3.2mL/100g，且第二年萌发强，产量逐年提高，预计到第 6 年其地上部分生物量累计大于 6577.2kg/亩。

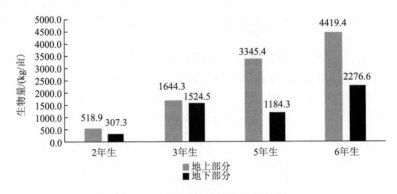

图 4-5　不同树龄芳樟生物量分析

生产上推广的油用芳樟品种，一般生长速度较快，年地径生长量 1.0cm 左右，年树高生长量 0.8～1.5m，5 年生芳樟地径>5cm、高度在 5m 左右，其利用时需要办理采伐许可证，同时低含油率（0.4%～0.54%）的杆材生物量比例也较大，不但影响精油得率和品质，同时也推高了精油提取的能耗、工耗，影响整体效益，所以芳樟油用林必须在 4 年以前进行采伐利用；而 2 年生芳樟由于根系不够发达、生物量太小，采伐综合效益差。结合其生产情况建议采用 6 个月容器苗造林，在 3 年生时进行第一次采伐利用，枝叶精油产量、品质均佳，可以取得经济收益，同时萌发恢复的速度快。

三、讨论与结论

不同月份的芳樟含油率变化较大，7 月、8 月含油率较高，分别为 3.49% 和 3.52%，11 月最低，为 2.28%。从秋夏季含油率来看，7～8 月含油率达到最高峰。说明夏季日照长、光照强度大，芳樟的光合作用强、效率高，是芳樟精油和芳樟醇高积累的原因；秋季含醇率普遍要高于夏季，10 月最高，为 94.21%，7 月为含醇率最低值（91.45%），这可能是因为秋季伴随着温度降低，光照强度减弱，植物体内的有效物质积累量增加，使得含醇率提升（张国防等，2102）。

　　根据芳樟生物学特性，采用6个月的容器苗于4月进行造林，在3年生时进行第一次采伐利用，枝叶精油产量、品质均较佳，可以取得经济收益，同时萌发恢复的速度快；芳樟一年可抽梢3次，分别在春季、夏季和秋季，10月下旬形成顶芽进入休眠，到了翌年2月下旬至3月上旬芽萌动，3月中旬新叶展开，部分老叶开始脱落。因此，从年采收生物量方面考虑，芳樟当年生枝叶采收期可在秋梢生长后的8月中下旬至9月中下旬。

　　芳樟经营采伐频次与经营水平关系较大，立地条件好且施用有机肥的林分可获得连年高产，并可保障精油的品质；而立地条件差、采伐频次高的虽然可以提高枝叶的产量，但投入也增大，且容易引起林分衰退，导致芳樟林的总生物量及精油品质下降，与乐易迅等(2020)研究芳樟'南安1号'得出的"可能由于连续多次采伐引起林分衰退"的结论一致。因此，立地条件较差或仿天然经营的林分建议2年采伐利用1次，否则会影响油用芳樟林的可持续经营。

第三节　施肥对芳樟生长及其生理指标的影响

　　芳樟具有极大的观赏价值、药用价值和经济价值，特别是芳樟精油应用广泛，有研究表明芳樟枝叶提油率在0.173%～2.668%，主要成分为芳樟醇(含量23%～98%)，芳樟醇是天然香料原料，国际市场需求量大。据美国国际香精香料公司(International Flavors and Fragrancesinc, IFF)统计，芳樟醇是香精行业的主要原料，全球年需求量在3万t以上，而天然芳樟醇产量不及1/20，所以种植芳樟市场前景广阔。而现阶段芳樟栽培管护不力、采割频繁、经营创新不足，导致芳樟产量与品质下降，严重影响芳樟林的可持续经营和效益。因此，如何通过栽培技术创新，以充分发挥芳樟高产高效的树种特性，提高芳樟的产量与品质，提升其经营的效益，实现可持续高效经营是一个亟待解决的问题。

　　"中心"以福建省安溪半林国有林场2年生的"芳樟MD1"油用林为研究对象，引入生物炭肥和配方施肥技术，采用4因素3水平正交试验方案对芳樟进行配方施肥，通过测量施肥前后芳樟的生长指标、生理指标、土壤化学性质、枝与叶的提油率、芳樟醇含量变化情况，研究生物炭配方施肥对芳樟生长及油用品质的影响，旨在筛选适宜的生物炭配方，以提高芳樟的生产效益实现可持续经营。

一、材料与方法

(一)试验地概况

　　试验地概况同本章第一节材料与方法(一)样地概况。试验样地为福建省安溪半林国有林场中的一块近年采伐迹地，土质疏松，坡度较缓，适合芳樟种植。试验地土壤田间平均持水量253.2g/kg，最大持水量413.0g/kg，土壤容重1.03g/cm³，土壤毛管孔隙度 26.92%，土壤质量含水量 172.26g/kg，全钾含量 4.27g/kg，速效钾含量 23.03mg/kg，碱解氮含量 24.43mg/kg，有效磷含量 32.33mg/kg，全磷含量 0.68g/kg，pH 为 5.66，有机质含量 4.95g/kg。试验对象为'芳樟 MD1'，树苗地径在 14.7～15.9mm，树高在 75～77cm，冠幅在 80cm 左右。

　　(二)试验设计

　　采用 4 因素 3 水平正交样方设计 9 个试验样地，加上一个不施肥对照样地(CK)，合计 10 个样地，每个样地面积 10m×10m，处理在样地中随机分布，每个样地种植 60 株芳樟，使用生物炭、尿素、过磷酸钙和氯化钾进行施肥处理。芳樟在 6 月时正处于夏梢期，根据芳樟物候期将施肥时间定为 2019 年 6 月上旬，各处理水平见表 4-7。

表 4-7　各处理配方施肥组合　　　　　　(单位：g/株)

处理	生物炭	尿素	过磷酸钙	氯化钾
1	3.4	57.5	7.5	7.5
2	3.4	86.25	11.25	11.25
3	3.4	115	15	15
4	6.8	57.5	11.25	15
5	6.8	86.25	15	7.5
6	6.8	115	7.5	11.25
7	13.6	57.5	15	11.25
8	13.6	86.25	7.5	15
9	13.6	115	11.25	7.5
CK	0	0	0	0

　　(三)测定项目与方法

1. 生长指标测定

　　在施肥后 30d、90d、150d 分别测定芳樟的地径、株高和冠幅。具体方法同本章第一节材料与方法(二)植物生长指标及芳樟醇含量测定。

2. 生物量测定

　　具体方法同本章第一节材料与方法(二)植物生长指标及芳樟醇含量测定。

3. 精油提取及芳樟醇含量测定

　　具体方法同本章第一节材料与方法(二)植物生长指标及芳樟醇含量测定。

4. 土壤理化性质测定

1)土壤化学性质测定

　　在施肥前后(6 月和 11 月)于每个取样点取 0～20cm 土层的土壤。土壤 pH 用

pH 计按水土比 2.5：1 进行测定；有机质含量的测定用重铬酸钾容量法。其余测定指标与方法同本章第一节材料与方法(三)土壤养分测定。

2)土壤物理性质测定

在整块样地上设置样方，作为取样及试验实施的标准地，在标准地内按"S"形布设取样点 6 个，每个取样点于 0～20cm 土层用环刀取样，用锋利的土壤刀削平环刀表面，盖好，带回实验室用环刀法测定土壤容重，经计算得出土壤毛管孔隙度、田间持水量、最大持水量和土壤质量含水量。

5. 生理指标测定

采集施肥前后生长良好的新鲜叶片，带回实验室用纯水洗净，擦干后放入 −80℃冰箱中保存，用于测定叶片各项生理指标，测定方法为：过氧化物酶(POD)活性采用愈创木酚法进行测定；超氧化物歧化酶(SOD)活性采用氮蓝四唑法进行测定；过氧化氢酶(CAT)含量采用紫外线吸收法测定；丙二醛(MDA)含量采用硫代巴比妥酸(TBA)法测定；可溶性蛋白含量采用考马斯亮蓝测定法进行测定；可溶性糖含量采用蒽酮比色法进行测定。

二、结果与分析

(一)施肥对土壤化学性质的影响

从表 4-8 中可以看出，施肥前不同样地的土壤全钾含量、速效钾含量、碱解氮含量、有效磷含量、全磷含量、pH 和有机质含量存在一些差异。其中，施肥前的全钾含量在 3.82～4.47g/kg，除处理 1、处理 3 和处理 4 外，其余处理均与 CK 无显著差异。在速效钾含量上，处理 7、处理 8 和处理 9 无显著差异；每个处理与 CK 都差异显著，施肥前速效钾含量在 20.48～26.32mg/kg。通过对比施肥前 10 个样地的碱解氮含量发现，处理 8 与每个处理之间都差异显著；此外处理 1、处理 4 和处理 5 之间无显著差异；碱解氮含量在 23.66～30.97mg/kg。在有效磷含量上，除处理 6、处理 8 外，其余每个处理都与 CK 存在显著差异；有效磷含量在 18.92～32.87mg/kg。从全磷含量上来看，除处理 4、处理 5、处理 6 外，其余处理皆与 CK 存在显著差异；全磷含量在 0.43～2.27g/kg。通过检测施肥前的土壤 pH，从结果可以看出，施肥前 10 个处理的土壤 pH 集中于 5.30～6.00，均在微酸性土壤的范围值内，此范围内的土壤均符合芳樟生长习性。从土壤有机质含量来看，施肥前有机质含量在 4.80～5.40g/kg；9 个施肥处理中除了处理 3、处理 7、处理 9 外，其余处理皆与 CK 有显著差异。

施肥后不同处理土壤全钾含量、速效钾含量、碱解氮含量、有效磷含量、全磷含量、pH 和有机质含量均有显著提升。在 9 种不同施肥配方下，全钾含量最高的为处理 8，达到 8.21g/kg，相比于施肥前提高了 4.38g/kg；全钾含量最低的为处理 2，为 6.23g/kg，相比于施肥前提高了 2.21g/kg；相较于 CK 每种施肥都能显著提高土壤全钾含量；在 10 个处理中处理 4、处理 6、处理 7、处理 9 无显著差异，处理 8 显著高于其他处理。在对速效钾含量的影响上，从表 4-8 中我们可以看出，9 种处理均能有效提高速效钾含量；其中处理 8 的速效钾含量达到最高，为 94.30mg/kg，是 CK 的 4.42 倍；速效钾含量最低的为处理 3，含量为 51.29mg/kg，是 CK 的 2.40 倍；处理 1 与处理 2、处理 7 与处理 8 无显著差异，其他处理间均差异显著。通过对比 10 个样地的碱解氮含量，处理 8 的碱解氮含量最高，为 34.11mg/kg，为 CK 的 1.31 倍；处理 2 的碱解氮含量最低，为 26.66mg/kg，是 CK 的 1.02 倍；处理 1、处理 2 和处理 3 间无显著差异，处理 4 与处理 5 无显著差异。在有效磷含量上，处理 7 达到最高，为 64.99mg/kg，是 CK 的 2.08 倍；有效磷含量最低的为处理 3，为 37.18mg/kg，是 CK 的 1.19 倍；在 10 个处理中，处理 2 与处理 3、处理 4 与处理 5、处理 7 与处理 8 两两之间无显著差异，各处理与 CK 均差异显著。在全磷含量上，含量最高的为处理 2，为 2.56g/kg，为 CK 的 3.05 倍；

表 4-8　施肥对土壤化学性质的影响

时期	处理	全钾含量/(g/kg)	速效钾含量/(mg/kg)	碱解氮含量/(mg/kg)	有效磷含量/(mg/kg)	全磷含量/(g/kg)	pH	有机质含量/(g/kg)
A1	1	4.40±0.20ab	24.86±0.90b	26.21±1.00b	32.87±1.70a	1.94±0.11b	5.60±0.20bcd	5.40±0.00a
A2		6.75±0.10c	53.22±0.25f	27.62±0.50de	43.16±0.50d	2.09±0.06bc	5.73±0.0bc	5.90±0.10g
A1	2	4.02±0.30abc	24.65±0.91b	24.48±0.80c	18.96±1.80d	2.27±0.20a	5.90±0.20ab	5.40±0.10a
A2		6.23±0.21d	53.66±0.20ef	26.66±0.27e	37.24±0.13e	2.56±0.02a	6.10±0.06a	6.20±0.10f
A1	3	4.47±0.10a	24.46±0.80b	24.51±0.90c	18.92±1.10d	1.97±0.14b	5.30±0.10d	4.80±0.10e
A2		6.45±0.21cd	51.29±1.21g	27.92±0.34de	37.18±0.94e	2.24±0.04b	5.56±0.03cd	5.20±0.20h
A1	4	3.36±0.20e	26.05±1.20b	26.15±0.90b	19.82±1.10d	0.53±0.12ef	5.30±0.20d	5.20±0.00b
A2		7.30±0.01b	76.03±0.35c	31.36±0.24b	56.54±0.97c	1.80±0.04e	5.60±0.06bcd	7.60±0.20e
A1	5	3.54±0.40de	26.32±1.10b	26.38±0.80b	21.32±1.10d	0.43±0.09f	5.50±0.10cd	5.40±0.10a
A2		6.88±0.01c	58.78±0.58d	30.63±0.26bc	56.21±0.34c	0.88±0.02f	5.76±0.03b	7.90±0.10d
A1	6	3.53±0.20de	26.24±1.30b	24.11±0.90c	28.88±1.10bc	0.74±0.05de	5.50±0.20cd	5.20±0.20b
A2		7.49±0.04b	55.43±0.18e	27.33±0.41de	61.47±0.68b	1.92±0.12cde	5.66±0.03bcd	7.40±0.20e
A1	7	4.18±0.20abc	33.53±1.10a	24.53±0.90c	27.55±1.30c	0.88±0.07d	6.00±0.10a	4.90±0.30de
A2		7.53±0.25b	93.97±0.71a	30.29±1.48bc	64.99±0.37a	1.94±0.03cde	6.23±0.09a	9.80±0.10b
A1	8	3.83±0.30cd	33.43±1.70a	30.97±0.60a	31.14±1.50ab	1.54±0.07c	5.70±0.20bcd	5.10±0.20bc
A2		8.21±0.05a	94.30±0.93a	34.11±0.74a	64.74±0.21a	1.90±0.04de	6.13±0.04a	10.20±0.10a
A1	9	3.95±0.30bcd	33.63±1.20a	24.62±0.80c	20.39±1.40d	1.48±0.05c	5.60±0.20bcd	5.00±0.15cd
A2		7.51±0.16b	82.76±0.56b	28.99±0.11cd	44.06±0.26d	1.99±0.08cd	5.76±0.09b	9.40±0.10c
A1	CK	3.82±0.01cd	20.48±1.00c	23.66±1.00c	30.42±1.00b	0.63±0.20ef	5.60±0.10bcd	4.90±0.10de
A2		3.70±0.08e	21.34±0.44h	26.11±0.04e	31.29±0.38f	0.84±0.03f	5.53±0.03d	5.00±0.00h

注：同一列数据后不同小写字母表示施肥前后同一坡位不同处理各指标差异显著（$P<0.05$）。A1 表示施肥前的土壤化学性质，A2 表示施肥后的土壤化学性质

含量最低的为处理 5，为 0.88g/kg，是 CK 的 1.05 倍；在 10 个处理中，处理 1 与处理 3 差异不显著，处理 4、处理 6、处理 7 与处理 8 差异均不显著。通过检测施肥后的土壤 pH，从结果中可以看出，9 块施肥样地及 CK 的土壤 pH 集中于 5.53～6.23，相较于施肥前来说，土壤 pH 有小幅度的增长，但也在微酸性土壤的范围值内，此范围内的土壤依然符合芳樟生长习性，有利于芳樟生长。从施肥后的土壤有机质含量来看，相比于 CK，其他 9 个处理的有机质含量增幅较大，有机质含量在 5.00～10.20g/kg，说明施肥较好地提升了土壤的有机质含量，使土壤更加肥沃，更适于芳樟生长发育。

（二）施肥对芳樟生长性状的影响

1. 施肥对芳樟地径的影响

由表 4-9 可知，施肥对芳樟不同月份地径生长的影响存在明显差异。施肥前除处理 1 与处理 7 有显著差异外，其他处理均无显著差异。7 月时，10 个处理的地径开始出现一定的差异，其中，处理 7 的地径达到最大，为 18.74mm，是 CK 的 1.14 倍，施肥处理中地径最小的为处理 3，地径达 16.24mm；各处理地径按从大到小的排序依次为处理 7>处理 2>处理 8>处理 4>处理 5>处理 9>处理 6>处理 1>处理 3>CK；处理 7 与处理 1、处理 3、处理 5、处理 6、处理 9 和 CK 存在显著差异，处理 2、处理 4、处理 7、处理 8 与 CK 差异显著。9 月时，各个处理样地间的差异就已明显化，此时，处理 7 的地径最大，为 24.14mm，相较于 CK 增长了 31.70%，施肥处理中处理 1 的地径最小，为 19.68mm，相较于 CK 提升了 7.36%；各处理地径按从大到小的排序依次为处理 7>处理 8>处理 4>处理 9>处理 5>处理 2>处理 6>处理 3>处理 1>CK；处理 7 与处理 4、处理 8 无显著差异，处理 1 和处理 2 之间差异显著，9 个施肥处理皆与 CK 差异显著。11 月时，处理 7 仍然为地径最大的处理，此时地径达 28.21mm，相较于 CK 提升了 41.33%，施肥处理中地径最小的为处理 1，为 21.37mm，与 CK 相比提升了 7.06%，各处理地径按从大到小的排序依次为处理 7>处理 8>处理 9>处理 4>处理 5>处理 6>处理 2>处理 3>处理 1>CK；除处理 8 外每个处理皆与处理 7 存在显著差异，处理 1 与处理 3 无显著差异，处理 5 与处理 6 无显著差异，处理 7 与处理 8 无显著差异，9 个施肥处理与 CK 差异显著。从地径总增长量上来说，处理 8 的地径总增长量是最大的，施肥前后增长了 12.46mm，为 CK 总增长量的 3.06 倍，处理 3 的地径总增长量是最小的，施肥前后增长了 6.11mm，为 CK 总增长量的 1.50 倍；各处理地径总增长量按从大到小的排序依次为处理 8>处理 7>处理 9>处理 4>处理 6>处理 5>处理 2>处理 1>处理 3>CK；其中处理 1 与处理 3 无显著差异，处理 7、处理 8 和处理 9 无显著差异，9 种施肥处理皆与 CK 差异显著。

表 4-9　施肥对芳樟地径(mm)生长的影响

处理	施肥前	7 月	9 月	11 月	总增长量
1	14.73±0.51b	16.48±0.93ef	19.68±0.98d	21.37±0.79f	6.64±0.44f
2	15.84±0.88ab	18.61±0.82ab	21.91±0.66c	23.63±0.51e	7.79±0.75e
3	15.46±0.06ab	16.24±0.40f	19.84±0.79d	21.57±0.49f	6.11±0.27f
4	15.76±0.46ab	17.75±0.69abcd	23.26±0.94ab	26.38±0.13c	10.62±0.14b
5	15.94±0.68a	17.48±0.59bcde	22.30±0.34bc	25.01±0.57d	9.07±0.09d
6	14.93±0.74ab	16.85±0.10def	21.77±0.77c	24.71±0.30d	9.78±0.25c
7	15.92±0.85a	18.74±0.64a	24.14±0.50a	28.21±0.28a	12.29±0.36a
8	15.16±0.29ab	18.36±0.59abc	23.46±0.68ab	27.62±0.78ab	12.46±0.49a
9	15.17±0.45ab	17.41±0.75cdef	22.42±0.75bc	27.04±0.68bc	11.87±0.42a
CK	15.89±0.30ab	16.40±0.23ef	18.33±0.45e	19.96±0.37g	4.07±0.07g

注：同一列数据后不同小写字母表示不同处理间差异显著($P<0.05$)

由表 4-10 可知，芳樟施肥试验地径增长量最高的是处理 8，地径增长量达到了 12.46mm；而施肥试验中地径增长量最低的是处理 1，地径增长量为 6.64mm；为探究施肥促进芳樟地径生长的决定因素，极差分析结果见表 4-10。

由表 4-10 可知，各因素极差(R 值)的大小顺序是 $R_A>R_D>R_B>R_C$，因素 A(生物炭浓度)的 R 值最大，说明因素 A 对结果的影响最大，为决定芳樟地径增长量的关键因素，其次是因素 D(氯化钾浓度)和因素 B(尿素浓度)，因素 C(过磷酸钙浓度)的 R 值最小，说明因素 C 对芳樟地径增长量的影响是最小的。

表 4-10　芳樟地径增长量极差分析

处理	因素				地径增长量 /mm
	A	B	C	D	
1	1	1	1	1	6.64
2	1	2	2	2	7.79
3	1	3	3	3	6.11
4	2	1	2	3	10.62
5	2	2	3	1	9.07
6	2	3	1	2	9.78
7	3	1	3	2	12.29
8	3	2	1	3	12.46
9	3	3	2	1	11.87
K_1	6.85	9.77	9.63	7.12	
K_2	9.82	9.85	8.02	9.73	
K_3	10.13	7.18	9.16	9.95	
极差(R)	3.28	2.67	1.61	2.83	
最优组合	A3	B2	C1	D3	

随着表 4-10 中均值(K)的变化，因素 A 中 K_3(10.13)>K_2(9.82)>K_1(6.85)，K_3 与 K_1、K_2 各相差 3.28、0.31，说明生物炭浓度影响芳樟地径增长量的顺序为，13.6g/株的处理>6.8g/株的处理>3.4g/株的处理，K_3 值最大，说明当施用生物炭浓度为 13.6g/株时最有利于芳樟地径的增长；同理 B2 的 K 值在因素 B(尿素浓度)中最大，说明尿素浓度为 86.25g/株时地径增长最好；因素 C1(过磷酸钙浓度)的 K 值最大，说明芳樟在施用过磷酸钙时，浓度为 7.5g/株时最有利于地径增长；因素 D(氯化钾浓度)中 D3 的 K 值最大，说明在氯化钾浓度为 15g/株时地径增长是最好的，综合以上说明 A3B2C1D3 组合最有利于芳樟地径的增长。

2. 施肥对芳樟株高的影响

施肥对芳樟不同月份株高生长的影响存在明显差异。施肥前各处理均无显著差异。7 月时，10 个处理的株高开始有了差异，其中处理 7 的株高最大，达到 84.07cm，与 CK 相比高出了 4.81cm，施肥处理中株高最小的为处理 3，株高达 78.57cm；各处理株高按从大到小的顺序排列为处理 7>处理 9>处理 8>处理 6>处理 4>处理 5>处理 1>处理 2>处理 3>CK；此时除处理 1、处理 2、处理 3 与 CK 无显著差异，其他处理皆与 CK 有显著差异；此外处理 7 与处理 4、处理 6、处理 8、处理 9 差异不显著。9 月时，各个处理样地间的差异就更为明朗化，此时处理 7 的株高最大，为 96.86cm，相较于 CK 增长了 15.68%，施肥处理中处理 3 的株高最小，为 86.93cm，相较于 CK 提升了 3.82%；各处理株高按从大到小的排序依次为处理 7>处理 8>处理 9>处理 5>处理 4>处理 6>处理 1>处理 2>处理 3>CK；其中处理 1 与处理 2 无显著差异，处理 4、处理 5 和处理 6 无显著差异，处理 7、处理 8 和处理 9 无显著差异，但每个施肥处理与 CK 之间差异显著。11 月时，处理 7 仍然为株高最大的处理，此时株高已达 106.84cm，相较于 CK 提升了 21.85%，施肥处理中株高最小的为处理 3，为 92.16cm，与 CK 相比也提升了 5.11%，各处理株高按从大到小的排序依次为处理 7>处理 8>处理 9>处理 5>处理 4>处理 6>处理 1>处理 2>处理 3>CK；此时处理 1 与处理 2 无显著差异，处理 4 与处理 5 无显著差异，处理 7、处理 8 和处理 9 无显著差异，但 9 个施肥处理皆与 CK 差异显著。从株高总增长量上来说，处理 8 的株高总增长量是最大的，施肥前后增长了 31.09cm，为 CK 株高总增长量的 2.94 倍，处理 3 的株高总增长量是最小的，施肥前后增长了 16.73cm，为 CK 株高总增长量的 1.58 倍；各处理株高总增长量按从大到小的排序依次为处理 8>处理 7>处理 9>处理 5>处理 4>处理 6>处理 2>处理 1>处理 3>CK；其中处理 1 与处理 3 差异显著，处理 4 与处理 5 无显著差异，处理 7 与处理 8 无显著差异，9 种施肥处理皆与 CK 差异显著(表 4-11)。

表 4-11　施肥对芳樟株高（cm）增长影响

处理	施肥前	7 月	9 月	11 月	株高总增长量
1	76.82±0.68a	80.58±1.37cde	89.35±0.97c	95.56±1.44d	18.74±0.55e
2	75.99±1.23a	79.96±0.75def	89.08±1.42c	95.07±0.77d	19.08±1.49e
3	75.43±1.14a	78.57±1.43f	86.93±0.64d	92.16±0.89e	16.73±1.31f
4	76.84±0.67a	82.07±1.22abc	92.53±0.71b	99.74±1.25bc	22.90±0.56c
5	76.39±0.78a	81.81±0.78bcd	92.59±1.44b	100.41±0.82b	24.02±0.73c
6	77.41±1.49a	82.28±1.04abc	92.10±0.56b	98.55±0.66c	21.14±1.25d
7	77.12±0.87a	84.07±0.59a	96.86±0.95a	106.84±1.20a	29.72±0.62ab
8	75.43±1.27a	82.66±0.92ab	96.17±1.12a	106.52±0.81a	31.09±0.64a
9	76.36±1.15a	83.23±1.16ab	95.66±0.75a	105.53±0.92a	29.17±1.47b
CK	77.11±1.06a	79.26±1.27ef	83.73±1.21e	87.68±1.28f	10.57±0.53g

注：同一列数据后不同小写字母表示不同处理间差异显著（$P<0.05$）

　　为探究施肥促进芳樟株高生长的决定因素，对表 4-11 进行极差分析（表 4-12）。由表 4-12 可知，芳樟施肥试验株高增长量最高的是处理 8，平均株高增长量达到了 37.5cm；而施肥试验中株高增长量最低的是处理 3，平均株高增长量为 15.37cm。各因素极差 R 值的大小顺序是 $R_A>R_C>R_B>R_D$，因素 A（生物炭浓度）的 R 值最大，说明因素 A 对结果的影响最大，为决定芳樟株高增长量的关键因素，其次是因素 C（过磷酸钙浓度）和因素 B（尿素浓度），因素 D（氯化钾浓度）的 R 值最小，说明因素 D 对芳樟株高增长量的影响也是最小的。

表 4-12　芳樟株高增长量极差分析

处理	因素				株高增长量/cm
	A	B	C	D	
1	1	1	1	1	18.73
2	1	2	2	2	19.5
3	1	3	3	3	15.37
4	2	1	2	3	19.57
5	2	2	3	1	26.55
6	2	3	1	2	25.89
7	3	1	3	2	29.37
8	3	2	1	3	37.5
9	3	3	2	1	21.72
K_1	17.87	22.56	27.37	22.33	
K_2	20.50	27.85	20.26	24.15	
K_3	29.53	20.99	23.76	24.92	
极差（R）	11.66	6.86	7.11	2.59	
最优组合	A3	B2	C1	D3	

由表 4-12 可知，随着表中均值 K 的变化，因素 A 中 $K_3(29.53)>$ $K_2(20.50)>K_1(17.87)$，K_3 与 K_1、K_2 各相差 11.66、9.03，说明生物炭浓度影响芳樟株高增长量的顺序为13.6g/株的处理>6.8g/株的处理>3.4g/株的处理，K_3 值最大，说明当施用生物炭浓度为 13.6g/株时最有利于芳樟株高的增长；同理，B2 的 K 值在因素 B(尿素浓度)中最大，说明尿素浓度为 86.25g/株时株高增长最好；因素 C1(过磷酸钙浓度)的 K 值最大，说明芳樟在施用过磷酸钙时，浓度为 7.5g/株时最有利于株高增长；因素 D(氯化钾浓度)中 D3 的 K 值最大，说明在氯化钾浓度为 15g/株时株高增长是最好的，综合以上说明，A3B2C1D3 组合最有利于芳樟株高的增长。

3. 施肥对芳樟冠幅的影响

由表 4-13 可知，施肥对芳樟不同月份冠幅生长的影响存在明显差异。施肥前各处理均无显著差异。7 月时，10 个处理的冠幅出现差异，其中处理 8 的冠幅最大，达到 86.28cm，相较于 CK 高出了 3.53cm，施肥处理中冠幅最小的为处理 1，冠幅达 82.98cm，与 CK 相比高出了 0.23cm；各处理冠幅大小按降序排列为处理 8>处理 7>处理 9>处理 5>处理 4>处理 6>处理 2>处理 3>处理 1>CK；此时处理 8 与处理 4、处理 5、处理 7、处理 9 无显著差异；除处理 1、处理 2、处理 3、处理 6 外，其他处理皆与 CK 差异显著。9 月时，各个处理样地间的差异较 7 月更为明显，此时处理 8 的冠幅最大，为 100.97cm，相较于 CK 增长了 15.94%，施肥处理中处理 3 的冠幅最小，为 90.09cm，相较于 CK 提升了 3.44%；各处理冠幅按从大到小的排序依次为处理 8>处理 7>处理 9>处理 5>处理 4>处理 6>处理 2>处理 1>处理 3>CK；其中处理 1 与处理 3 无显著差异，处理 4 与处理 6 无显著差异，处理 7 与处理 9 无显著差异，处理 8 与每个处理都差异显著。11 月时，处理 8 仍然为冠幅最大的处理，此时冠幅已达 110.54cm，相较于 CK 提升了 22.08%，施肥处理中冠幅最小的为处理 3，为 96.40cm，与 CK 相比也提升了 6.46%，各处理冠幅按降序排列依次为处理 8>处理 7>处理 9>处理 5>处理 4>处理 6>处理 2>处理 1>处理 3>CK；此时处理 1 与处理 3 无显著差异，处理 4 与处理 6 无显著差异，处理 7 与处理 9 无显著差异，处理 8 与各处理之间差异显著，且 9 个施肥处理皆与 CK 存在显著差异。从冠幅总增长量上来说，处理 8 的冠幅总增长量是最大的，施肥前后增长了 29.66cm，为 CK 冠幅总增长量的 3.09 倍，处理 3 的冠幅总增长量是最小的，施肥前后增长了 16.03cm，为 CK 冠幅总增长量的 1.67 倍；各处理冠幅总增长量按从大到小的排序依次为处理 8>处理 7>处理 9>处理 5>处理 4>处理 6>处理 2>处理 1>处理 3>CK；其中处理 1、处理 2 和处理 3 无显著差异，处理 4 与处理 6 无显著差异，处理 7 与处理 9 无显著差异，但 9 种施肥处理皆与 CK 差异显著，且处理 8 与其他处理存在显著差异。

表 4-13　施肥对芳樟冠幅(cm)增长的影响

处理	施肥前	7 月	9 月	11 月	冠幅总增长量
1	80.00±1.44a	82.98±0.55de	90.44±0.82e	96.92±0.66f	16.92±0.89f
2	80.89±0.77a	84.12±1.49bcde	92.89±1.24d	99.59±0.89e	18.11±2.05ef
3	80.37±0.89a	83.11±1.31cde	90.09±0.26e	96.40±1.14f	16.03±0.83f
4	80.54±1.25a	84.92±0.56abcd	94.35±1.00cd	101.66±0.47d	21.12±0.98d
5	80.48±0.82a	85.05±0.73abc	95.03±0.95c	104.48±1.67c	24.00±1.67c
6	80.42±0.66a	84.19±1.25bcde	93.38±1.30d	100.5±0.34de	20.08±0.26de
7	80.96±1.20a	86.25±0.62a	98.23±0.11b	108.06±1.57b	27.10±1.46b
8	80.88±0.81a	86.28±0.64a	100.97±0.58a	110.54±1.39a	29.66±1.48a
9	80.88±0.92a	85.84±1.47ab	98.10±1.10b	107.29±0.70b	26.41±1.77b
CK	80.95±1.28a	82.75±0.47e	87.09±0.64f	90.55±0.64g	9.60±0.64g

注：同列不同小写字母表示处理间存在显著差异($P<0.05$)

　　由表 4-13 可知，芳樟施肥试验冠幅增长量最高的是处理 8，平均冠幅增长量达到了 29.66cm；而施肥试验中冠幅增长量最低的是处理 3，平均冠幅增长量为 16.03cm；为探究施肥促进芳樟冠幅生长的决定因素，极差分析结果见表 4-14。

　　由表 4-14 可知，各因素极差(R 值)的大小为 $R_A > R_B > R_D > R_C$，因素 A(生物炭浓度)的 R 值最大，说明因素 A 对结果的影响最大，为决定芳樟冠幅增长量的关键因素，其次是因素 B(尿素浓度)和因素 D(氯化钾浓度)，因素 C(过磷酸钙浓度)的 R 值最小，说明因素 C 对芳樟冠幅增长量的影响也是最小的。

表 4-14　芳樟冠幅增长量极差分析

处理	因素				冠幅增长量/cm
	A	B	C	D	
1	1	1	1	1	16.92
2	1	2	2	2	18.7
3	1	3	3	3	16.03
4	2	1	2	3	21.12
5	2	2	3	1	24
6	2	3	1	2	20.08
7	3	1	3	2	27.1
8	3	2	1	3	29.66
9	3	3	2	1	26.41
K_1	17.22	21.71	22.38	22.27	
K_2	21.73	24.12	22.08	21.96	
K_3	27.72	20.84	22.22	22.44	
极差(R)	10.5	3.28	0.3	0.48	
最优组合	A3	B2	C1	D3	

随着表 4-14 中均值 K 的变化，因素 A 中 K_3（27.72）>K_2（21.73）>K_1（17.22），K_3 与 K_1、K_2 各相差 10.5、5.99，说明生物炭浓度影响芳樟冠幅增长量的顺序为，13.6g/株的处理>6.8g/株的处理>3.4g/株的处理，K_3 值最大，说明当施用生物炭浓度为 13.6g/株时最有利于芳樟冠幅的增长；同理 B2 的 K 值在因素 B（尿素浓度）中最大，说明尿素浓度为 86.25g/株时冠幅增长最好；因素 C1（过磷酸钙浓度）的 K 值最大，说明芳樟在施用过磷酸钙时，浓度为 7.5g/株时最有利于冠幅增长；因素 D（氯化钾浓度）中 D3 的 K 值最大，说明在氯化钾浓度为 15g/株时冠幅增长是最好的，综合以上说明，A3B2C1D3 组合最有利于芳樟冠幅的增长。

4. 施肥对芳樟生物量的影响

9 个施肥处理中，地上生物量最大的为处理 8，达到 1930.63g/株，相对于 CK 提升了 45.59%；地上生物量最小的为处理 3，数值达到 1078.10g/株，相对于 CK 提升了 2.57%；各处理地上生物量按降序排列依次为处理 8>处理 7>处理 9>处理 4>处理 6>处理 5>处理 2>处理 1>处理 3>CK；其中各施肥处理的地上生物量皆与 CK 呈显著差异；除处理 5 和处理 6 无显著差异外，其余各处理之间均存在显著差异（图 4-6）。

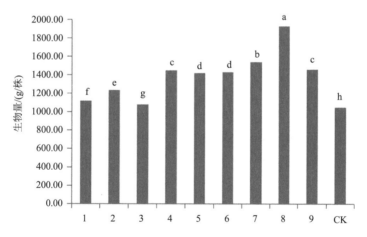

图 4-6　施肥对芳樟地上生物量的影响

不同小写字母表示处理间存在显著差异（$P<0.05$），下同

施肥处理 7 的地下生物量最大，为 1054.10g/株，相对于 CK 提升了 40.33%；地下生物量最小的为施肥处理 3，为 758.37g/株，相对于 CK 提升了 17.06%；各处理地下生物量按从大到小的顺序排列为处理 7>处理 8>处理 6>处理 9>处理 5>处理 4>处理 2>处理 1>处理 3>CK；其中每个处理之间皆存在显著差异（图 4-7）。

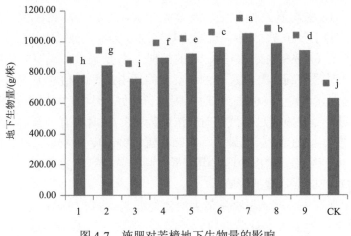

图 4-7　施肥对芳樟地下生物量的影响

9 个施肥处理中总生物量最大的为处理 8，达到 2918.10g/株，是 CK 的 1.74 倍；最小的为处理 3，总生物量为 1836.47g/株，为 CK 的 1.09 倍；芳樟总生物量按从大到小的排序依次为处理 8>处理 7>处理 9>处理 6>处理 4>处理 5>处理 2>处理 1>处理 3>CK；其中，处理 4 与处理 5 无显著差异，处理 6 与处理 9 无显著差异，每个施肥处理均与 CK 存在显著差异（图 4-8）。

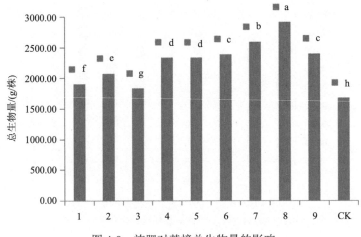

图 4-8　施肥对芳樟总生物量的影响

由表 4-15 可知，芳樟施肥试验总生物量最高的是处理 8，总生物量达到了 2918.10g/株；而施肥试验中总生物量最低的是处理 3，总生物量为 1836.47g/株；为探究施肥对芳樟总生物量影响的决定因素，对表 4-15 进行极差分析（表 4-16）。各因素极差（R 值）的大小顺序是 $R_A>R_B>R_D>R_C$，因素 A（生物炭浓度）的 R 值最大，说明因素 A 对结果的影响最大，为决定芳樟总生物量的关键因素，其次是因素

B(尿素浓度)，因素 C(过磷酸钙浓度)与因素 D(氯化钾浓度)的 R 值差不多，说明因素 C 和因素 D 对芳樟生物量的影响都较小。

表 4-15　芳樟施肥试验总生物量(g/株)统计

处理	总生物量			平均值
	I	II	III	
1	1904.70	1893.30	1917.00	1905.00
2	2082.30	2064.40	2099.20	2081.97
3	1836.60	1830.30	1842.50	1836.47
4	2344.10	2350.80	2337.10	2344.00
5	2341.30	2345.30	2337.50	2341.37
6	2393.40	2374.70	2414.20	2394.10
7	2595.00	2574.80	2614.30	2594.70
8	2918.10	2907.10	2929.10	2918.10
9	2404.00	2391.30	2414.40	2403.23

注：I、II、III 分别指从试验样地中随机测量的 3 株芳樟，即 3 个重复

表 4-16　芳樟总生物量极差分析

处理	因素				总生物量/(g/株)
	A	B	C	D	
1	1	1	1	1	1905.00
2	1	2	2	2	2081.97
3	1	3	3	3	1836.47
4	2	1	2	3	2344.00
5	2	2	3	1	2341.37
6	2	3	1	2	2394.10
7	3	1	3	2	2594.70
8	3	2	1	3	2918.10
9	3	3	2	1	2403.23
K_1	1941.14	2281.23	2405.73	2216.53	
K_2	2359.82	2447.14	2276.40	2356.92	
K_3	2638.68	2211.27	2257.51	2366.19	
极差(R)	697.54	235.87	148.22	149.66	
最优组合	A3	B2	C1	D3	

由表 4-16 可知，随着表中均值 K 的变化，因素 A 中 K_3(2638.68)＞K_2(2359.82)＞K_1(1941.14)，K_3 与 K_1、K_2 各相差 697.54、278.86，说明生物炭浓度影响芳樟总生物量的顺序为 13.6g/株的处理＞6.8g/株的处理＞3.4g/株的处理，K_3 值

最大，说明当施用生物炭浓度为 13.6g/株时最有利于芳樟总生物量的积累；同理 B2 的 *K* 值在因素 B（尿素浓度）中最大，说明尿素浓度为 86.25g/株时最有利于芳樟总生物量积累；因素 C1（过磷酸钙浓度）的 *K* 值最大，说明芳樟在施用过磷酸钙时，浓度为 7.5g/株时最有利于芳樟总生物量的增长；因素 D（氯化钾浓度）中 D3 的 *K* 值最大，说明在氯化钾浓度为 15g/株时最适宜芳樟生物量积累，综合以上说明，A3B2C1D3 组合最有利于芳樟总生物量的积累。

（三）施肥对芳樟精油提取得率及品质的影响

1. 施肥对芳樟精油提取得率的影响

如图 4-9 所示，芳樟不同部位在不同月份时的精油提取得率皆表现为施肥处理大于 CK，各处理随时间推移变化幅度较小，整体上呈先增长后下降的趋势，并都于 9 月达到最大。此外，施肥对芳樟不同月份及不同部位的精油提取得率都有一定的影响。

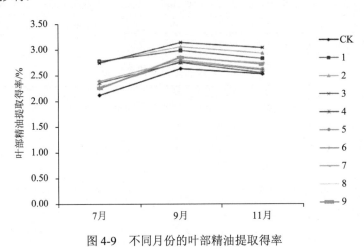

图 4-9　不同月份的叶部精油提取得率

7 月时，芳樟叶部精油提取得率最大的为处理 1，达到 2.79%，为 CK 的 1.31 倍，叶部精油提取得率最小的为处理 7，得油率为 2.25%，仅为 CK 的 1.06 倍；各处理叶部精油提取得率按从大到小的顺序排列为处理 1>处理 2>处理 3>处理 5>处理 4>处理 6>处理 8>处理 9>处理 7>CK。

9 月时，芳樟各部位精油提取得率整体较 7 月有小范围的提升，各处理间也存在一定的差异。叶部精油提取得率最大的为处理 3，叶部精油提取得率达到了 3.15%，与 CK 相比提升了 19.32%，叶部精油提取得率最小的为处理 4，得油率为 2.76%，较 CK 提升了 4.55%，各处理叶部精油提取得率从大到小排列依次为处理 3>处理 2>处理 1>处理 8>处理 9>处理 7>处理 5>处理 6>处理 4>CK。

11 月时，芳樟各部位精油提取得率有小幅度的下降。叶部精油提取得率最高的为处理 3，达 3.05%，相较于 CK 提高了 20.55%，叶部精油提取得率最小的为处理 4，为 2.56%，与 CK 相比提升了 1.19%，各处理叶部精油提取得率按从大到小的顺序排列为处理 3>处理 2>处理 1>处理 7>处理 8>处理 9>处理 5>处理 6>处理 4>CK。

为探究施肥对芳樟叶部精油提取得率影响的决定因素，极差分析结果见表 4-17。由表 4-17 可知，芳樟施肥试验叶部精油提取得率最高的是处理 3，叶部精油提取得率平均值达到了 3.15%；而施肥试验中叶部精油提取得率最低的是处理 4，叶部精油提取得率平均值为 2.76%。

表 4-17　芳樟叶部精油提取得率极差分析

处理	因素				叶部精油提取得率/%
	A	B	C	D	
1	1	1	1	1	2.99
2	1	2	2	2	3.07
3	1	3	3	3	3.15
4	2	1	2	3	2.76
5	2	2	3	1	2.81
6	2	3	1	2	2.78
7	3	1	3	2	2.85
8	3	2	1	3	2.88
9	3	3	2	1	2.86
K_1	3.07	2.87	2.88	2.89	
K_2	2.78	2.92	2.90	2.9	
K_3	2.86	2.93	2.94	2.93	
极差(R)	0.29	0.06	0.06	0.04	
最优组合	A1	B3	C3	D3	

由表 4-17 可知，各因素极差(R 值)的大小为 $R_A>R_B=R_C>R_D$，因素 A(生物炭浓度)的 R 值最大，说明因素 A 对结果的影响最大，为决定芳樟叶部精油提取得率的关键因素，其次是因素 B(尿素浓度)和因素 C(过磷酸钙浓度)，因素 D(氯化钾浓度)的 R 值最小，说明因素 D 对芳樟叶部精油提取得率的影响也是最小的。

随着表 4-17 中均值 K 的变化，因素 A 中 K_1(3.07)>K_3(2.86)>K_2(2.78)，K_1 与 K_2、K_3 各相差 0.29、0.21，说明生物炭浓度影响芳樟叶部精油提取得率的顺序为 3.4g/株的处理>13.6g/株的处理>6.8g/株的处理，K_1 值最大，说明当施用生物炭浓度为 3.4g/株时最有利于芳樟叶部精油提取得率的提升；同理，B3 的 K 值在因素 B(尿素浓度)中最大，说明尿素浓度为 115g/株时芳樟叶部精油提取得率最高；因素 C3(过磷酸钙浓度)的 K 值最大，说明芳樟在施用过磷酸钙时，浓度为 15g/株时最有利于芳樟叶部精油提取得率的提高；因素 D(氯化钾浓度)中 D3 的 K 值较大，说明在氯化钾浓度为 15g/株时芳樟叶部精油提取得率增长是最高的，综合以上说明，A1B3C3D3 组合最有利于芳樟叶部精油提取得率的提升。

为探究施肥对芳樟枝部精油提取得率影响的决定因素，极差分析结果见表 4-18。由表 4-18 可知，芳樟施肥试验枝部精油提取得率最高的是处理 1，枝部精油提取得率达到了 0.58%；而施肥试验中枝部精油提取得率最低的是处理 5，枝部精油提取得率为 0.47%。

表 4-18 芳樟枝部精油提取得率极差分析

处理	因素				枝部精油提取得率/%
	A	B	C	D	
1	1	1	1	1	0.58
2	1	2	2	2	0.57
3	1	3	3	3	0.55
4	2	1	2	3	0.48
5	2	2	3	1	0.47
6	2	3	1	2	0.52
7	3	1	3	2	0.54
8	3	2	1	3	0.5
9	3	3	2	1	0.53
K_1	0.57	0.54	0.53	0.54	
K_2	0.49	0.51	0.51	0.53	
K_3	0.53	0.53	0.52	0.51	
极差(R)	0.08	0.03	0.02	0.03	
最优组合	A1	B1	C1	D1	

由表 4-18 可知，各因素极差(R 值)的大小为 $R_A>R_B=R_D>R_C$，因素 A(生物炭浓度)的 R 值最大，说明因素 A 对结果的影响最大，为决定芳樟枝部精油提取得率的关键因素，其次是因素 B(尿素浓度)和因素 D(氯化钾浓度)，因素 C(过磷酸钙浓度)的 R 值最小，说明因素 C 对芳樟枝部精油提取得率的影响也是最小的。

随着表 4-18 中均值 K 的变化，因素 A 中 K_1(0.57)>K_3(0.53)>K_2(0.49)，K_1 与 K_2、K_3 各相差 0.08、0.04，说明生物炭浓度影响芳樟枝部精油提取得率的顺序为 3.4g/株的处理>13.6g/株的处理>6.8g/株的处理，K_1 值最大，说明当施用生物炭浓度为 3.4g/株时最有利于芳樟枝部精油提取得率的提升；同理，B1 的 K 值在因素 B(尿素浓度)中最大，说明尿素浓度为 57.5g/株时芳樟枝部精油提取得率最高；

因素 C1(过磷酸钙浓度)的 K 值最大，说明芳樟在施用过磷酸钙时，浓度为 7.5g/株时最有利于芳樟枝部精油提取得率的提高；因素 D(氯化钾浓度)中 D1 的 K 值最大，说明在氯化钾浓度为 7.5g/株时芳樟枝部精油提取得率最高，综合以上说明，A1B1C1D1 组合最有利于芳樟枝部精油提取得率的提升。

2. 施肥对芳樟精油中芳樟醇含量的影响

如图 4-10 和图 4-11 所示，芳樟不同部位精油中的芳樟醇含量在不同月份皆表现为施肥处理高于 CK，且随时间推移有所变化，整体上呈先上升后下降趋势，于 9 月达到最大。此外，施肥对芳樟不同月份及不同部位的芳樟醇含量都有一定的影响。

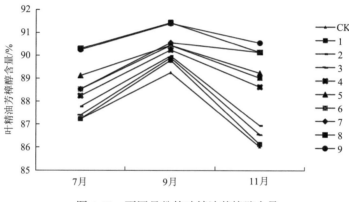

图 4-10　不同月份的叶精油芳樟醇含量

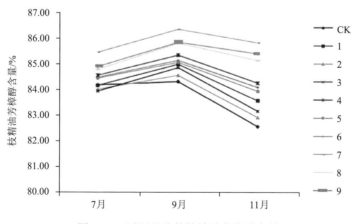

图 4-11　不同月份的枝精油芳樟醇含量

7 月时，芳樟叶部精油中芳樟醇含量最高的为处理 8，达到 90.29%，相较于 CK 提升了 3.52%；叶精油芳樟醇含量最小的为处理 3，为 87.39%，相较于 CK 提升了 0.19%；各处理叶部精油中芳樟醇含量按从大到小的顺序排列为处理 8>处理

9>处理 5>处理 7>处理 6>处理 4>处理 2>处理 1>处理 3>CK。

9 月时，芳樟各部位芳樟醇含量整体来看较 7 月有了一定的增长，各处理间也存在一定的差异。叶部精油中芳樟醇含量最大的为处理 8，叶精油芳樟醇含量达到了 91.42%，与 CK 相比提升了 2.44%，叶精油芳樟醇含量最小的为处理 1，为 89.78%，较 CK 提升了 0.61%，各处理叶精油芳樟醇含量从大到小排列依次为处理 8>处理 9>处理 7>处理 5>处理 6>处理 4>处理 2>处理 3>处理 1>CK。

到 11 月时，芳樟各部位芳樟醇含量较 9 月又有一定的下滑趋势。在处理 9 的施肥配方下，叶精油芳樟醇含量最高，达 90.70%，比 CK 提高了 4.69%；而在处理 1 的施肥配方下叶精油芳樟醇含量最小，为 86.12%，比 CK 提升了 0.11%；各处理叶精油芳樟醇含量按从大到小的顺序排列为处理 9>处理 8>处理 7>处理 5>处理 6>处理 4>处理 2>处理 3>处理 1>CK。

为探究施肥对芳樟叶精油芳樟醇含量影响的决定因素，极差分析结果见表 4-19。由表 4-19 可知，芳樟施肥试验叶精油芳樟醇含量最高的是处理 8，叶精油芳樟醇含量平均值达到了 91.42%；而施肥试验中叶精油芳樟醇含量最低的是处理 1，叶精油芳樟醇含量平均值为 89.78%。

表 4-19 芳樟叶精油芳樟醇含量极差分析

处理	因素				芳樟醇含量/%
	A	B	C	D	
1	1	1	1	1	89.78
2	1	2	2	2	89.97
3	1	3	3	3	89.89
4	2	1	2	3	90.23
5	2	2	3	1	90.43
6	2	3	1	2	90.26
7	3	1	3	2	90.55
8	3	2	1	3	91.42
9	3	3	2	1	91.39
K_1	89.88	90.19	90.53	90.51	
K_2	90.31	90.61	90.49	90.26	
K_3	91.12	90.51	90.29	90.53	
极差(R)	1.24	0.46	0.24	0.27	
最优组合	A3	B2	C1	D3	

由表 4-19 可知，各因素极差(R 值)的大小为 $R_A>R_B>R_D>R_C$，因素 A(生物炭浓度)的 R 值最大，说明因素 A 对结果的影响最大，为决定芳樟叶精油芳樟醇含量的关键因素，其次是因素 B(尿素浓度)和因素 D(氯化钾浓度)，因素 C(过磷酸

钙浓度)的 R 值最小，说明因素 C 对芳樟叶精油芳樟醇含量的影响也是最小的。

随着表 4-19 中均值 K 的变化，因素 A 中 $K_3(91.12)>K_2(90.31)>K_1(89.88)$，$K_3$ 与 K_1、K_2 各相差 1.24、0.81，说明生物炭浓度影响芳樟叶精油芳樟醇含量的顺序为 13.6g/株的处理>6.8g/株的处理>3.4g/株的处理，K_3 值最大，说明当施用生物炭浓度为 13.6g/株时最有利于芳樟叶精油芳樟醇的产生；同理，B2 的 K 值在因素 B(尿素浓度)中最大，说明尿素浓度为 86.25g/株时叶精油芳樟醇含量最高；因素 C1(过磷酸钙浓度)的 K 值最大，说明芳樟在施用过磷酸钙时，浓度为 7.5g/株时最有利于芳樟叶部芳樟醇产生；因素 D(氯化钾浓度)中 D3 的 K 值最大，说明在氯化钾浓度为 15g/株时芳樟叶精油芳樟醇含量是最高的，综合以上说明，A3B2C1D3 组合最有利于提高芳樟叶精油芳樟醇含量。

为探究施肥对芳樟枝精油芳樟醇含量的决定因素，极差分析结果见表 4-20。由表 4-20 可知，芳樟施肥试验枝精油芳樟醇含量最高的是处理 7，枝精油芳樟醇含量平均值达到了 86.32%；而施肥试验中枝精油芳樟醇含量最低的是处理 2，枝精油芳樟醇含量平均值为 84.53%。

由表 4-20 可知，各因素极差(R 值)的大小为 $R_A>R_B>R_C>R_D$，因素 A(生物炭浓度)的 R 值最大，说明因素 A 对结果的影响最大，为决定芳樟枝精油芳樟醇含量的关键因素，其次是因素 B(尿素浓度)和因素 C(过磷酸钙浓度)，因素 D(氯化钾浓度)的 R 值最小，说明因素 D 对芳樟枝精油芳樟醇含量的影响也是最小的。

表 4-20　芳樟枝精油芳樟醇含量极差分析

处理	因素				芳樟醇含量/%
	A	B	C	D	
1	1	1	1	1	84.97
2	1	2	2	2	84.53
3	1	3	3	3	84.76
4	2	1	2	3	85.31
5	2	2	3	1	85.04
6	2	3	1	2	85.12
7	3	1	3	2	86.32
8	3	2	1	3	85.79
9	3	3	2	1	85.83
K_1	84.75	85.53	85.29	85.28	
K_2	85.16	85.12	85.22	85.32	
K_3	85.98	85.24	85.37	85.29	
极差(R)	1.23	0.41	0.15	0.04	
最优组合	A3	B1	C3	D2	

由表 4-20 可知，随着表中均值 K 的变化，因素 A 中 $K_3(85.98)>K_2(85.16)>$ $K_1(84.75)$，K_3 与 K_1、K_2 各相差 1.23、0.82，说明生物炭浓度影响芳樟枝精油芳樟醇含量的顺序为 13.6g/株的处理>6.8g/株的处理>3.4g/株的处理，K_3 值最大，说明当施用生物炭浓度为 13.6g/株时最有利于芳樟枝部芳樟醇的产生；同理，B1 的 K 值在因素 B(尿素浓度)中最大，说明尿素浓度为 57.5g/株时枝精油芳樟醇含量最高；因素 C3(过磷酸钙浓度)的 K 值最大，说明芳樟在施用过磷酸钙时，浓度为 15g/株时最有利于芳樟枝精油芳樟醇产生；因素 D(氯化钾浓度)中 D2 的 K 值较大，说明在氯化钾浓度为 11.25g/株时芳樟枝精油芳樟醇含量是最高的，综合以上说明，A3B1C3D2 组合最有利于提高芳樟枝精油芳樟醇含量。

3. 施肥对生理指标的影响

由表 4-21 可知，在施肥前，10 个处理样地中，处理 3、处理 7 和处理 8 的 POD 值无显著差异，但却与 CK 差异显著，而其余处理与 CK 均无显著差异。从 SOD 值来看，除处理 2，其余处理与 CK 之间均无显著差异。施肥处理前的 CAT

表 4-21　施肥前后生理指标

处理	时期	POD 活性/ [U/(mg/min)]	SOD 活性/ [U/(μg/min)]	CAT 含量/ [mg/(g/min)]	MDA 含量/ (nmol/g)	可溶性蛋白含量/(mg/g)	可溶性糖含量/(mg/g)
1	A1	326.75±8.81bc	283.44±7.93c	63.97±1.85a	6.33±0.17abc	11.07±0.66e	0.38±0.02cd
	A2	480.32±9.47g	319.27±2.15cd	91.74±7.63ab	5.29±0.39a	11.99±0.68fg	0.39±0.02ef
2	A1	330.06±9.40bc	298.2±4.42a	64.55±5.50a	7.01±0.22a	11.23±0.32de	0.41±0.01abc
	A2	684.3±4.90c	330.76±3.90b	99.66±4.58a	5.11±0.83a	13.58±0.73cd	0.46±0.01d
3	A1	338.21±6.73ab	291.22±1.05abc	70.21±2.72a	7.44±0.75a	13.31±0.88a	0.39±0.02bcd
	A2	803.22±3.57a	316.11±4.63d	90.89±2.98abc	4.93±0.15a	14.52±0.97abc	0.54±0.01ab
4	A1	333.56±7.91bc	289.15±7.24abc	73.27±7.77a	6.93±0.89a	12.33±0.51abcd	0.43±0.02a
	A2	495.33±8.27f	323.13±7.81bcd	80.27±6.11d	4.86±0.72a	12.54±0.18ef	0.56±0.02a
5	A1	321.74±8.66c	292.53±2.86abc	66.49±4.05a	6.72±0.61ab	12.29±0.78abcd	0.38±0.02cd
	A2	580.76±2.48e	349.22±6.04a	84.73±1.30bcd	5.02±0.46a	13.75±0.42bcd	0.41±0.01ef
6	A1	325.98±3.15bc	290.08±3.63abc	65.76±6.72a	5.38±0.84cd	12.48±0.43abc	0.37±0.01d
	A2	650.87±6.68d	316.88±7.82d	90.22±1.15abc	4.76±0.26a	14.77±0.31ab	0.48±0.03cd
7	A1	348.99±4.05a	292.49±5.75abc	71.25±3.32a	5.76±0.71bcd	13.12±0.74abc	0.40±0.01abcd
	A2	503.42±7.37f	328.92±9.43bc	95.78±7.23a	4.33±0.57a	13.21±0.19de	0.51±0.02bc
8	A1	348.22±2.45a	294.3±7.21ab	68.11±7.41a	4.99±0.26d	11.74±0.27cde	0.42±0.03ab
	A2	790.24±6.13b	357.23±3.79a	82.11±3.39cd	4.19±0.22a	14.02±0.52bcd	0.57±0.01a
9	A1	322.99±3.48c	287.93±2.62bc	68.34±5.54a	5.11±0.67d	12.12±0.84bcde	0.41±0.01abc
	A2	640.33±2.26d	317.52±1.06d	78.99±5.05d	4.36±0.79a	15.23±0.62a	0.42±0.02e
CK	A1	323.63±6.25c	285.77±3.68bc	63.21±3.39a	5.45±0.35cd	11.39±0.33cde	0.37±0.02d
	A2	326.21±7.34h	283.45±5.08e	63.98±5.90e	5.33±0.95a	11.28±0.45g	0.38±0.02f

注：同列不同小写字母表示处理间存在显著差异($P<0.05$)

值也较为相近。从 MDA 值来看，处理 1、处理 2、处理 3、处理 4 和处理 5 之间无显著差异，但却与 CK 存在显著差异。施肥前的可溶性蛋白含量差距不大，除处理 3 与处理 7 外，其余与 CK 均无显著差异。从可溶性糖含量来看，处理 2、处理 4、处理 8、处理 9 与 CK 差异显著。

在进行不同配比的施肥试验之后，芳樟植株各生理指标产生了明显的变化，各处理与 CK 的差异也都较为显著。施肥后各样地的 POD 值，每个处理较施肥前都出现了较大的变化，其中处理 3 的 POD 值最大，为 803.22U/(mg/min)，是 CK 的 2.46 倍；最小的为处理 1，是 480.32U/(mg/min)，为 CK 的 1.47 倍；其中处理 4 与处理 7、处理 6 与处理 9 无显著差异，其余处理之间皆差异显著。从 SOD 值来看，处理 8 的 SOD 值最大，为 357.23U/(μg/min)，相较于 CK 提升了 26.03%；最小的是处理 3，为 316.11U/(μg/min)，相比于 CK 提高了 11.52%；其中每一个处理与 CK 之间均存在显著差异。CAT 值较施肥前也出现了较大的提高，CAT 值最大的为处理 2，为 99.66mg/(g/min)，是 CK 的 1.56 倍，最小的为处理 9，为 78.99mg/(g/min)，是 CK 的 1.23 倍；每个处理均与 CK 差异显著。从 MDA 含量上看来，虽然每个处理间无显著差异，但不同施肥处理均让 MDA 值有所下降，其中 CK>处理 1>处理 2>处理 5>处理 3>处理 4>处理 6>处理 9>处理 7>处理 8。从可溶性蛋白含量来看，施肥后各处理含量都有所提升，处理 9 的可溶性蛋白含量最高，达到了 15.23mg/g，与 CK 相比提高了 35.02%；最低的是处理 1，为 11.99mg/g，与 CK 相比提高了 6.29%；除处理 1 外，每个施肥处理的可溶性蛋白含量均与 CK 差异显著；处理 2、处理 5 和处理 8 无显著差异，处理 3、处理 6 和处理 9 无显著差异，同一梯度水平氮肥对可溶性蛋白含量的提升作用相近，说明氮肥对可溶性蛋白含量存在一定影响。从可溶性糖含量上看来，施肥也有效提升了植株的可溶性糖含量，其中最大的是处理 8，达到了 0.57mg/g，相较于 CK 提升了 50%；最小的是处理 1，为 0.39mg/g，相较于 CK 提升了 2.63%；其中处理 1、处理 5 与 CK 不存在显著差异，其余处理皆与 CK 差异显著。

三、讨论与结论

（一）施肥对土壤化学性质的影响

氮磷钾是植物生长、发育的必需养分，与植物的品质息息相关。氮肥的施用有促进植物茎叶茂密生长、叶色翠绿、提高蛋白质含量的作用；磷肥的合理施用，可增加植株产量，改善植株品质，促使植株开花结果，提高结果率；钾参与养分的合成、转化和运输，施用钾肥能增强植物的抗逆性，促进蛋白质的合成，提高植物的产量。但单独施用某一种肥料不能充分发挥其作用，使植物得到最大程度地生长，不仅容易造成肥料的浪费，还可能抑制植物的生长，因此合理配施氮磷钾肥才可以改善植物的生长状况，维持植物良好的生长状态和外观形态，提高土壤肥力，提升植物生物量及品质。本试验通过施用生物炭、尿素、过磷酸钙、氯化钾等肥料，并对几种肥料进行合理配比，以提高土壤养分，促进芳樟生长。来亚男（2018）研究表明，施用生物炭后土壤 pH 和有机质含量呈现上升趋势，这和本试验结果一致；罗兴技（2019）在研究不同施肥对竹柏幼苗生长的影响时发现，施用磷肥或氮磷肥配施能显著提升土壤速效钾的含量，速效钾含量由 3.54mg/kg 上升至 62.19mg/kg，这与本试验结果相符；袁晶晶（2018）在研究生物炭配施氮肥对土壤肥力的试验中得出，通过施用一定量的生物炭和氮肥，提高了土壤全磷、全钾、速效钾、有机质的含量，且随着生物炭施用量的增加，这些指标也相应上升，本试验在施肥后这些指标有相应提高，但却没有随生物炭增长而上升的趋势，这可能与土壤还施用了其他种类的肥料有关；梁栋（2017）在研究配方施肥对枇杷园土壤化学性质影响时发现，合理的配方施肥能提高土壤有机质含量，均衡土壤速效磷、速效钾的含量，这与本试验结果基本一致；高超前（2019）的研究表明，通过施用不同浓度的复合肥，能较好改良土壤速效钾、有效磷、有机质等土壤指标，其中当施用量为 30g/株时，土壤速效钾和有机质含量有了一定的提升，施用 25g/株时能较好提升土壤有效磷含量，说明不同剂量施肥都能在一定程度上提升不同的土壤养分含量，本试验各土壤指标达最高时的施肥剂量虽与上述研究有所差别，但也出现了施肥后土壤养分明显增加的状况，剂量上的不同与树木生存环境、树龄大小不同存在一定的关系。

（二）施肥对芳樟生长性状的影响

试验结果表明，9 种施肥处理均能有效增大芳樟的地径、株高、冠幅和生物量。胡文忠等（2019）研究认为，施肥可显著改善油松植株的生长状况；熊靓等（2019）研究表明，各配方施肥处理对汉源葡萄青椒生长均有促进作用，各配方施肥处理下的地径、冠幅、树高与不施肥处理相比有了显著提高；申礼凤等（2019）在对铁力木幼苗的施肥研究中发现，相比于未施肥处理，铁力木幼苗的株高、地径和总生物量都有了显著的提升；李秀珍等（2014）的研究表明，不同施肥处理对无性系油茶幼树的营养生长产生了一定的影响，施肥后的油茶幼树其树高、冠幅、梢长生长等指标都不同程度的提升；陆宁等（2016）在对厚朴进行研究时发现，相较于未施肥处理，不同氮磷钾配比施肥对厚朴的树高、胸径、生物量等指标都产生了显著影响。以上研究均与本试验的结果相符，说明施肥能够有效促进植物的生长发育。

生物炭是一种在无氧或者限氧条件下低温热解而得到的一种细粒度、多孔性的炭性材料，能有效改善土壤的理化性质，促进植物生长，已有研究结果显示，随着生物炭含量的增加，植物的株高、地径、冠幅和生物量都有所提升，这与本试验结果一致。王健宁等（2019）在研究"玛瑙红"樱桃时得出，施用不同量的生物炭能不同程度地促进植株的生长发育，干高、干径、新梢长、地上部和地下部生物量均有明显提高，但 3%(每千克土壤施用 3g 生物炭)施用量较 6%施用量促进效果好，而在本试验中，植株的株高、地径、冠幅随着生物炭施用量的增多呈正相关增长，两种试验结果有些许不同，这可能与生物炭施用量、植株大小、植物种类及土壤的基本性质不同有关。张令(2017)的研究发现，通过生物炭与氮肥配施，不同施肥处理均能促进巨尾桉幼苗苗高与地径的生长，且在生物炭施用量达到 2%(每千克土壤施用 2g 生物炭)水平时，增长最为显著，但并不是生物炭施用越多，增长量就越大；本试验通过生物炭与氮磷钾肥配施发现，不同施肥处理均能促进株高与地径的增长，且随生物炭施用量的增多，增长量增大，两个试验存在一些差异，这可能与生物炭施用浓度的设置有关。

在合适的范围内，植物生长整体态势随着施氮量增加表现出先上升后下降的趋势，较高水平的施肥配比能有效促进植株生长，但当氮肥超过一定量后，会抑制植株的生长，说明氮元素浓度过高会对植株的生长状态产生胁迫，这与杨阳(2020)对福建柏的施肥研究结论一致。此外，本试验发现，施用同一水平氮肥搭配不同施肥量的磷肥和钾肥，植物生长状态有显著差异，原因可能是氮肥与磷、钾元素配施后，通过 3 种元素之间的交互作用增强了根系的发育能力，使植株吸收更多养分，生长状况良好，这与张明月等(2018)对罗汉松幼苗生长影响的研究结论一致，该研究表明，施的磷肥与地下生物量积累呈正相关。本试验发现，钾肥对地径生长有一定的促进作用，芳樟地径随施钾量增多而增大，当基质中钾含量小于 100mg/kg 时，施钾肥对增产具有明显的效果。综上，氮素作为构成植物体内蛋白质、核酸等的重要元素之一，一般情况下植物生长态势随着施氮量的提升而提升，过量则会抑制生长速度，但是在实际栽培过程中，同时要考虑到土壤本底的肥力情况，钾含量较低土壤在增施氮肥同时应该适当增加钾肥的施用量，以利于植物生长。

(三)施肥对芳樟精油提取得率及品质的影响

试验结果表明，9 种施肥处理均能有效提升芳樟精油得率及芳樟醇含量。魏双雨等(2019)在研究不同施肥对油用牡丹的品质影响时发现，通过施用不同配比的氮磷钾肥，油用牡丹出仁率和种仁含油率有了显著提升，其中施以氮肥 345kg/hm^2、钾肥 324kg/hm^2、磷肥 124.2kg/hm^2 时产油率达到最大，与本试验最佳处理的氮磷钾配比不同，这可能是与采用的施肥设计方法不同有关，但本试验结果也表明，不同氮磷钾配比施肥确实能改善植株产量与出油率。曾宇等(2012)研究表明，油菜籽粒产量随施肥量、种植密度的增大而增加，且选择每公顷施纯氮 135~225kg、P$_2$O$_5$ 575~124kg、K$_2$O 108~180kg，并且在 45 万~75 万株/hm^2 时产油量达到最大，换算后与本试验施肥量上存在差异，这可能与物种、种植密度有很大的关系。包中祥等(2010)在研究毛叶木姜子时发现，相较于未施肥，不管是施用有机肥或无机肥，施肥都可显著提高毛叶木姜子的含油率，且增幅最小都达到 0.5%，但本试验增幅最小都已经超过 5%，说明本试验所采取的施肥配方有利于芳樟精油含量的提升。

(四)施肥对生理指标的影响

植物的生理指标往往从一定程度上反映了植物内部的运行状况，每个生理指标都有自己独特的功能。POD 是一类氧化还原酶，具有消除过氧化氢和酚类、胺类毒性的双重作用；SOD 是一种含有金属元素的活性蛋白酶，能消除生物体在新陈代谢中产生的有害物质；CAT 是催化过氧化氢分解为氧和水的酶，使得过氧化氢不和其他物质生成有害的—OH；MDA 是衡量氧化胁迫的重要指标之一，能反映植物膜脂过氧化的程度，能间接测定膜系统受损程度以及植物的抗逆性；可溶性蛋白是重要的渗透调节物质和营养物质，它们的积累能提高细胞的保水能力，对细胞的生命物质和细胞膜起保护作用；可溶性糖是一种重要的渗透调节物质，各种胁迫环境都会使得可溶性糖含量发生明显变化。闫杰伟(2019)在研究观赏桃'元春'时发现，施肥能显著提升可溶性糖和可溶性蛋白含量，且高水平的氮钾有助于蛋白质的积累，这与本试验结果相符。付晓凤等(2018)研究表明，各施肥处理间幼苗叶片可溶性糖、可溶性蛋白含量有极显著差异，而本试验各施肥处理间虽有显著差异，但未达极显著水平，这可能与本试验施肥量较少存在关系。王红梅等(2017)研究发现，不同肥水配比对紫穗槐生理特性产生了一定的影响，当保水剂一定时，施肥浓度为 $12g/m^2$ 时，叶片中 MDA 含量增长，POD 活性下降，可溶性蛋白含量增多，而在本试验中各施肥处理的 MDA 含量都有所下降，POD 活性增强，可溶性蛋白含量增高，产生这种不同的原因有可能是两种试验所涉及的影响因子不同，在紫穗槐的施肥试验中，除了施用肥料外，水分也是一个变化量，水肥相互作用可能导致了差异的出现。颜晓艺等(2016)研究表明，在施用了不同配比氮磷钾肥的 9 种处理中，2 年生丹桂幼苗叶片 SOD、POD 活性及可溶性蛋白含量出现了上升趋势，这与本试验结果相符。马俊伟(2015)研究表明，不同的施肥处理对植物 POD、SOD 活性和 MDA 含量都产生了一定的影响，可溶性糖、可溶性蛋白含量的差异在 3 种处理间都达到了显著水平,本试验通过施肥 POD、SOD 活性及 MDA、可溶性糖、可溶性蛋白含量都出现了不同水平的变化，这与上述试验结果相符。丁雪梅(2012)的研究表明，当施用合理剂量的氮磷钾肥时，POD、SOD 和 CAT 活性显著增强，MDA 含量显著降低，以上情况都有效加强了细胞膜的保护功能，这与本试验结果一致。

第四节　生物炭复合肥对芳樟醇合成调控基因表达的影响

近年来，转录组学广泛应用于挖掘功能基因、了解活性成分的代谢通路和鉴定次生代谢关键酶基因等方面。多种化合物如黄酮类、甾体皂苷类、三萜类等都已通过转录组学研究解析了其生物合成途径。目前，芳樟研究多集中于化学成分提取，药理活性和栽培技术等方面，分子层面上研究则比较少。本研究通过高通量测序平台构建芳樟的转录组数据库，对基因进行功能注释，研究芳樟叶片和枝条在施肥前后的差异基因，挖掘芳樟醇合成途径基因对施肥的响应机制，为进一步对芳樟醇关键基因克隆、功能验证及遗传改良等奠定了基础。

一、材料与方法

（一）试验材料

试验材料同本章第三节材料与方法。取 6 月（施肥前）和 9 月处理 3（施肥后）的芳樟枝条和叶片进行转录组学分析，样品保存于–80℃冰箱，用于 RNA 提取。

（二）RNA 提取与文库构建

使用 RNAprep Pure 多糖多酚植物总 RNA 提取试剂盒提取芳樟总 RNA，具体步骤参照试剂盒说明书。提取出 RNA 之后，使用 1.0×TAE 电泳缓冲液制作 1.0% 的琼脂糖凝胶，在 160V 电压下跑胶 20min，在凝胶成像系统观察跑胶结果，查看总 RNA 是否完整。提取出的 RNA 分别用 Nano Drop 微量分光光度计（Thermo Fisher Scientific，美国）和 Agilent 2100 生物分析仪（Agilent Technology，美国）检测其纯度、浓度和完整性。并利用 Oligo(dT) 磁珠从芳樟总 RNA 中纯化 mRNA，将 mRNA 打断为片段，构建芳樟转录组的 cDNA 文库。

（三）转录组测序与质控

cDNA 文库经检测合格之后利用 DNBSEQ 平台（华大基因，武汉）对其进行测序。将质量低、接头污染严重及未知碱基(N)含量过高的读段过滤，从而得到高质量读段。具体按以下条件对测序数据进行质量控制：①截除测序片段(read)中的测序接头及引物序列；②过滤低质量值数据[包括单端序列中未知碱基(N)超过 10%或者低质量碱基($Q<5$)超过 50%]，确保数据质量。经过上述操作之后得到经质量控制的高质量有效数据，后期数据分析均基于过滤后数据(clean data)。

（四）参考基因组比对和基因表达分析

得到有效数据之后，以芳樟基因组为参考基因组，使用 HISAT 将过滤后测序片段(clean read)比对到参考基因组序列。HISAT 是一款用于 RNA-seq 测序片段比对参考基因组的软件，基于 Burrows-Wheeler transform(BWT) 和 Ferragina-Manzini(FM) 的索引采用全基因组和局部基因组两种索引形式。HISAT 具有速度快、灵敏度和准确度高、内存消耗低等特点。采用 Bowtie2 比对，并用 RSEM 软件计算基因表达水平，得到每个基因的标准表达量(FPKM)。采用 DEseq2 软件进

行分析，筛选阈值为 $\log_2|FC|>1$ 和错误率（false discovery rate，FDR）小于 0.01，P 值<0.05。使用 HeatMap 制作基因表达量热图，通过热图分析相应基因在香樟叶片和枝条部分的表达量变化。

（五）差异可变剪接分析

与参考基因组比对之后，使用 rMATS 检测不同样品间的差异剪接基因和样品自身的剪接事件。rMATS 是一款对 RNA-Seq 数据进行差异可变剪接分析的软件，其通过 rMATS 统计模型对不同样本进行可变剪接事件的表达定量，然后以似然比检验（likelihood-ratio test，LRT）计算 P 值来表示两组样品在 IncLevel（Inclusion Level）水平上的差异，并利用 Benjamini Hochberg 算法对 P 值进行校正得 FDR 值。rMATS 可识别的可变剪接事件有 5 种，分别是外显子跳跃，即 skipped exon（SE），5′端可变剪接，即 alternative 5′ splice site（A5SS），3′端可变剪接，即 alternative 3′ splice site（A3SS），外显子互斥，即 mutually exclusive exons（MXE）和内含子保留，即 retained intron（RI）。

二、结果与分析

（一）RNA 提取质量

提取的芳樟枝条和叶片的总 RNA，质量检测结果如表 4-22 所示。芳樟枝条和叶片两个部位样品的 OD_{260}/OD_{280} 分布于 2.07～2.15，说明 RNA 纯度较高；浓度最低为 63.0ng/μL，满足转录组建库要求。

表 4-22　RNA 提取质量

样品名称	样品编号	浓度/(ng/μL)	OD_{260}/OD_{280}
枝条	c_s_1	63.0	2.07
	c_s_2	89.2	2.11
	c_s_3	124.3	2.13
叶片	c_l_1	243.5	2.14
	c_l_2	257.2	2.15
	c_l_3	203.7	2.13
施肥后枝条	t_s_1	102.3	2.05
	t_s_2	115.2	2.11
	t_s_3	98.5	2.09
施肥后叶片	t_l_1	210.3	2.13
	t_l_2	205.4	2.10
	t_l_3	198.7	2.11

注：每个样品 3 个重复，编号 1、2、3

(二)芳樟转录组测序结果

1. 测序数据产出

采用 DNBSEQ 平台测序,测序的原始数据包含低质量、接头污染及未知碱基(N)含量过高的测序片断,数据分析之前需要去除这些测序片断以保证结果的可靠性。过滤后测序片断的质量指标见表 4-23。共得到 75.38Gb 有效数据,每个样品平均产出 6.28Gb 有效数据。样品比对基因组的平均比对率为 84.47%,比对基因集的平均比对率为 70.59%,GC 含量分布在 43.56%~44.18%,Q30 碱基百分比均不小于 88.75%。

表 4-23　转录组测序数据统计

样品	原始测序数据/ M	过滤后数据/ M	有效数据量/ Gb	Q30/ %	基因组比对率/ %	基因集比对率/ %	GC 含量/%
c_s_1	67.47	63.26	6.33	88.84	84.15	70.43	43.84
c_s_2	67.47	63.29	6.33	88.81	84.93	71.19	43.99
c_s_3	67.47	62.21	6.22	88.84	83.16	69.85	44.18
c_1_1	69.96	63.89	6.39	89.05	84.16	69.52	43.72
c_1_2	69.96	64.12	6.41	89.55	85.41	71.81	43.90
c_1_3	67.47	61.61	6.16	89.42	84.16	69.35	43.56
t_s_1	67.47	61.67	6.17	88.75	83.98	70.44	44.13
t_s_2	67.47	61.67	6.17	89.19	83.15	69.01	43.76
t_s_3	69.96	63.55	6.35	88.95	84.83	71.29	44.00
t_1_1	67.47	61.95	6.19	89.44	85.07	71.05	43.87
t_1_2	67.47	62.05	6.21	89.31	85.46	71.95	44.06
t_1_3	69.96	64.55	6.45	89.87	85.14	71.17	44.00

2. 转录本长度分布

用 perl 脚本对芳樟转录本进行长度统计,芳樟转录本的长度分布如图 4-12 所示,长度在 300~1000nt 的转录本有 8654 条,占总转录本的 33.42%,在 1000~2000nt 的转录本有 9629 条,占总转录本的 37.18%,在 2000~3000nt 的转录本有 4558 条,占总转录本的 17.60%,大于 3000nt 的转录本有 3057 条,占总转录本的 11.80%。

(三)施肥前后差异基因分析

1. 差异基因维恩分析

将施肥前叶片的 3 个重复视为一个组,施肥前枝条的 3 个重复视为一个组,施肥后叶片的 3 个重复视为一个组,施肥后枝条的 3 个重复视为一个组,本研究利用维恩图展示了基因在不同比较组间的情况。结果如图 4-13 和图 4-14 所示,

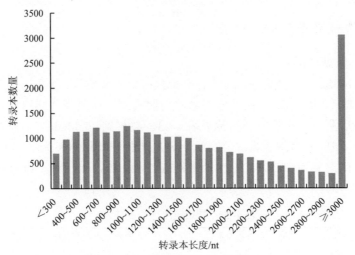

图 4-12　转录本长度分布图

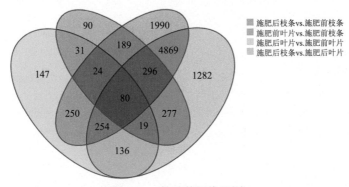

图 4-13　差异基因维恩图

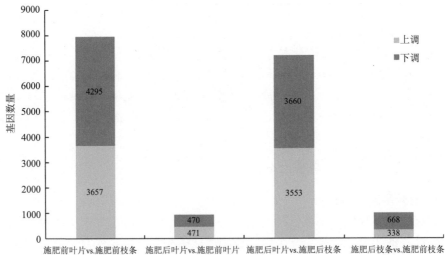

图 4-14　差异基因数量

在施肥后枝条与施肥前枝条比较组中，共有 1006 个差异基因，其中有 338 个上调表达基因，有 668 个下调表达基因。在施肥前叶片与施肥前枝条比较组中，共有7952 个差异基因，其中有 3657 个上调表达基因，有 4295 个下调表达基因。在施肥后叶片与施肥前叶片比较组中，共有 941 个差异基因，其中有 471 个上调表达基因，有 470 个下调表达基因。在施肥后叶片与施肥前枝条比较组中，共有 7213

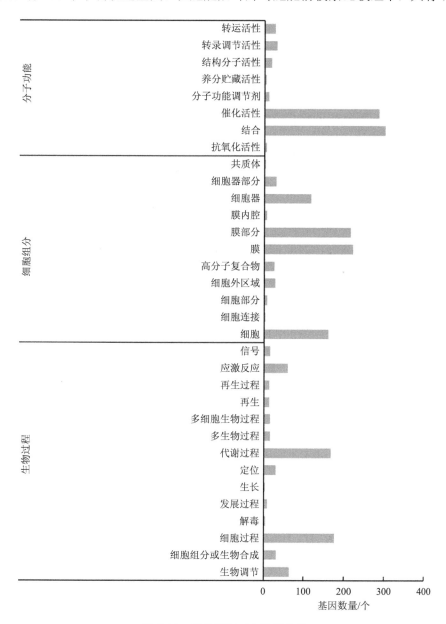

图 4-15　差异基因 GO 功能分类

个差异基因,其中有 3553 个上调表达基因,有 3660 个下调表达基因。有 154 个差异基因在施肥后枝条与施肥前枝条比较组、施肥后叶片与施肥前叶片比较组中均存在,表明施肥处理可能引起了这些基因表达水平的变化。

2. 差异基因 GO 功能分类

以施肥后叶片与施肥前叶片组别为代表,分析施肥前后叶片中差异基因的 GO 功能分类。通过 GO 功能注释,将差异基因分为分子功能(molecular function)、细胞组分(cellular component)和生物过程(biological process)三大功能类,共 33 小类(图 4-15)。在分子功能大类中,注释到结合(binding)的差异基因最多,有 302 个,其次是催化活性(catalytic activity),有 286 个,另外还涉及转运活性(transporter activity)、转录调节活性(transcription regulator activity)等;在细胞组分大类中,注释到膜(membrane)的差异基因最多,有 222 个,其次是膜部分(membrane part),有 216 个;在生物过程大类中,注释到细胞过程(cellular process)的差异基因最多,有 178 个,其次是代谢过程(metabolic process),有 169 个。由此可见,施肥处理通过影响芳樟内部的代谢、合成与转运功能,从而影响了芳樟醇合成。

3. 差异基因 KEGG 功能分类

以施肥后叶片与施肥前叶片组别为代表,将差异基因参与的 KEGG 代谢通路分为 5 个大类:细胞过程(cellular process)、环境信息处理(environmental information processing)、遗传信息处理(genetic information processing)、代谢(metabolism)和有机系统(organismal system),共 19 个小类(图 4-16)。在细胞过程中,注释到运输与分解代谢(transport and catabolism)的基因有 13 个;在环境信息处理中,注释到信号转导(signal transduction)的基因数量最多,有 66 个;在遗传信息处理中,注释到折叠、分类和降解(folding, sorting and degradation)的基因数量最多,有 60 个;在代谢中,注释到全局和概述地图(global and overview map)的基因数量最多,有 185 个,注释到萜类和聚酮化合物代谢(metabolism of terpenoids and polyketides)的基因有 24 个;在有机系统中,注释到环境适应(environmental adaptation)的基因有 77 个。这些结果表明,施肥可能通过直接影响与萜类和聚酮化合物、其他次生代谢物合成相关基因的表达,或通过间接影响蛋白质转录、翻译和折叠,以及植物激素信号转导的生物功能,实现对芳樟醇合成的调控。

4. 可变剪接分析

与参考基因组比对之后,使用 rMATS 检测不同样品的可变剪接是否有差异。检测到其中 5 种可变剪接事件,包括:外显子跳跃、5′端可变剪接、3′端可变剪接、外显子互斥和内含子保留。在施肥前叶片与施肥前枝条比较组中,A3SS、A5SS 和 MXE 均分别占比 13.16%,RI 占比 46.71%,SE 占比 13.82%。在施肥后叶片与施肥前叶片比较组中,A3SS 占比 20.31%,A5SS 占比 12.50%,未发生 MXE 可变剪接事件,RI 占比 53.13%,SE 占比 14.06%。在施肥后叶片与施肥后枝条比较

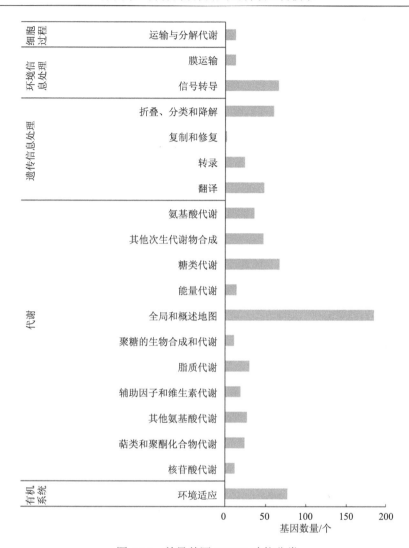

图 4-16 差异基因 KEGG 功能分类

组中，A3SS 占比 19.54%，A5SS 占比 14.94%，MXE 占比 13.79%，RI 占比 42.53%，SE 占比 9.20%。在施肥后枝条与施肥前枝条比较组中，A3SS 占比 24.14%，A5SS 占比 6.90%，未发生 MXE 可变剪接事件，RI 占比 48.28%，SE 占比 20.69%（图 4-17）。

5. 芳樟醇调控基因对施肥的响应表达

施肥前后芳樟精油中芳樟醇含量如表 4-24 所示，芳樟枝条和叶片精油中芳樟醇含量在施肥之后均有提高。不论是施肥前还是施肥后，叶片的芳樟醇相对含量均高于枝条。施肥后不同时段叶片和枝条中芳樟醇相对含量均高于施肥前，差异均达显著水平（$P<0.05$）；并在 9 月（施肥后第 3 个月）枝条和叶片中的芳樟醇相对

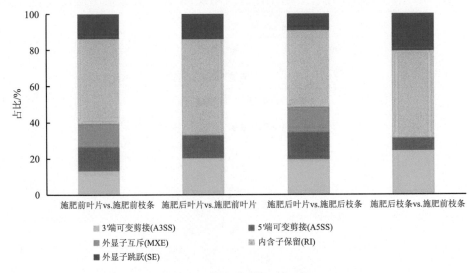

图 4-17 差异基因可变剪接事件

含量均达到最高，分别为 84.83% 和 89.89%，但在 11 月（施肥后第 5 个月）枝条和叶片中的芳樟醇相对含量显著下降。为分析其响应机制和关键基因，本研究结合其代谢途径进行了分析。结果（图 4-18）显示：施肥后枝条中有 10 个基因表达上调，叶中有 15 个基因表达上调，其中在枝条和叶中共同上调的基因有 8 个，包括 1 个 *DXS* 基因（*DXS3*），1 个 *DXR* 基因，1 个 *HDR* 基因（*HDR2*），1 个 *IDI* 基因（*IDI2*），1 个 *GPPS* 基因（*GPPS1*）和 3 个 *LIS* 基因（*LIS1*、*LIS2*、*LIS4*）。这些基因可能为芳樟醇施肥响应的关键基因，对施肥提高芳樟醇含量起了重要作用。一些基因表达下调，也可能与其本身对芳樟醇合成有抑制作用有关。施肥后，芳樟醇调控基因表达情况相应地发生变化，形成芳樟对施肥的响应表达。通过大部分基因表达量提高，一些基因表达量降低，来促进芳樟醇的合成。

表 4-24　施肥前后芳樟精油中芳樟醇含量（%）

取样时间	不同部位芳樟醇相对含量	
	叶片	枝条
施肥前	84.91±0.02c	74.65±0.01c
施肥后的第 1 个月	87.39±0.05b	83.92±0.05ab
施肥后的第 3 个月	89.89±0.01a	84.83±0.06a
施肥后的第 5 个月	86.54±0.41b	83.13±0.61b

注：同一列中不同小写字母表示在 0.05 水平上差异显著

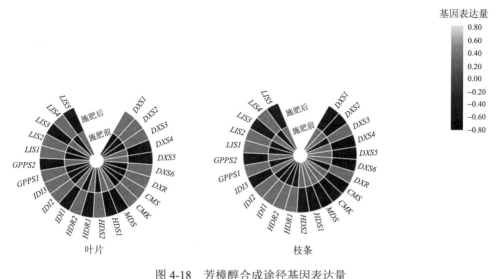

图 4-18　芳樟醇合成途径基因表达量

三、讨论与结论

　　植物精油是芳香植物的主要次生代谢产物,芳樟醇是植物精油中的重要成分。本研究利用高通量测序平台对施肥前后的芳樟枝条和叶片进行转录组测序,共得到 75.38Gb 过滤后有效数据,每个样品平均产出 6.28Gb 数据。样品比对基因组的平均比对率为 84.47%,比对基因集的平均比对率为 70.59%,GC 含量分布在 43.56%～44.18%。对施肥前后叶片中差异基因功能进行分类,分为分子功能、细胞组分和生物过程三大功能类,共 33 小类。KEGG 功能分类分为细胞过程、环境信息处理、遗传信息处理、代谢和有机系统相关的代谢通路共五大类 19 亚类。其中,有 24 个差异基因被注释到萜类和聚酮化合物代谢。而在无参转录组数据库中,芳樟共有 603 个基因被注释到萜类和聚酮化合物代谢,比木兰科的香木莲(496个)(苗艺明等,2021)多,比花生(1033 个)(王海霞等,2020)少,这可能与油料植物花生中的萜类和聚酮化合物比芳樟中更丰富有关。

　　在多种植物中,如拟南芥(郎宸用,2016)、银杏(杜金法等,2021)和番茄(Enfissi et al.,2010)等,DXS 过量表达可诱使各种单萜类化合物的总产量显著提高。在芳樟转录组数据中,*DXS* 基因表达量整体较低,可以通过调控其基因表达,改变芳樟醇代谢的产量。研究发现,*LIS* 基因的表达量较低,即使施肥后有所上调,但总体上仍然比较低,说明其也是芳樟醇合成的限速酶。值得注意的是,有研究表明,DXR 是萜类合成中的第 2 个限速酶(杨艳萍,2012),但在芳樟枝条和叶片转录组中,*DXR* 基因是芳樟醇合成中表达量最高的基因,推测其参与芳樟醇合成,但并不是限速酶。这种结果可能与 *DXR* 基因的表达具有物种特异性有关(王珏等,2022)。另外,施肥后芳樟醇相对含量提高,多数基因表达量也上调,其中,包括 3 个 *LIS* 基因，证实其参与了芳樟醇合成过程。从基因表达来看，芳樟 4 个 *LIS* 基因的表达在叶中最高，枝条中次之，果中最低。这与芳樟醇含量表现出相同的分布模式。推测这 4 个基因在芳樟醇代谢调控中发挥了关键作用。孟中磊等 (2016) 在对 5 个芳樟品种的转录组研究中发现，芳樟醇合成酶的表达量在芳樟中较高，而在油樟中较低，同样说明了芳樟醇合成酶对芳樟醇的调控可能是正向的。

综上所述，施肥试验结果表明生物碳配施氮磷钾肥能够有效提升芳樟枝叶中芳樟醇含量，且精油及芳樟醇含量均在 9 月达到最高，说明 9 月是精油提取的最佳季节。对施肥前后的芳樟枝叶进行转录组测序，分析施肥前后芳樟枝叶中差异基因及其功能分类，结果表明，施肥处理通过影响芳樟内部的代谢、合成与转运功能，从而影响芳樟醇合成，并通过影响与萜类和聚酮化合物、其他次生代谢物合成相关基因的表达，实现对芳樟醇的合成调控。比较施肥前后芳樟醇代谢途径中的基因表达变化，结果发现，枝条中有 10 个基因表达上调，叶片中有 15 个基因表达上调，其中共同上调的基因有 8 个，DXS 和 DXR 是芳樟萜类合成中第一和第二限速酶，3 个 *LIS* 基因表达量与施肥后芳樟醇含量均上调，说明 *LIS* 可能是芳樟醇合成的关键基因。

参 考 文 献

包中祥, 黄云霞, 周永丽, 等. 2010. 施肥对毛叶木姜子生长和果实含油率的影响[J]. 四川林业科技, 31(1): 65-67.

程乐明, 陈良, 刘建雷, 等. 2009. 碳酸氢钠浸提-钼锑抗比色法测定土壤有效磷的注意事项[J]. 现代农业科技, (3): 205.

丁雪梅. 2012. 不同氮磷钾组合对大丽花生长发育的影响[D]. 泰安: 山东农业大学硕士学位论文.

杜金法, 李萍, 陆续. 2021. 银杏内酯生物合成与代谢调控研究进展[J]. 中国中药杂志, 46(13): 3288-3297.

付晓凤, 王莉姗, 朱原, 等. 2018. 不同施肥处理对海南风吹楠幼苗生长及生理特性影响[J]. 植物科学学报, 36(2): 273-281.

高超前. 2019. 北京平原沙地人工林施肥效应的研究[D]. 北京: 北京林业大学硕士学位论文.

何琳华, 曹红娣, 李新梅, 等. 2012. 浅析火焰光度法测定土壤速效钾的关键因素[J]. 上海农业科技, (2): 23.

胡文忠, 谷鑫鑫, 司剑华, 等. 2019. 不同施肥方式对西宁市油松人工林生长的影响[J]. 现代农业科技, (24): 103-105, 107.

来亚男. 2018. 施肥及生物炭添加对土壤理化性质和呼吸的影响[D]. 太原: 山西大学硕士学位论文.

郎宸用. 2016. 拟南芥 MEP 途径关键酶及代谢中间产物对萜类化合物生物合成的调控[D]. 长春: 吉林大学博士学位论文.

乐易迅, 苏宝川, 高进兴, 等. 2020. 芳樟'南安 1 号'的生长特性与精油品质[J]. 亚热带农业研究,

16(3): 170-174.

李秀珍, 彭秀, 宋妮, 等. 2014. 配方施肥对油茶幼树生长的影响[J]. 四川林业科技, 35(1): 52-55.

梁栋. 2017. 配方施肥对枇杷园土壤理化性质、叶片光合特性及果实品质的影响[D]. 雅安: 四川农业大学硕士学位论文.

陆宁, 陈剑成, 郑郁善. 2016. 不同氮磷钾施肥水平对厚朴生长的影响[J]. 安徽农业科学, 44(16): 98-100.

罗兴技. 2017. 不同施肥环境下竹柏幼苗生长及土壤理化性质的变化研究[D]. 长沙: 中南林业科技大学硕士学位论文.

马俊伟. 2015. 细叶楠群落特征及施肥对苗期耐寒性生理指标的影响[D]. 杭州: 浙江农林大学硕士学位论文.

孟中磊, 周丽珠, 李军集, 等. 2016. 五个优选品种樟树样本枝、叶精油的水蒸气提取研究[J]. 香料香精化妆品, 6(6): 13-15.

苗艺明, 石松, 杨梅, 等. 2021. 濒危树种香木莲转录组分析[J]. 北华大学学报(自然科学版), 22(1): 122-127.

倪林, 徐会有, 高进兴, 等. 2019. 一种快速检测芳樟醇含量的方法[P]. 中国, CN109632987A.

莎娜, 张三粉, 骆洪, 等. 2014. 两种土壤碱解氮测定方法的比较[J]. 内蒙古农业科技, (6): 25-26.

申礼凤, 杨钦潮, 周料, 等. 2019. 不同光照条件对铁力木幼苗生长特性的影响[J]. 福建林业科技, 46(1): 52-56.

陶曙华, 龚浩如, 陈祖武, 等. 2019. 微波消解-火焰光度法测定植物中全钾[J]. 湖北农业科学, 58(10): 142-145.

王海霞, 王铭伦, 丁雨龙. 2020. 花生异型雄蕊转录组分析[J]. 植物资源与环境学报, 29(5): 21-29.

王红梅, 蒙玺, 孙海龙. 2017. 植物卷材不同肥水配比对紫穗槐生理特性的影响[J]. 北方园艺, (16): 90-94.

王健宁, 文晓鹏, 洪怡, 等. 2019. 生物炭对玛瑙红樱桃苗期生理生化特征的影响[J]. 华中农业大学学报, 38(3): 25-30.

王珏, 秦晓威, 孙也乔, 等. 2022. 三种不同萃取方法对黑胡椒中香气物质的气质联用分析对比研究[J]. 热带作物学报, 43(5): 1055-1063.

魏双雨, 李敏, 吉文丽, 等. 2019. 适宜氮磷钾用量和配比提高油用牡丹产量和出油量[J]. 植物营养与肥料学报, 25(5): 880-888.

熊靓, 龚伟, 王景燕, 等. 2019. 配方施肥对汉源葡萄青椒叶片光合特性的影响[J]. 西北农林科技大学学报(自然科学版), 47(1): 79-89.

闫杰伟. 2019. 施肥对观赏桃'元春'生长及生理特性的影响[D]. 长沙: 中南林业科技大学硕士学位论文.

颜晓艺, 林凤莲, 吴承祯, 等. 2016. 不同施肥处理对桂花品种'浦城丹桂'幼苗生长和生理的影响及施肥成本分析[J]. 植物资源与环境学报, 25(3): 52-61.

杨艳萍. 2012. 萜类化合物 MEP 代谢途径 dxs 基因的克隆表达和酶功能分析鉴定[D]. 西安: 西

北大学硕士学位论文.

袁晶晶. 2018. 生物炭与氮肥配施对土壤肥力及红枣产量、品质的影响[D]. 咸阳: 西北农林科技大学博士学位论文.

曾宇, 雷雅丽, 李京, 等. 2012. 氮、磷、钾用量与种植密度对油菜产量和品质的影响[J]. 植物营养与肥料学报, 18(1): 146-153.

张国防, 冯娟, 于静波, 等. 2012. 不同化学型芳樟叶精油及主成分含量的时间变化规律[J]. 植物资源与环境学报, 21(4): 82-86.

张黎丽, 张阁, 王欣艺, 等. 2019. 土壤中降解有机磷微生物的筛选[J]. 山东农业大学学报(自然科学版), 50(5): 774-777.

张明月, 黄相玲, 朱栗琼, 等. 2018. 不同施肥配比对罗汉松幼苗生长的影响[J]. 广西林业科学, 47(3): 39-43.

Enfissi E M A, Fraser P D, Lois L M, et al. 2010. Metabolic engineering of the mevalonate and non - mevalonate isopentenyl diphosphate - forming pathways for the production of health - promoting isoprenoids in tomato[J]. Plant Biotechnol J, 3(1): 17-27.

第五章 芳樟油用林采伐管护与可持续经营

第一节 采伐频次对芳樟油用林生物量和品质的影响

林分生物量不仅可初步分析森林的生产能力，也已作为评估植被恢复效果的可靠指标而得以应用。植物代谢过程中，由于环境或是遗传等方面的影响，次生代谢产物之一的精油的积累过程及部位都会产生变化。不同采收模式可影响矮化芳樟林的经济产量和效益。此外，连年采伐可导致伐桩养分与水分供给能力下降，从而使得林分衰退，因此研究适合的采伐频次在芳樟油用林可持续发展中具有重要意义。

一、材料与方法

（一）样地概况

调查样地1、2设置在福建省南安市向阳乡卓厝村，属低纬亚热带气候，春夏多雾，空气潮湿，年平均气温20℃，年平均降水量1760mm，无霜期300d左右。

调查样地3设置在福建省安溪半林国有林场，样地概况同第四章第一节材料与方法(一)样地概况。选择经营水平一致，林相比较整齐的地段，按照典型抽样的方法设立调查标准地，标准地四周设置3m左右的缓冲带，当坡度大于5°时，对其进行坡度改正。

2019年10月对样地1(北纬25°16′，东经118°31′)芳樟进行取样调查，2020年10月分别对样地2(北纬25°14′，东经118°29′)、样地3(北纬24°55′，东经117°57′)芳樟人工林进行取样调查，包括生长指标及生物量的调查。

（二）试验方法

1. 试验设计

试验对象'南安1号'种苗来源于南安市向阳乡海山果林场，选择2018年移栽的2年生生长一致、健康未采伐过的'南安1号'芳樟油用林。

试验所设采伐频次1和2见表5-1。分别设置3块10m×10m样地，于2022年3月统一观测不同采伐频次处理对萌条更新及根系生物量的影响。采收统一留茬高度为20cm，样地进行正常管护。

表 5-1　采伐频次处理样地设置

处理	采伐频次	采收时间	调查时间及内容
A1	1 次	2021.10	2021.10：土壤、根系 C、N 含量
A2	2 次	2020.10 2021.10	2022.3：萌芽更新、根系生长情况

2. 测定指标与方法

地上生物量测定：在不同处理样地内选取 3 株标准木，将地上部分分为叶片、枝条及主干，分别称重获得各部分生物量。称取各部分样品 105℃烘箱内杀青 0.5h，随后放入 65℃烘箱内烘干至恒重并记录数据，得到芳樟各部分鲜重比。

土壤样品采集与测定：在不同处理样地内选取 3 株标准木，采用剖面取样法，距树沿水平方向 50cm 处挖取 40cm×60cm 剖面，剖面正对着树干，在剖面上采集距离树干 10～50cm 土样，按照不同的深度分为 S1（0～20cm）、S2（20～40cm）、S3（40～60cm）3 个土层土壤样品。剔除根系和石块后将同一样地内同一土层土样混合均匀。将土样晾干碾磨过 100 目筛，使用碳氮元素分析仪（Vario MAX CN，德国）测定土壤全碳及全氮含量。

根系样品采集与测定：在不同处理样地内选取 3 株标准木，采用挖掘法，挖取距树 10cm 处 0～20cm 土层根系样品用于测定根系 C、N 含量。2022 年 3 月在不同处理样地内，随机选取 3 株伐桩，采用挖掘法，距伐桩沿水平方向 50cm 处挖取 40cm×60cm 剖面，剖面正对着伐桩，采集距离伐桩 10～50cm 所有根系，按照不同的深度分为 S1（0～20cm）、S2（20～40cm）、S3（40～60cm）3 个土层根系样品。

将采集的根系样品用去离子水冲洗表面土壤颗粒，洗净后用干净吸水纸吸走表面水分，将研究根系按照直径分为细根（fine root，FR，直径 0～2mm）、中根（medium root，MR，直径 2～5mm）和粗根（coarse root，CR，直径 5～10mm），分别称量生物量鲜重并记录。随后放置于 65℃烘箱内烘干，将烘干后的根系样品粉碎过 100 目筛，采用碳氮元素分析仪测定其 C、N 含量。

萌芽更新指标测定：对不同处理样地进行每木调查，2022 年 3 月调查平均单株萌条数、平均萌条长度、平均萌条基径，以及平均单株萌条生物量。观测并记录从伐桩重新萌发的萌条数量，计算获得平均单株萌条数，使用卷尺测量从主干基部出发到叶芽的萌条长度，使用游标卡尺测量萌条靠近主干基部部分的直径，获取整株伐桩上所有萌条并称重获得萌条生物量。

（三）数据处理

试验数据采用 Microsoft Excel 2017 和 IBM SPSS Statistics 24 进行分析处理，所得数据均为 3 次重复平均值。

二、结果与分析

（一）采伐频次对芳樟生长及效益的影响

如表 5-2 所示，采伐频次增加会影响芳樟生长。样地 1-1 中 2 年生芳樟采伐 0 次平均株高达到 3.32m，平均冠幅为 1.81m，平均地径为 4.87cm，而样地 1-2 中 5 年生芳樟采伐 3 次平均株高为 2.34m，平均冠幅为 1.58m，平均地径为 3.83cm；样地 2-1 中 4 年生芳樟采伐 1 次平均株高达到 2.16m，平均冠幅为 1.43m，平均地径为 3.63cm，而样地 2-2 中 4 年生芳樟采伐 2 次平均株高为 1.67m，平均冠幅为 1.31m，平均地径为 1.90cm；样地 3-1 中 3 年生芳樟采伐 1 次平均株高达到 2.57m，平均冠幅为 1.56m，平均地径为 4.80cm，而样地 3-2 中 3 年生芳樟采伐 0 次平均株高为 1.12m，平均冠幅为 0.50m，平均地径为 1.70cm；综上，采伐频次增加影响了芳樟生长，尤其是显著降低了芳樟株高和地径。根据芳樟生长特性，采收后依靠地上伐桩重新萌条成林，萌条纵向伸长，一定程度上减少了地径。

表 5-2　不同调查样地芳樟生长性状调查结果

调查地点	样地	树龄/采伐频次	平均株高/m	平均冠幅/m	平均地径/cm
118°31′E	1-1	2/0	3.32±0.09A	1.81±0.08A	4.87±0.05A
25°16′N	1-2	5/3	2.34±0.21B	1.58±0.11A	3.83±0.20B
118°29′E	2-1	4/1	2.16±0.25A	1.43±0.08A	3.63±0.42A
25°14′N	2-2	4/2	1.67±0.17A	1.31±0.12A	1.90±0.30B
117°57′E	3-1	3/1	2.57±0.40A	1.56±0.11A	4.80±0.96A
24°55′N	3-2	3/0	1.12±0.06B	0.50±0.16C	1.70±0.30B

注：同一调查样地不同大写字母表示不同采伐频次差异显著（$P<0.05$）

如表 5-3 所示，采伐频次增加降低了芳樟生物量及产油量。2 年生未采收芳樟林总生物量（52.20t/hm²）、叶片生物量（15.66t/hm²）以及叶片产油量（872.26kg/hm²）均高于 5 年生连续采收 3 次的芳樟林，可能是芳樟林因多次连年采伐有所衰退，造成生长量和精油品质有所下降；与 4 年生采收 1 次相比，4 年生采收 2 次的芳樟林生物量及产油量均显著降低，净产值下降了 55%；3 年生未采收生物量及产值均高于 3 年生采收 1 次及 5 年生采收 1 次，且 5 年生采收 1 次与 3 年生采收 1 次相比，可以看出在未经营情况下，采伐恢复萌芽更新的能力随着树龄增大而减弱。综上，采伐频次增加、采伐后未及时采取抚育措施，均导致芳樟含油率下降及产值降低。

表 5-3　不同调查样地芳樟生物量、产油量及产值

调查地点	树龄/采伐频次	总生物量/(t/hm²)	叶片生物量/(t/hm²)	叶片产油量/(kg/hm²)	产值/(万元/hm²)	投入/(万元/hm²)	净产值/(万元/hm²)
118°31′E	2/0	52.20±0.70A	15.66±0.21A	872.26	39.25	3.75	35.50
25°16′N	5/3	36.05±0.80B	9.01±0.20B	437.05	19.68	2.48	17.21
118°29′E	4/2	19.17±0.49B	7.67±0.47B	161.05	7.25	2.48	4.77
25°14′N	4/1	34.19±0.69A	12.65±0.26A	316.21	14.23	3.75	10.48
117°57′E	3/1	6.12±0.97B	1.76±0.22B	33.44	1.50	0.15	1.35
	3/0	45.94±1.30A	12.53±0.89A	275.62	12.40	1.20	11.20
24°55′N	5/1	1.83±0.17C	0.54±0.13C	10.70	0.48	0.15	0.33

注：产值按每吨出口离岸价 45 万元人民币计；同一调查样地不同大写字母表示不同采伐频次差异显著（$P<0.05$）

（二）采伐频次对芳樟萌条更新能力的影响

连续采伐会降低芳樟萌芽更新能力。由图 5-1 可知，不同采伐频次平均单株萌条数大小关系为 A1>A2，分别为 11.67 条、8.44 条。不同采伐频次平均萌条长度大小关系为 A1>A2，分别为 10.38cm、9.17cm，A2 较 A1 降低了 11.66%。不同采伐频次平均萌条基径大小关系为 A1>A2，分别为 4.66mm、3.30mm。其中，A1 与 A2 的平均单株萌条数及平均萌条长度差异均未达显著水平，A1 平均萌条基径

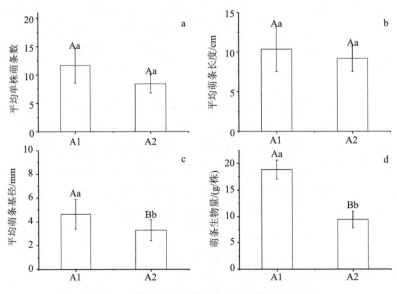

图 5-1　采伐频次对芳樟萌条更新能力的影响

不同小写字母表示不同处理间差异显著（$P<0.05$），不同大写字母表示不同处理间差异极显著（$P<0.01$）

为 A2 平均萌条基径的 1.41 倍，平均萌条基径 A1 极显著大于 A2($P<0.01$)。A1 采伐频次单株萌条生物量极显著高于 A2 采伐频次($P<0.01$)，A1 采伐频次平均单株萌条生物量为 18.84g，A2 较 A1 降低了 50.16%。综上所述，连续采伐会从萌条数、萌条基径、萌条长度及萌条生物量等方面降低芳樟萌芽更新能力。

（三）采伐频次对根系结构及分布的影响

连续采伐会显著减少芳樟总根系生物量。目前对于香樟根系的研究主要集中在 0～60cm 土层中，部分由于立地条件限制仅研究了 0～40cm 土层的香樟根系。在研究采伐频次对芳樟根系生物量影响中，芳樟油用林根系主要分布在 0～60cm 土层。由图 5-2a 可知，不同采伐频次显著影响了根系生物量，从细根生物量来看，采伐 1 次在 0～20cm 土层细根生物量极显著大于采伐 2 次芳樟细根生物量，不同采伐频次在 20～40cm 土层与 40～60cm 土层细根生物量差异不显著；从中根生物量来看，采伐 1 次在 0～20cm 土层与 20～40cm 土层的中根生物量极显著大于采伐 2 次中根生物量，40～60cm 土层中根生物量采伐 1 次与采伐 2 次差异不显著；从粗根生物量来看，采伐 1 次 20～40cm 土层粗根生物量极显著大于采伐 2 次 0～20cm 与 20～40cm 土层粗根生物量，采伐 1 次与采伐 2 次粗根生物量在 40～60cm 土层最大，极显著大于 0～20cm 与 20～40cm 土层粗根生物量。

采伐 1 次细根与中根生物量随土层加深而减小；采伐 2 次细根与中根生物量均在 0～20cm 土层达到最小值，细根生物量在 20～40cm 土层达到最大，中根生物量在 40～60cm 土层达到最大；而粗根生物量在不同采伐频次中均表现出随土层加深而增加的趋势。由图 5-2b 可得，采伐 1 次各土层生物量之比为 1∶1∶1，采伐 2 次则表现为 1∶11∶16，多次采伐使得土壤表层根系生物量迅速降低。不同径级根系生物量如图 5-2c 所示，采伐 1 次表现为中根>细根>粗根，采伐 2 次表现为细根>粗根>中根。采伐 1 次细根、中根和粗根的生物量之比为 2∶3∶1，采伐 2 次为 1∶1∶1。总的根系生物量采伐 1 次(772.19g/m³±56.72g/m³)>采伐 2 次(402.81g/m³±39.25g/m³)。细根生物量采伐 1 次(256.33g/m³±1.38g/m³)>采伐 2 次(149.39g/m³±0.55g/m³)。

由表 5-4 可见，在采伐 1 次根系垂直占比中，细根和中根主要分布在 0～20cm 土层，并随土层深入占比下降，而粗根主要分布在 40～60cm 土层；细根在 0～20cm、20～40cm、40～60cm 土层中占比分别为 42.16%、36.98%和 20.86%，中根在 0～20cm、20～40cm、40～60cm 土层中占比分别为 50.84%、32.71%和 16.45%，粗根在 40～60cm 土层中占比为 69.20%，0～20cm 土层未见粗根根系。在采伐 2 次根系垂直占比中，细根主要分布在 20～40cm 土层，且在 0～20cm 土层分布最少，中根和粗根主要分布在 40～60cm 土层。细根在 0～20cm、20～40cm、40～60cm 土层中占比分别为 4.44%、58.86%和 36.70%，中根在 0～20cm、20～40cm、40～60cm 土层中占比分别为 3.46%、42.31%和 54.24%，粗根在 40～60cm 土层占

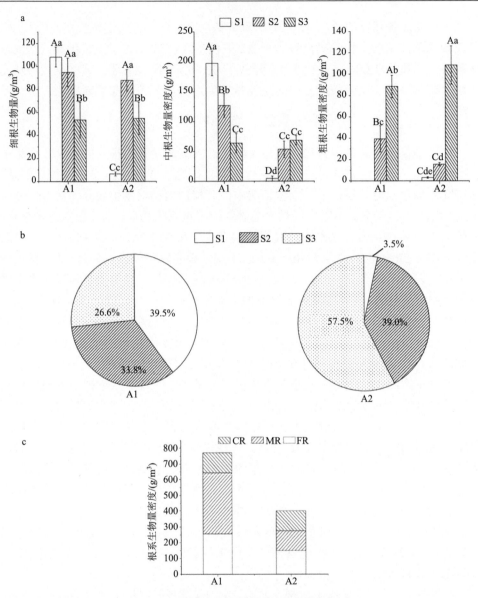

图 5-2 采伐频次对芳樟根系生物量的影响

a.不同土层不同径级根系生物量；b.各土层根系生物量占比；c.不同径级根系生物量。同一径级根系生物量不同小
写字母表示不同处理间差异显著(P<0.05)，同一径级根系生物量不同大写字母表示不同处理间差异极显著
(P<0.01)；FR，细根；MR，中根；CR，粗根；S1，0~20cm 土层；S2，20~40cm 土层；S3，40~60cm 土层

比为 85.25%。增加采伐频次减少了土壤表层根系生物量，增加了 S3 各径级根系
生物量分布占比。

表 5-4　根系垂直和水平占比

土层/		垂直占比/%			水平占比/%		
	cm	FR	MR	CR	FR	MR	CR
A1	0～20	42.16	50.84	0.00	35.40	64.60	0.00
	20～40	36.98	32.71	30.80	36.31	48.60	15.09
	40～60	20.86	16.45	69.20	25.98	31.02	43.00
A2	0～20	4.44	3.46	2.41	47.14	31.04	21.82
	20～40	58.86	42.31	12.34	56.00	34.00	10.00
	40～60	36.70	54.24	85.25	23.66	29.54	46.80

注：A1，采伐 1 次；A2，采伐 2 次；FR，细根；MR，中根；CR，粗根

在根系水平占比中可以看出,采伐 1 次 0～20cm 土层与 20～40cm 土层中根>细根>粗根，40～60cm 土层粗根分布占比>中根>细根。采伐 2 次在 40～60cm 土层水平分布占比规律与采伐 1 次相似，在 0～20cm 土层及 20～40cm 土层中则表现出细根分布占比>中根>粗根，增加采伐频次降低了总根系生物量，同时增加了细根在水平分布中所占的比例。

（四）芳樟土壤及根系 C、N 含量对采伐频次的响应

由表 5-5 可知，土壤全碳(TC)、全氮(TN)在不同土层深度中具有显著的分布规律，土壤表层(0～20cm)全碳及全氮含量均显著高于 20～40cm 及 40～60cm 土层。在 0～20cm 土层全碳、全氮含量采伐前与未采伐样地(A1-0)无显著差异，两者均显著高于采伐 1 次样地(A2-1)全碳、全氮含量。20～40cm 土层，未采伐样地全碳含量显著高于采伐 1 次样地全碳含量，全氮含量未采伐样地与采伐前样地

表 5-5　采伐前后芳樟土壤 C、N 含量及 C/N 变化

指标	土层/cm	采伐前	A1-0	A2-1
TC (g/kg)	0～20	36.75±0.57Aa	36.37±0.10Aa	29.79±0.53Ab
	20～40	32.39±0.46Bb	33.19±0.04Ba	26.47±0.32Bc
	40～60	24.00±0.2Cb	24.90±0.41Ca	14.86±0.10Cc
TN (g/kg)	0～20	2.50±0.04Aa	2.51±0.04Aa	2.12±0.04Ab
	20～40	2.11±0.04Ba	2.13±0.03Ba	1.85±0.03Bb
	40～60	1.69±0.03Cb	1.75±0.03Ca	1.23±0.03Cc
C/N	0～20	14.43±0.04Ba	14.51±0.22Ba	14.03±0.11Bb
	20～40	15.34±0.19Aa	15.61±0.18Aa	14.29±0.05Ab
	40～60	14.24±0.15Ba	14.23±0.03Ba	12.06±0.16Cb

注：相同指标下，不同大写字母表示同一处理不同深度间差异显著($P<0.05$)；不同小写字母表示同一深度不同处理间差异显著($P<0.05$)

无显著差异，与采伐 1 次样地存在显著差异。40～60cm 土层全碳、全氮含量均表现出未采伐样地>采伐前样地>采伐 1 次样地，未采伐样地显著高于采伐 1 次样地全碳、全氮含量。因此，采伐降低土壤全碳、全氮含量可能与光照增强、土壤温度升高，以及土壤碳、氮等分解速度加快有关，林分更新加速了土壤养分的消耗，因此采伐后土壤碳氮比显著下降。

由表 5-6 可得，采伐 1 次样地芳樟根系全碳含量为 386.39g/kg，较未采伐样地根系全碳含量 (411.53g/kg) 减少了 6%；采伐 1 次样地芳樟根系全氮含量为 2.26g/kg，较未采伐样地根系全氮含量 (2.93g/kg) 减少了 23%；采伐 1 次样地芳樟根系 C/N 为 171.22，较未采伐样地根系 C/N (140.46) 增加了 22%。采伐 1 次样地芳樟根系全碳以及全氮含量与未采伐样地根系未表现出显著差异，采伐 1 次根系 C/N 显著高于未采伐根系 C/N。

表 5-6　采伐对芳樟根系 C、N 含量及 C/N 变化的影响

	TN/(g/kg)	TC/(g/kg)	C/N
A1-0	2.93±0.14A	411.53±13.34A	140.46±6.76B
A2-1	2.26±0.09A	386.39±11.55A	171.22±10.57A

注：同列不同大写字母表示同一指标不同处理间差异显著 ($P<0.05$)

三、讨论与结论

萌芽更新生长的萌条主要由休眠芽和不定芽发育而成 (邓翔，2019；李景文等，2005)，萌条更新由伐桩老根以及新根提供养分和水分 (陈梦侠等，2015)，对于天然更新能力强的芳樟树种来说，连年采伐降低了伐桩供给养分与水分的能力。利用矮林作业的特点，选择适宜的营林措施，以保持树木的再生能力，从而使重复采伐成为可能，以提高林业的经济效益。本研究中，连续采伐降低了地上部分光合有效面积是根系生物量减少的主要原因 (杨秀云等，2012)。采伐次数影响根系呼吸作用，在加快有机质分解的同时增强微生物活性，从而使土壤中 CO_2 含量增加 (刘可等，2013；周鹏翀等，2019)，当土壤中氧气浓度不能满足根系呼吸作用时，根系生物量增长得到抑制 (雷宏军等，2017；谭筱玉等，2011)。土壤表层含水量较多，适合细根的生长，植物为了吸收更多的水分从而增加了细根密度。随着土壤深度增加，细根生物量逐渐降低，细根与中根的占比逐渐持平。此外，采伐使细根数量迅速减少，而应对机械胁迫时植物根系直径增大 (吕春娟等，2011)，这与本研究结果一致。

综上所述，采伐 2 次芳樟萌芽更新能力低于采伐 1 次萌芽更新能力，土壤总根系生物量降低了 47.84%，其中细根根系生物量降低了 41.72%，中根根系生物量降低了 67.47%。采伐加速了土壤碳氮周转，采伐后土壤 C、N 含量均低于未采伐样地土壤 C、N 含量。

第二节　采伐施肥对芳樟油用林生长和品质结构的影响

施肥影响着地上部分的产量变化,在林木生长过程中起到了重要的调控作用,保证充足合理的水肥,是促进芳樟油用林生长实现高产的重要营林措施。在经营芳樟油用林的过程中,枝叶产量及品质是重要指标,营林措施是关键手段,即使在较差的立地条件下,合理的灌溉与施肥相互配合仍可以收获生长情况良好的油用林。因此,在经营过程中掌握采收时间、选择合适的采伐周期、采取合理的施肥与管护措施及科学的可持续经营模式对芳樟油用林是十分重要的。

一、材料与方法

(一)样地概况

同本章第一节材料与方法(一)样地概况。

(二)试验方法

1. 试验设计

施肥量选择前期研究优选方案,即每株施用生物炭 13.6g、尿素 86.25g、过磷酸钙 7.5g、氯化钾 15g。2020 年 10 月统一采收后设立采收试验地,同时设置未采收试验地;2021 年 5 月进行施肥处理。B1 为未采收林分施肥处理,B0 作为未采收未施肥处理对照;A1B1 为采收后施肥处理,A1B0 为采收后未施肥处理;2021年 10 月进行采收,测定地上生物量及根系生物量,2022 年 3 月观测施肥处理对萌条更新的影响。

2. 测定指标和方法

精油含量测定:称取 100g 芳樟叶鲜品,50℃下烘干至含水量在 5%～13%,研磨至碎片状后置入 500mL 挥发油提取器中,加 200mL 超纯水加热提取,提取时间为 60～90min。蒸馏后取上层精油,经无水硫酸钠干燥后称重,记录数据,最后计算芳樟精油得率。

芳樟精油得率(%)=芳樟精油质量/新鲜芳樟叶片质量×100%

利用芳樟精油得率与各部分生物量计算出各部分精油含量。

其余测定指标与方法同本章第一节材料与方法(二)试验方法 2.测定指标与方法。

(三)数据处理

试验数据采用 Microsoft Excel 2017 和 IBM SPSS Statistics 24 进行分析处理,

所得数据均为 3 次重复平均值。

二、结果与分析

(一)施肥对芳樟生物量和精油产量空间分配的影响

1. 施肥对未采伐芳樟生物量和精油产量空间分配的影响

由图 5-3a 可以看出,施肥后芳樟油用林单株生物量显著提高,施肥处理的叶片、枝条及主干生物量均极显著高于未施肥处理。其中,总单株生物量增长了149.07%,叶片生物量增长比重最小,增长了42.93%,枝条生物量增长比重居中,增长了194.17%,主干生物量增长率与枝条生物量增长率相近,为199.66%。

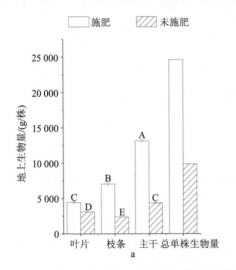
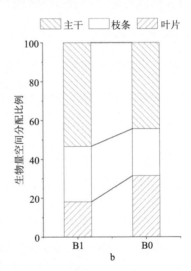

图 5-3　施肥对芳樟生物量及其空间分配的影响

a. 施肥对芳樟生物量的影响;b. 施肥对芳樟生物量空间分配的影响;不同大写字母表示不同部位间生物量差异显著($P<0.05$)

由图 5-3b 可以看出,未施肥芳樟单株生物量分布规律为主干>叶片>枝条,叶片生物量为 3110g,占总生物量的 31.43%,主干占比为 44.32%,枝条占比为24.25%;施肥后芳樟单株生物量分布规律为主干>枝条>叶片,施肥后的叶片生物量为4445g,占总生物量的18.04%,比枝条占比和主干占比分别减少了37.04%和 66.17%。虽然施肥提高了平均单株各部位生物量,但主干及枝条占比增加更为明显。

如图 5-4a 所示,施肥显著增加了叶片精油含量,枝条精油含量增加未达极显著水平。与未施肥相比,施肥后叶片精油含量增加了 48.09%,枝条精油含量增加了 27.50%。单株精油产量增加了 135.24%,是未施肥的 2.35 倍(图 5-4b),其中施肥叶片精油产量是未施肥的 2.12 倍,施肥枝条精油产量是未施肥的 3.75 倍。由

图 5-4c 精油空间分配比例可知，施肥后芳樟叶片精油产量占比为 76.99%，较未施肥芳樟叶片精油产量占比下降了 10.03%，施肥后芳樟枝条精油产量占比为 23.01%，较未施肥芳樟枝条精油产量占比上升了 59.44%。

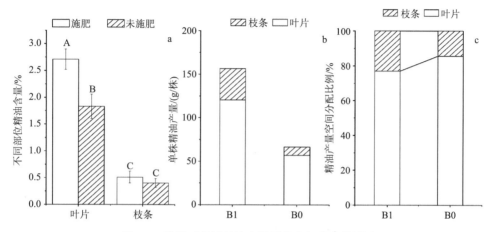

图 5-4　施肥对芳樟精油产量及其空间分配的影响

a. 施肥对芳樟不同部位精油含量的影响；b. 施肥对芳樟单株精油产量的影响；c. 施肥对芳樟精油产量空间分配
的影响；不同大写字母表示不同部位间精油含量差异显著（P<0.05）

　　综上可得，施肥使得芳樟叶片精油产量占总精油产量的比重下降，但叶片和枝条精油含量均提高，结合生物量可得到施肥有利于芳樟油用林中单株精油产量提升的结论。

2. 施肥对采伐后芳樟生物量和精油产量空间分配的影响

　　由图 5-5a 可以看出，施肥后芳樟油用林单株生物量显著提高，A1B1 较 A1B0 单株生物量增加了 85.32%，其中叶片生物量增长最多，为 107.09%，枝条生物量增加了 50.65%，主干生物量增加了 91.15%。由图 5-5b 可以看出，采伐 1 次后施肥与未施肥芳樟单株生物量分布规律相同，均为叶片>主干>枝条，A1B1 叶片生物量为 1990g，占总生物量的 39.92%，主干占比为 36.81%，枝条占比为 23.27%；A1B0 叶片生物量为 960g，占总生物量的 35.69%。综上所述，施肥提高了各部位生物量，采伐后施肥显著提高了叶片生物量占比，叶枝比提高符合生产实践的需求。

　　如图 5-6a 所示，采伐后施肥显著增加了叶片和枝条精油含量，其中叶片精油含量增加了 9.48%，枝条精油含量增加了 52.50%，主干精油含量无显著差异。由图 5-6b 可以看出，采伐后施肥芳樟单株精油产量显著提高，提高了 1.23 倍，其中叶片精油产量提高了 1.27 倍，枝条精油产量提高了 1.30 倍。由图 5-6c 精油空间分配比例可知，采伐后施肥芳樟叶片精油产量占比为 78.51%，较未施肥芳樟叶片精油产量占比提高了 1.61%，采伐后施肥芳樟枝条精油产量占比为 12.09%，较未施肥芳樟枝条精油产量占比上升了 2.87%。

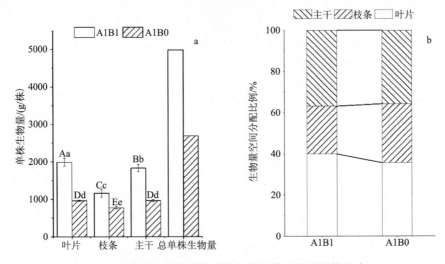

图 5-5　施肥对采伐后芳樟生物量及其空间分配的影响

a. 施肥对采伐后芳樟生物量的影响；b. 施肥对采伐后芳樟生物量空间分配的影响；不同小写字母表示不同部位间
生物量差异显著($P<0.05$)，不同大写字母表示不同部位间生物量差异极显著($P<0.01$)

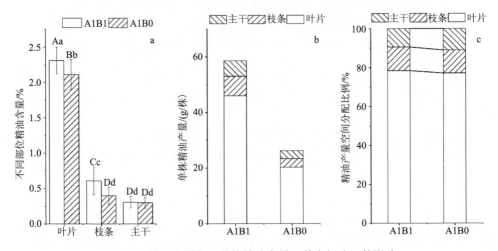

图 5-6　施肥对采伐后芳樟精油产量及其空间分配的影响

a. 施肥对采伐后芳樟不同部位精油含量的影响；b. 施肥对采伐后芳樟单株精油产量的影响；c. 施肥对采伐后芳
樟精油产量空间分配的影响；不同小写字母表示不同部位间精油含量差异显著($P<0.05$)，不同大写字母表示不同
部位间精油含量差异极显著($P<0.01$)

　　综上可得，采伐后施肥提高了芳樟叶片精油产量在总精油产量中的占比，且
叶片和枝条精油含量均提高，结合生物量可以得出在芳樟油用林采收后进行施肥
有利于单株精油产量提升的结论。

（二）施肥对芳樟根系结构及分布的影响

1. 施肥对未采伐芳樟根系结构分布的影响

由于立地条件限制仅研究 0～40cm 土层的芳樟根系。由图 5-7a 可知，施肥后芳樟各径级根系生物量均增加，施肥后芳樟细根生物量增长了 20.52%，中根生物量增长了 3.71%，粗根生物量增长率最大，为 274.86%。施肥后不同径级根系生物量表现为细根>粗根>中根，未施肥表现为细根>中根>粗根。施肥后细根、中根和粗根的生物量之比为 2：1：1，未施肥根系生物量之比为 5：3：1。施肥总根系生物量（2139.81g/m³±175.09g/m³）＞未施肥总根系生物量（1509.18g/m³±205.00g/m³）。结果表明，施肥可促进根系各径级生物量的增长，尤其是细根及粗根部分。

由图 5-7b 可以看出，施肥与未施肥芳樟细根生物量均主要集中在 0～20cm 土层，施肥后细根生物量为 637.88g/m³，是 20～40cm 土层的 1.5 倍，未施肥芳樟细根生物量为 622.91g/m³，是 20～40cm 土层的 2.5 倍；施肥与未施肥中根生物量均集中在 20～40cm 土层，施肥后中根 20～40cm 土层生物量为 320.72g/m³，是 0～20cm 土层的 1.75 倍，未施肥芳樟中根 20～40cm 土层生物量为 244.11g/m³，是 0～20cm 土层的 1.01 倍；施肥与未施肥粗根生物量集中在 20～40cm 土层，施肥后粗根 20～40cm 土层生物量为 426.20g/m³，是 0～20cm 土层的 2.55 倍，未施肥芳樟在 0～20cm 土层未见粗根根系，20～40cm 土层生物量为 158.31g/m³。如图 5-7c 所示，施肥后芳樟油用林根系分布主要集中在 20～40cm 土层，未施肥 20～40cm 土层总根系生物量占总根系的 42.7%，施肥后 20～40cm 土层总根系生物量占总根系的 53.8%，增加了 26.00%，施肥促进了 20～40cm 土层的根系生长。

由表 5-7 可见，在 B1 与 B0 根系垂直占比中，中根和粗根随着土层的深入占比增加，施肥中根在 20～40cm 土层占比为 63.59%，比 0～20cm 土层增加了 74.65%；未施肥中根在 20～40cm 土层占比为 50.20%，仅比 0～20cm 土层增加 0.80%。施肥与未施肥细根垂直分布情况均表现为 0～20cm 土层>20～40cm 土层，施肥后 0～20cm 土层细根分布占比是 20～40cm 土层的 1.58 倍，未施肥 0～20cm 土层细根分布占比是 20～40cm 土层的 2.58 倍。施肥提高了细根、中根在 20～40cm 土层的占比，减少了粗根在 20～40cm 土层的占比，其中，中根垂直占比增长量大于细根垂直占比增长量。

施肥后根系水平占比情况如表 5-7 所示，施肥与未施肥在 0～20cm 土层均表现为细根占比>中根占比>粗根占比，在 20～40cm 土层中几近均匀分布，施肥芳樟根系以细根与粗根为主的水平分布类型，未施肥则是以细根与中根为主的水平分布类型，施肥对粗根根系生物量提高有显著效果。

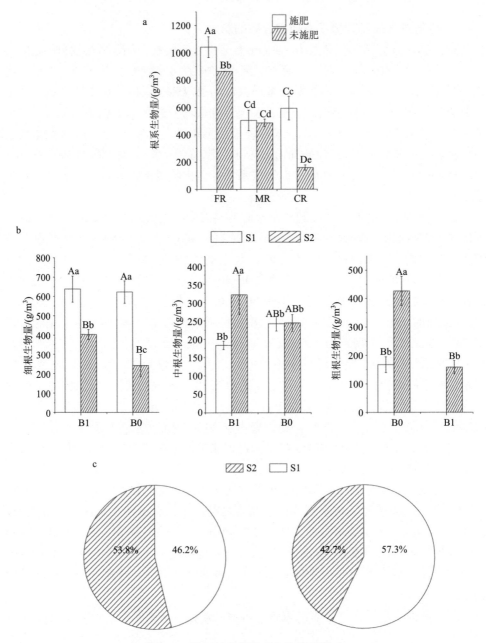

图 5-7　施肥对芳樟根系生物量的影响

a. 不同径级根系生物量；b. 不同土层不同径级根系生物量；c. 各土层根系生物量占比。不同小写字母表示不同
径级间生物量差异显著（$P<0.05$），不同大写字母表示不同径级间生物量差异极显著（$P<0.01$）

表 5-7　施肥对芳樟根系垂直和水平占比的影响

土层/		垂直占比/%			水平占比/%		
cm		细根	中根	粗根	细根	中根	粗根
B1	0～20	61.22	36.41	28.18	64.51	18.57	16.92
	20～40	38.78	63.59	71.82	35.11	27.86	37.03
B0	0～20	72.05	49.80	0.00	72.01	27.99	0.00
	20～40	27.95	50.20	100.00	37.52	37.90	24.58

2. 施肥对采伐后芳樟根系结构分布的影响

由图 5-8a 可知,采伐后施肥芳樟根系生物量增加主要集中在细根及粗根上,采伐后施肥细根生物量比采伐后未施肥增长了 148.48%,中根生物量增长了 82.26%,粗根生物量增长率最大,为 133.47%。采伐后施肥与未施肥根系生物量均表现出粗根>细根>中根。采伐后施肥总根系生物量(855.38g/m^3±48.95g/m^3)>采伐后未施肥总根系生物量(376.94g/m^3±13.08g/m^3)。采伐使细根生物量显著降低,施肥处理能有效增加细根生物量,达到恢复地下根系养分吸收的目的。

由图 5-8b 可以看出,采伐后施肥与未施肥芳樟细根生物量均主要集中在 20～60cm 土层。20～40cm 土层采伐后施肥细根生物量极显著大于其他土层及未施肥细根生物量,采伐后施肥在 20～40cm 土层中细根生物量为未施肥的 1.83 倍;采伐后土壤表层根系生物量显著降低,因此采伐后未施肥在 0～20cm 土层中未见中根及粗根。施肥在一定程度上弥补了采伐等原因造成的根系生物量下降。

如图 5-8c 所示,采伐后未施肥芳樟根系分布主要集中在 20～40cm 土层,占总根系生物量的 84.9%;采伐后施肥芳樟根系分布同样主要集中在 20～40cm 土层,占总根系生物量的 54.1%。比较其余土层根系分布占比情况可以得到,采伐后施肥 0～20cm 土层根系分布占比较未施肥增加了 120.93%,40～60cm 土层根系分布占比较未施肥增加了 237.04%。

由表 5-8 可得,采伐后施肥与未施肥芳樟根系垂直分布规律均为 20～40cm>40～60cm>0～20cm,采伐后施肥增加了细根在 0～20cm、40～60cm 土层的占比以及粗根在 40～60cm 土层的占比,采伐后细根及粗根对施肥的响应优于中根;采伐后施肥与未施肥芳樟根系水平分布规律在 0～20cm 土层均表现为细根>中根>粗根,表明芳樟在 0～20cm 土层主要以细根为主要分布类型。在 20～40cm 土层中粗根占据优势地位,20～40cm 土层根系水平分布规律均表现为粗根>细根>中根,施肥提高了细根及粗根在 20～40cm 的占比。采伐后施肥芳樟根系水平分布情况总体表现为以细根与粗根为主,而采伐后未施肥则表现为以细根与中根为主要水平分布类型。

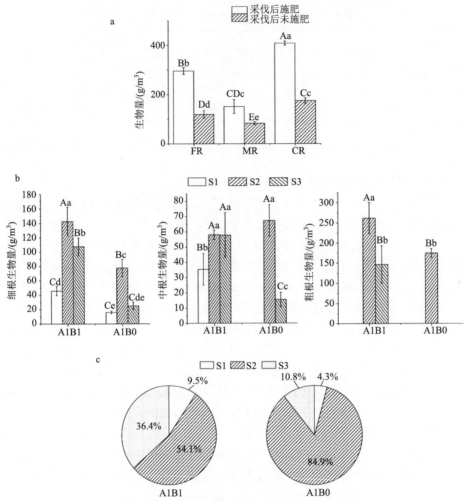

图 5-8   施肥对采伐后芳樟根系生物量的影响

a. 不同径级根系生物量；b. 不同土层不同径级根系生物量；c. 各土层根系生物量占比。不同小写字母表示不同
径级间生物量差异显著（$P<0.05$），不同大写字母表示不同径级间生物量差异极显著（$P<0.01$）

表 5-8   采伐后施肥对芳樟根系垂直和水平占比的影响

土层/		垂直占比/%			水平占比/%		
cm		细根	中根	粗根	细根	中根	粗根
A1B1	0～20	15.50	23.36	0.00	56.45	43.55	0.00
	20～40	48.19	38.40	64.12	30.83	12.57	56.60
	40～60	36.30	38.24	35.88	34.45	18.58	46.97
A1B0	0～20	13.61	0.00	0.00	100.00	0.00	0.00
	20～40	65.31	81.21	100.00	24.29	21.08	54.62
	40～60	21.08	18.79	0.00	61.65	38.35	0.00

(三)施肥对芳樟土壤及根系 C、N 含量的影响

由表 5-9 可知,施肥前土壤全碳含量在 0~40cm 无显著分布规律,40~60cm 土层全碳含量显著低于 0~40cm 土层,施肥后 20~40cm 土层全碳含量显著高于其他土层;施肥处理显著增加了不同土层全碳含量,显著高于施肥前以及未施肥样地全碳含量。全氮含量在不同土层深度中具有显著的分布规律,土壤表层(0~20cm)全氮含量均显著高于 20~40cm 及 40~60cm 土层。20~40cm 土层施肥前及未施肥样地全氮含量无显著差异,均显著低于施肥样地,或许是凋落物降解,微生物对土壤氮的同化等原因,土壤表层全氮含量未施肥样地显著高于施肥前样地。施肥显著增加了土壤碳氮含量,C/N 在 20~40cm 土层达到最高,有利于植物根系吸收与利用。

表 5-9　施肥对芳樟土壤 C、N 含量及 C/N 变化的影响

指标	土层/cm	施肥前	B0	B1
TC/(g/kg)	0~20	31.41±0.47Ac	32.42±0.14Ab	40.71±0.46Ba
	20~40	31.32±0.40Ab	31.44±0.38Bb	49.76±0.13Aa
	40~60	24.66±0.45Bb	25.27±0.15Cb	35.59±0.15Ca
TN/(g/kg)	0~20	2.21±0.02Ac	2.26±0.02Ab	3.19±0.04Aa
	20~40	2.12±0.04Bb	2.15±0.04Bb	2.67±0.04Ba
	40~60	1.66±0.03Cb	1.72±0.02Cb	2.15±0.03Ca
C/N	0~20	14.24±0.15Ba	14.35±0.05Aa	12.78±0.30Cb
	20~40	14.79±0.09Ab	14.65±0.20Ab	18.62±0.32Aa
	40~60	14.38±0.01Ab	14.66±0.10Ab	16.53±0.30Ba

注:相同指标下,不同大写字母表示同一处理不同深度间差异显著($P<0.05$);不同小写字母表示同一深度不同处理间差异显著($P<0.05$)

如表 5-10 所示,施肥后芳樟根系全碳含量(453.80g/kg)显著高于未施肥样地根系全碳含量(398.45g/kg),增长了 14%;施肥后芳樟根系全氮含量(3.06g/kg)显著高于未施肥样地根系全氮含量(2.79g/kg),增长了 9%;施肥后芳樟根系 C/N 高于未施肥样地根系 C/N,增长了 4%,差异水平未达显著。

表 5-10　施肥对芳樟根系 C、N 含量及 C/N 变化的影响

	TN/(g/kg)	TC/(g/kg)	C/N
B0	2.79±0.21B	398.45±10.52B	143.19±11.82A
B1	3.06±0.11A	453.80±19.69A	148.49±4.82A

注:不同大写字母表示同一指标不同处理间差异显著($P<0.05$)

三、讨论与结论

在一定程度上施肥缓解了因采伐而产生的肥力降低的现象(朱昌叁等,2109)。施肥后能显著提高芳樟的光合效率(张龙,2018),增加有机物的累积,从而提高植株的生物量(余星,2017;吴怡,2016;石正海等,2019);同时改善土壤养分,更利于植物生长发育(刘海威等,2017;王海东等,2013;闫杰伟,2019),达到增产效果(曾进等,2019)。施肥对根系的促进作用差异明显(苏慧清,2017),本研究中施肥处理增加了各经级根系生物量,施肥能促进芳樟根系生长,增加根长和直径(张龙,2018)。细根吸收的大量养分,除了供给地上部分萌芽更新,一部分产物在粗根中储存,一部分用于粗根的生长(杨阳,2020)。采伐是森林管理实践中常见的干扰模式之一(申忠奇等,2020),施肥是森林经营中常见的管护手段之一,而连续采伐限制了林分更新恢复。由于植物的地上部分和地下部分生理功能和生长环境不同,对环境因素的反应也不同(王益明等,2018),针对不同营林措施根系可作出可塑性反应以满足植物的生长需求(张志铭等,2018;张良德等,2011)。

综上所述,施肥显著提高了芳樟油用林地上生物量及精油产量,采收后芳樟油用林施肥提高的地上生物量主要以叶片为主。施肥增强了根系吸收能力,芳樟细根与粗根对施肥的响应优于中根,未采伐施肥芳樟细根生物量较未施肥增加了20.52%,采伐施肥芳樟细根生物量较未施肥增加了148.48%。同时,施肥芳樟萌芽更新能力优于未施肥处理。

第三节　采伐伤口管护对芳樟萌芽更新的影响

现阶段伤口愈合剂主要研究方向集中于果树病害防治,对伤口进行的管护措施基本原理是利用涂膜剂防止病毒侵染伤口,减少水分蒸发、保水,但是伤口愈合剂经过各种配方的改良,部分产品添加了外源激素,可以增强愈伤组织的再生能力。在生产实践中,根据不同树种的萌芽特性,有不同的采收措施,在芳樟油用林生产采伐中发现,简单粗暴的采伐方式会导致树皮撕裂,这是否会影响伐桩潜伏芽和不定芽的数量值得研究。此外,伤口快速愈合对于林木健康生长非常重要,对于采伐量大小、采伐季节或树种来说,目前没有科学依据可以完美地愈合伤口并避免实际采伐造成的腐烂。

一、材料与方法

(一)样地概况

同本章第一节材料与方法(一)样地概况。

（二）试验方法

1. 试验设计

设置 3 块 10m×10m 样地，2021 年 10 月进行采收，C1 处理在采伐伤口上涂抹伤口愈合剂（国光-糊涂，四川国光农化股份有限公司），C0 处理作为对照呈现自然采伐伤口状态，不做任何特殊管护。2022 年 3 月观测采伐伤口管护处理对采收后萌条更新的影响。采收留茬高度为 20cm，样地进行正常管护。

2. 测定指标和方法

调查平均单株萌条数、平均萌条长度、平均萌条基径及平均单株萌条生物量。观测并记录从伐桩重新萌发的萌条数量，计算获得平均单株萌条数，使用卷尺测量从主干基部出发到叶芽的萌条长度，使用游标卡尺测量萌条靠近主干基部部分的直径，获取整株伐桩上所有萌条并称重获得萌条生物量。

茉莉酸含量及 SOD、POD 活性测定：分别在 2021 年 10 月采收前、采收后第 5 天、采收后第 15 天、采收后第 30 天进行芳樟细根样品采集，基于有无伤口管护处理，分别记为未采伐状态（CK）、涂抹伤口愈合剂第 5 天（TD5）、涂抹伤口愈合剂第 15 天（TD15）、涂抹伤口愈合剂第 30 天（TD30）、未涂抹伤口愈合剂第 5 天（BTD5）、未涂抹伤口愈合剂第 15 天（BTD15）、未涂抹伤口愈合剂第 30 天（BTD30）。每个处理设置 3 个生物学重复用于测定茉莉酸含量及 SOD、POD 活性。

（1）茉莉酸含量测定方法：液相色谱-质谱联用分析法。

（2）SOD、POD 活性测定方法：SOD 活性测定采用氮蓝四唑（NBT）光还原法，POD 活性测定采用愈创木酚法。

（三）数据处理

试验数据采用 Microsoft Excel 2017 和 IBM SPSS Statistics 24 进行分析处理，所得数据均为 3 次重复平均值。

二、结果与分析

（一）伤口管护对萌芽更新能力的影响

如图 5-9 所示，采伐伤口管护后芳樟伐桩萌芽更新能力强于未进行采伐伤口管护。采伐伤口管护后芳樟平均萌条长度为 5.73cm，极显著大于未进行伤口管护芳樟的平均萌条长度。伤口管护后芳樟平均萌条基径显著大于未管护芳樟平均萌条基径，采伐伤口管护后平均萌条基径是未管护平均萌条基径的 1.28 倍，但未达到极显著差异水平。伤口管护后平均单株萌条生物量显著高于未进行伤口管护平均单株萌条生物量（$P<0.05$），但未达到极显著差异水平。

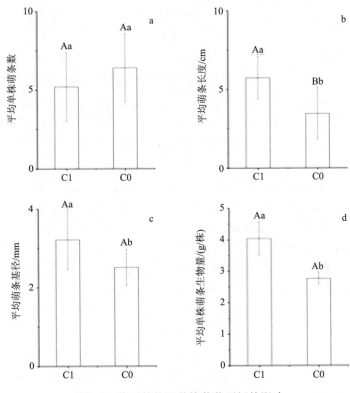

图 5-9　伤口管护对芳樟萌芽更新的影响

a. 伤口管护对芳樟单株萌条数的影响；b. 伤口管护对芳樟萌条长度的影响；c. 伤口管护对芳樟萌条基径的影响
d. 伤口管护对芳樟单株萌条生物量的影响；不同小写字母表示不同处理间差异显著（$P<0.05$），不同大写字母表示
不同处理间差异极显著（$P<0.01$）

（二）伤口管护对芳樟根系 SOD、POD 活性的影响

SOD 是生物体内特异性清除 O_2^- 的酶，作为植物抗氧化系统中的首道防线，将 O_2^- 转化为 H_2O_2。如图 5-10a 所示，T 与 BT 处理 SOD 活性均呈现先降后升的趋势，涂抹伤口愈合剂处理根系 SOD 活性在第 5 天达到最低值，与采伐前（0d）相比下降了 17.07%，随后呈现上升趋势，直至采伐后第 30 天根系 SOD 活性恢复到采伐前活性水平的 98.33%；未涂抹伤口愈合剂根系 SOD 活性在采伐后 5～15d 持续下降，采伐后第 15 天活性最低，与采伐前（0d）相比下降了 19.72%，采伐后 15～30d 逐渐上升，采伐后第 30 天根系 SOD 活性恢复到采伐前活性水平的 95.14%。

POD 的作用是催化以过氧化氢为氧化剂的氧化还原反应，在氧化其他物质的同时消除 SOD 作用产生的过量的过氧化氢，使过氧化氢维持在一个较低的水平。如图 5-10b 所示，T 处理 POD 活性呈现先降后升的趋势，而 BT 处理 POD 活性呈现持续下降的趋势。涂抹伤口愈合剂处理根系POD活性在第5天达到最低值，与采伐前(0d)相比下降了39.34%，随后呈现上升趋势，直至采伐后第30天根系SOD活性恢复到采伐前活性水平的95.73%；未涂抹伤口愈合剂根系POD活性，采伐后第30天根系SOD活性与采伐前(0d)相比下降了32.00%。综上表明，采伐后5～15d，芳樟根系受胁迫程度超过SOD、POD正常催化能力。涂抹伤口愈合剂有利于芳樟根系抗性更快地恢复至采伐前抗氧化酶活性水平。

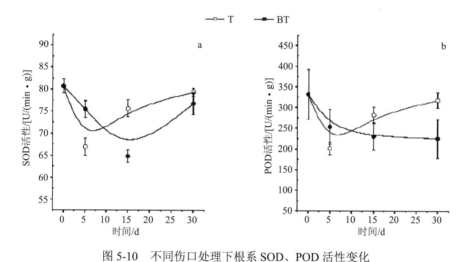

图5-10　不同伤口处理下根系SOD、POD活性变化

a. 不同伤口处理下根系SOD的活性；b. 不同伤口处理下根系POD的活性；T. 涂抹伤口愈合剂；
BT. 未涂抹伤口愈合剂；下同

（三）伤口管护对芳樟根系茉莉酸含量的影响

芳樟根系在应对地上采伐受到机械损伤的过程中，涂与不涂伤口愈合剂根系茉莉酸含量趋势呈现一致性，0～5d茉莉酸含量呈下降趋势，随后呈现明显的上升趋势，15～30d又呈现下降趋势(图5-11)。涂抹伤口愈合剂的芳樟根系茉莉酸含量在0～5d呈现大幅度下降，由13.75μg/g下降了72.00%，随后呈现上升趋势，逐渐恢复到采伐前根系茉莉酸含量水平。未涂抹伤口愈合剂的芳樟根系茉莉酸含量在0～5d内呈现大幅度下降，下降了67.06%；5～15d大幅度增长，由3.85μg/g升高了706.98%；15～30d逐渐回落到采伐前芳樟根系茉莉酸含量水平。未涂抹伤口愈合剂的芳樟根系比涂抹伤口愈合剂的芳樟根系需要更多的时间平衡茉莉酸含量水平。

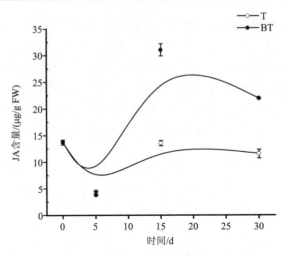

图 5-11　不同伤口处理下根系茉莉酸(JA)含量变化

三、讨论与结论

本研究主要侧重于采伐频次、施肥及伤口管护对萌条更新的影响,研究表明,多次采伐使植物光合器官减少,不但打破了与根系之间的运输平衡减弱了新陈代谢,还降低了植物根系可溶性糖及淀粉浓度,继而影响萌芽更新能力(易青春等,2013)。伤口愈合剂涂抹在采伐伤口上可以有效地保护伤口不被细菌感染,减少水分的蒸发,刺激细胞分裂使伤口快速愈合(肖宇等,2015)。适量的细胞分裂素可满足萌条的生长需要(程淑婉等,1995)。此外,除了涂抹伤口愈合剂进行伤口管护会对芳樟萌芽更新产生一定的促进作用,采伐时间的选择也极为重要,在春季进行树干基部采伐可以形成最佳的优树促萌效果,涂抹适量的细胞分裂素可促进萌条良好生长。

当植物受到机械损伤时,受伤部位会迅速积累茉莉酸,激活植物产生防御反应(张可文等,2005)。植物体内茉莉酸长距离运输分为维管束传输及空气传输(李梦莎和阎秀峰,2014)。采伐伤口未涂抹愈合剂比涂抹愈合剂的需要更多时间平衡茉莉酸含量水平,由于伤口愈合剂配方中含有细胞分裂素,在一定程度上减少了病原体对伐桩的侵害,进而调整植株防御性响应和生长发育过程。由根系茉莉酸含量、SOD 活性及 POD 活性在采伐后的早期变化可以看出,芳樟在伐后 0~5d 抗性较低,需对伤口加以管护,降低采伐胁迫对伐桩的影响。

综上所述,涂抹伤口愈合剂对芳樟采伐伤口进行管护有效提升了芳樟萌芽更新能力,在平均萌条长度、平均萌条基径及平均单株萌条生物量方面均有体现。芳樟根系茉莉酸含量及 SOD、POD 活性,在地上部分采收后呈现先下降后上升最终恢复至 CK 水平的趋势。采收早期芳樟根系抗性降低,涂抹伤口愈合剂进行伤口管护有利于减少根系损伤,使茉莉酸含量以及 SOD、POD 活性更早地恢复至未损伤水平。

第四节　芳樟根际土壤及根内微生物群落多样性

土壤中存在的微生物群影响着土壤的生态功能和宿主植物的健康。植物的根际和根内生活着大量的微生物。这些与根相关的微生物在植物生长发育、养分吸收和生态功能中发挥着重要作用。

植物根际是一个动态的环境,其微生物群落受各种条件的影响。土壤类型是决定根际微生物群落结构的最关键因素之一。根际细菌群落的多样性很大程度上受土壤类型的影响,而几乎不受植物基因型的影响。此外,独特的生态位可以通过植物物种、植物化学特性、土壤特性和许多其他因素的相互作用来塑造植物微生物群的结构。因此,不同的植物部位可能有不同的微生物群。研究表明,坡位是控制微环境异质性的重要地形因子,可通过影响植物温度、光照、土壤理化性质和水位等来实现。虽然坡位不是决定微生物存活的直接生态因子,但它可以通过控制一系列生态因子及其组合的时空分布来影响微生物的分布。因此,土壤类型和植物的坡位与微生物群密切相关。

真菌在土壤中的作用极其复杂,是土壤生态系统的基础。真菌在营养循环和植物健康发育中发挥了重要作用。虽然一些真菌可能会引起一系列植物疾病,在某些情况下会摧毁农作物,但已知部分真菌会拮抗植物病原体、分解植物残余物、向植物提供营养以及刺激植物生长。有些真菌也可通过直接改变寄主生理或间接改变根系渗出的方式影响细菌群落的组成。提高对土壤和根系相关真菌群落的多样性和结构的认识,可以更好地了解它们在土壤生态系统中的作用。

此外,科学配方的施肥能有效改善林木土壤的营养状况,有利于树木的生长。土壤微生物介于土壤和植物之间,对植物的健康生长和土壤环境的保护起着极其重要的作用。在土壤微生物中,细菌最为丰富、分布最为广泛,在维持土壤肥力和土壤含水量方面发挥着重要作用。细菌群落的组成和多样性能在一定程度上反映土壤质量的变化。因此,研究土壤细菌群落的组成和多样性,对合理利用土壤细菌资源,提高林木产量具有十分重要的现实意义。

一、材料与方法

(一)样地概况

以福建省安溪半林国有林场的 5 年生未采收的芳樟油用林为研究对象,选取 6 块试验样地,其中上坡 3 块样地,下坡 3 块样地,样地位于北纬 24°56′39″,东经 117°58′46″,海拔在 718～823m,上下坡样地海拔相差 100m 左右;所有样地的树苗地径在 5.5～7.5mm,胸径在 4.1～5.2mm,树高在 291.5～423.3cm,冠幅在 145.4～

222.3cm。每个试验地 10m×10m，每个样地种植 60 株芳樟。

（二）试验方法

1. 土壤及根内微生物群落多样性

芳樟在 6 月时正处于夏梢期，采样时间定为 2020 年 6 月上旬。在各个试验地中，按照五点法在芳樟的行之间选择 5 个点取 0～20cm 土层的林下土壤，最后合并成一个土壤样品，用四分法取 500g 左右土壤，密封保存运回实验室，风干后用于土壤理化性质测定；分别采集芳樟 0～20cm 土层的林下土壤、根际土壤和根样品，每块样地选取 3 棵树，总共采集样品 54 份；根样采集时，轻轻抖落附着在根系上的大块土壤（剩余土壤贴附在根系上），然后将根剪下并即刻进行预处理。最后将所有样品放置在装有冰袋的泡沫箱中低温运回实验室，置于–80℃冰箱以备提取微生物组 DNA 和高通量测序。

2. 施肥对土壤细菌群落多样性的影响

从前期 2 年生‘芳樟 MD1’的 4 因素 3 水平正交样方设计的施肥样地中，优选上坡、中坡和下坡各 3 块样地（表 5-11，表 5-12）。选取 0～20cm 土层的土壤作为样品，从上坡、中坡和下坡中各选取一块长势最好的优选配方施肥样地，即处理 3、处理 4 和处理 8，样地编号分别为 1-S、1-Z 和 1-X。另外分别从上坡、中坡和下坡选取一块未施肥的样地作为对照，样地编号分别为 2-S、2-Z 和 2-X，各优选配方施肥处理水平见表 5-13。于 2020 年 11 月分别采集优选配方施肥后的 3 块土样与未施肥的 3 块土样放入无菌袋，保存在冰袋中并及时带回实验室进行处理，去掉植物根系和石块，将土样置于–80℃保存，用于微生物组总 DNA 提取和高通量测序。

表 5-11　各处理配方施肥组合

处理	生物炭	尿素	过磷酸钙	氯化钾
1	1	1	1	1
2	1	2	2	2
3	1	3	3	3
4	2	1	2	3
5	2	2	3	1
6	2	3	1	2
7	3	1	3	2
8	3	2	1	3
9	3	3	2	1

注：处理 1、2、3 为上坡施肥样地，处理 4、5、6 为中坡施肥样地，处理 7、8、9 为下坡施肥样地

表 5-12　施肥因素水平(g/株)

肥料	施肥水平		
	1	2	3
生物炭	3.4	6.8	13.6
尿素	57.5	86.25	115
过磷酸钙	7.5	11.25	15
氯化钾	7.5	11.25	15

表 5-13　优选配方施肥处理水平(g/株)

样地编号	生物炭	尿素	过磷酸钙	氯化钾
1-S	3.4	115	15	15
1-Z	6.8	57.5	11.25	15
1-X	13.6	86.25	7.5	15
2-S	0	0	0	0
2-Z	0	0	0	0
2-X	0	0	0	0

注：1-S、1-Z、1-X 分别代表上坡、中坡和下坡 3 个优选配方施肥样地，2-S、2-Z、2-X 分别代表上坡、中坡和下坡 3 个未施肥样地

3. 根样预处理及根际样品采集

根样采集后须马上进行预处理，以最低程度地改变根内微生物群落。根样预处理步骤如下。

(1) 用流水冲洗根表面。

(2) 用 5%次氯酸钠消毒 2min。

(3) 用 75%乙醇消毒 2min。

(4) 加入无菌水，大力摇晃 1min，弃废液。重复此操作 3 次。

(5) 加入 0.9%氯化钠，大力摇晃 1min，弃废液。重复此操作 3 次。

(6) 将采集的根部样品剪成细碎的小片，加入 0.9%氯化钠，4℃下 200r/min 处理 4h。

(7) 将上述样品存放于–80℃冰箱内以备后用。

利用磷酸缓冲液洗脱，收集贴附在根系上的根际土，具体步骤如下。

(1) 将根放入装有 25mL 磷酸缓冲液(每升含 6.33g $NaH_2PO_4 \cdot 2H_2O$，16.5g $Na_2HPO_4 \cdot 7H_2O$, 200μL Silwet L-77；pH 7.0)的 50mL 灭菌离心管中，以最大速度在涡旋振荡器(Vortex-Genie® 2, MO BIO Laboratories Inc., 美国)上振荡 15s。

(2) 将振荡所得到的悬浊液用 100μm 灭菌尼龙网过滤到新的离心管中，以 3200g 离心 15min，去上清，沉淀即为根际土，放于–80℃冰箱保存。

4. 未施肥土壤微生物 DNA 提取和 16S rRNA 基因扩增与测序

样品的总 DNA 使用 TGuideS96 磁珠法土壤 DNA 试剂盒提取，厂家为天根生化科技(北京)有限公司。根据该试剂盒说明书，使用 QubitdsDNAHS 检测试剂盒和 Qubit 4.0 荧光计(Invitrogen, Thermo Fisher Scientific, 美国)检测样品的 DNA 浓度。

采用 338F(5′-ACTCCTACGGGAGGCAGCA-3′)和 806R(5′-GGACTACHVG GGTWTCTAAT-3′)引物扩增所有 DNA 样品的 16S rRNA 基因 V3+V4 可变区。目标区域 PCR 反应体系(10μL)包括：DNA 样品 50ng，两个引物各 0.3μL，KOD FX Neo Buffer 5μL，dNTP 2μL，KOD FX Neo 0.2μL，ddH$_2$O 补至 10μL。PCR 反应条件：PCR 混合物在 95℃下变性 5min，然后进行 25 次扩增(95℃，30s；50℃，30s；72℃，40s)，在 72℃下扩增 7min。PCR 扩增子用 Agencourt AMPure XP Beads (Beckman Coulter, 美国)进行纯化，并使用 Qubitds DNA HS 检测试剂盒和 Qubit 4.0 荧光计(Invitrogen, Thermo Fisher Scientific, 美国)进行定量。在单个定量步骤结束后，扩增子被等量地汇集起来。对于所构建的文库，使用 Illumina novaseq 6000 进行测序。

5. 施肥土壤微生物 DNA 提取和 16S rRNA 基因扩增与测序

使用土壤 DNA 提取试剂盒(soil DNA isolation kit)提取土壤微生物 DNA，并通过 0.8%琼脂糖凝胶电泳检测 DNA 提取质量，同时采用紫外分光光度计对 DNA 进行定量。

采用引物 515F(5′-GTGCCAGCMGCCGCGGTAA-3′)和 907R(5′-CCGTCAA TTCMTTTRAGTTT-3′)扩增所有 DNA 样品的 16S rRNA 基因 V4+V5 可变区。PCR 反应条件：在 98℃下预变性 2min，然后进行 25 次扩增(98℃，15s；55℃，30s；72℃，30s)，在 72℃下扩增 5min，然后保存在 4℃下。之后，PCR 扩增产物通过 2%琼脂糖凝胶电泳进行检测，并对目标片段进行切胶回收，回收采用 AXYGEN 公司的凝胶回收试剂盒。高通量测序工作委托上海派森诺生物科技有限公司进行。

6. *ITS1* 基因扩增与测序

采用 ITS1F(5′-CTTGGTCATTTAGAGGAAGTAA-3′)和 ITS2(5′-GCTGCGTT CTTCATCGATGC-3′)引物扩增所有 DNA 样品的真菌 ITS1 区域。目标区域 PCR 反应体系(10μL)包括：DNA 样品 50ng，两个引物各 0.3μL，KOD FX Neo Buffer 5μL，dNTP(2mmol/L)2μL，KOD FX Neo 0.2μL，ddH$_2$O 补至 10μL。PCR 反应条件：PCR 混合物在 95℃下变性 5min，然后进行 25 次扩增(95℃，30s；50℃，30s；72℃，40s)，在 72℃下扩增 7min。PCR 扩增子用 Agencourt AMPure XP Beads (Beckman Coulter, 美国)进行纯化，并使用 Qubitds DNA HS 检测试剂盒和 Qubit 4.0 荧光计(Invitrogen, Thermo Fisher Scientific, 美国)进行定量。在单个定量步骤结束后，扩增子被等量地汇集起来。对于所构建的文库，使用 Illumina novaseq 6000 进行测序。

7. 序列分析

利用 FLASH v1.2.11 软件对获得的原始序列进行拼接和测序，然后使用 Trimmomatic v0.33 软件对拼接后的序列进行过滤，获得高质量的序列。使用 UCHIME v8.1 软件去除嵌合体，获得高质量的标签序列。使用 USEARCH v10.0 软件对序列进行聚类，相似度为 97%。操作分类单元(OTU)的过滤阈值为 0.005%。基于 Silva 数据库(http://www.arb-silva.de)，使用 RDP 分类器 v2.2(80%置信区间)对 OTU 的代表性序列进行物种注释，将注释结果为叶绿体和线粒体的 OTU 或只有一个序列的 OTU 进行去除，最后将其进行抽平以供后续分析。通过测序获得的原始序列已上传到 NCBISRA 数据库，生物工程编号为 PRJNA779380。

8. 统计分析

所有统计分析均采用 R v4.1.1 软件进行。使用 Vegan 包进行置换多元方差分析(PERMANOVA)，并检测所有样本的 β 多样性的显著差异。利用 Bray-Curtis 差异法研究细菌群落结构的多样性。采用无约束主坐标分析(PCoA)进一步可视化细菌群落结构；使用 PMCMR 包对不同样本类型的细菌 α 多样性进行分析比较；使用 Base R 包进行 ANOVA 分析，研究不同样本类型间物种相对丰度的差异($P<0.05$)；使用 edgeR 软件包对高分化的 OTU 进行统计分析，并使用 ggplot2 软件包对其进行可视化。

基于参考系统发育树，采用 PICRUSt2 对特征序列进行物种注释，利用 KEGG(Kyoto Encyclopedia of Genes and Genomes)数据库对样本中的潜在功能和功能基因进行预测。采用 G-Test(注释功能基因数>20)和 Fisher(注释功能基因数<20)($P<0.05$)评估样本间功能丰度差异的显著性。

采用 FUNGuild 工具研究真菌群落的功能基因。根据营养方式将真菌分为三大类：病理营养型(pathotroph)、共生营养型(symbiotroph)和腐生营养型(saprotroph)。将三大类进一步又分为 12 类，然后构建了一个真菌分类和功能分组(guild)之间的数据库，通过这个数据库对真菌进行功能分类。

二、结果与分析

(一)芳樟根际土壤及根内细菌群落多样性

1. 根际和根内的细菌群落组成

无约束的主坐标分析(PCoA)表明，林下土壤、根际和根内的细菌群落之间的 β 多样性具有显著差异。上坡位和下坡位的林下土壤与根际细菌群落组成差异显著($P<0.05$)。相比之下，上坡位和下坡位的根内细菌群落没有显著差异(图 5-12)。对样本多样性(α 多样性)的测定揭示了从根内到林下土壤的多样性梯度。根据基于丰度的覆盖率估计量(abundance-based coverage estimator，ACE)指数、系统发育多样性(phylogenetic diversity，PD)指数、丰富度(richness)和香农-维纳指数

(Shannon-Wiener index)发现，林下土壤细菌群落的 α 多样性最高，根内细菌群落的 α 多样性最低。此外，根际和林下土壤样品下坡位的 α 多样性高于上坡位，根内的上坡位和下坡位样本之间的 α 多样性没有显著差异(图 5-13)。所有样本类型之间的 α 多样性指数差异都具有统计学意义。

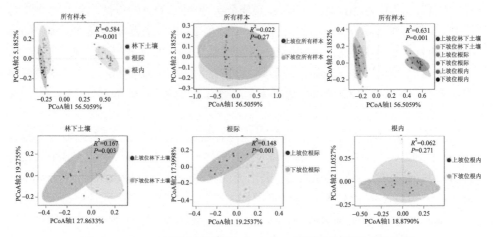

图 5-12　PCoA 图显示了基于 Bray-Curtis 距离的细菌群落的变化

用 PERMANOVA 分析检验其显著性差异；椭圆表示每种样本类型的 95% 置信区间

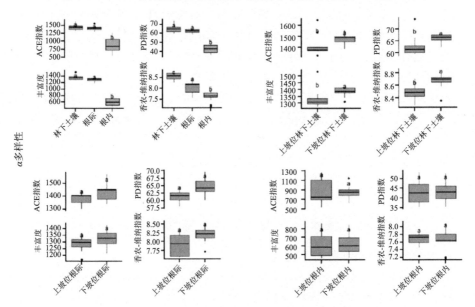

图 5-13　林下土壤、根际和根内细菌群落的 α 多样性指数

不同字母表示 $P < 0.05$ 时差异显著，下同

2. 根际和根内 OTU 的显著富集与耗竭

不同分类水平中，样本的相对丰度存在显著差异。在门水平上，芳樟根际土

壤中变形菌门(Proteobacteria)的相对丰度占最高比例,达到37.42%。芳樟的林下土壤和根际土壤中酸杆菌门(Acidobacteria)的比例显著高于根内,根内绿弯菌门(Chloroflexi)和疣微菌门(Verrucomicrobia)的比例相对较低;根内厚壁菌门(Firmicutes)的比例最高;与林下土壤和根际土相比,根内拟杆菌门(Bacteroidetes)、放线菌门(Actinobacteria)和蓝细菌门(Cyanobacteria)的比例显著升高(图5-14a,表5-14)。纲水平的分类分析表明,林下土壤和根际中酸杆菌门的富集主要受1个子类的影响,该子类主要是嗜酸杆菌纲(Acidobacteriia)和α-变形杆菌纲(Alphaproteobacteria)(图5-14b)。此外,对林下土壤、根际和根内的门水平进行了ANOVA分析。根际土壤和林下土壤中变形菌门和酸杆菌门的相对丰度高于根内,根内细菌最丰富的为厚壁菌门,与上述结果一致(图5-15)。

表5-14　不同样本类型中前10个差异门的平均相对丰度(%)

门	林下土壤	根际土壤	根内
变形菌门	29.88	37.42	25.59
酸杆菌门	36.44	35.42	3.33
厚壁菌门	0.21	0.28	31.58
拟杆菌门	3.43	3.87	14.18
放线菌门	5.45	3.96	7.45
绿弯菌门	9.02	4.17	0.94
疣微菌门	5.37	5.83	2.03
蓝细菌门	0.08	0.10	9.28
浮霉菌门	2.99	3.26	0.24
WPS-2	3.25	2.65	0.17
其他	3.87	3.02	5.21

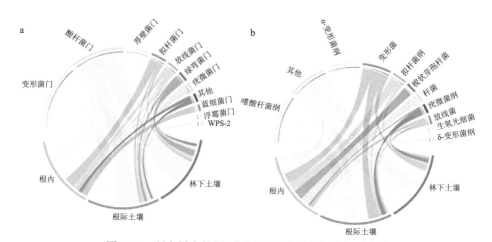

图5-14　所有样本的门(a)和纲(b)水平的细菌相对丰度

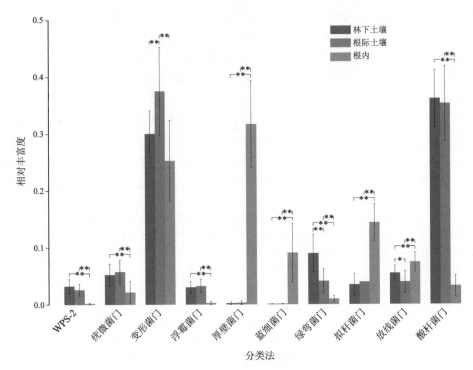

图 5-15　林下土壤、根际土壤和根内细菌门水平的 ANOVA 分析

横轴表示物种（P 值最低的前 10 个门）；纵轴表示物种的相对丰富度；不同颜色的列表示样本；列上的*表示差异显著（$P < 0.05$），**表示差异极显著（$P<0.01$），下同

　　将林下土壤的 OTU 计数作为对照，根际土壤和根内分别显著富集 280 个和 805 个 OTU（图 5-16a）。根内与根际土壤中差异富集和耗竭的 OTU 存在一些重叠。将这些富集的 OTU 分为 3 个亚群落。第一个亚群落被指定为完全富集的根际土壤 OTU（157OTU），并被定义为根际土壤样本中显著富集的细菌，从而将该样本类型与林下土壤区分开来；如果细菌在根内样本中显著富集，则将第二个亚群落指定为完全富集的根内 OTU（682OTU），从而将此样本类型与林下土壤区分开来；第三个亚群落被指定为在根内和根际土壤中共同富集的 OTU（123OTU），由在根内和根际土壤样本中富集的 OTU 定义，将这些样本与林下土壤区分开来（图 5-16b）。

　　根际土壤和根内对微生物的排除作用大于株下土壤。与林下土壤相比，根际中有 310 个 OTU 被显著耗竭，根内则更多，有 987 个 OTU 显著耗竭。根际土壤中耗竭的大多数 OTU 在根内群落中也被显著耗竭（图 5-16c）。本研究分别分析了上坡和下坡的根际土壤和林下土壤样本的差异丰度。以林下土壤上坡的 OTU 计数为对照，下坡林下土壤中有 253 个 OTU 显著富集，202 个 OTU 显著耗竭。以上坡根际土壤的 OTU 计数为对照，下坡根际土壤显著富集 373 个 OTU，显著耗竭 343 个 OTU（图 5-16d）。下坡根际土壤和林下土壤共同富集 148 个 OTU，共同耗竭 90 个 OTU（图 5-16e，f）。结果表明，在根际和林下土壤中，下坡样品中 OTU 的富集量明显高于已耗竭的 OTU。

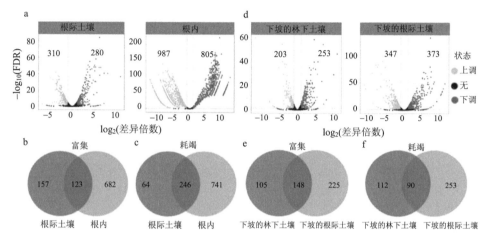

图 5-16　根内、根际土壤、下坡林下土壤和下坡根际土壤 OTU 的富集和耗竭

a. 将土壤作为差异丰度分析的对照；b. 根内和根际土壤差异富集的 OTU 数量；c. 根内和根际土壤之间差异耗竭的 OTU 数量；d. 将下坡林下土壤和下坡根际土壤用作差异丰度分析的对照；e. 下坡林下土壤和下坡根际土壤差异富集的 OTU 数量；f. 下坡林下土壤和下坡根际土壤差异耗竭的 OTU 数量。每个点代表一个单独的 OTU，沿横轴的位置代表与土壤相比的丰度倍数变化。纵轴为$-\log_{10}(FDR)$，通过校正显著性差异的 P 值获得。点离图顶部越近，差异越显著，下同

3. 细菌群落功能预测

基于 KEGG 数据库基因组的数据，通过 PICRUSt2 分析揭示了所有样本的根内、根际土壤和林下土壤中细菌群落差异表达的功能途径（图 5-17）。根际土壤中外源生物降解和代谢、信号转导、细胞群落-原核生物、膜运输、细胞能动性和氨基酸代谢途径的功能丰度均高于林下土壤，且差异较大（图 5-17a）。氨基酸代谢、外源生物降解和代谢属于代谢途径，膜运输和信号转导属于环境信息处理途径，细胞群落-原核生物和细胞能动性属于细胞过程途径（表 5-15）。然而，根内在碳水化合物代谢、辅助因子和维生素代谢、核苷酸代谢、翻译、膜运输、复制和修复以及翻译途径中的功能丰度较为丰富。其中，复制和修复属于遗传信息处理途径（图 5-17b，表 5-15）。

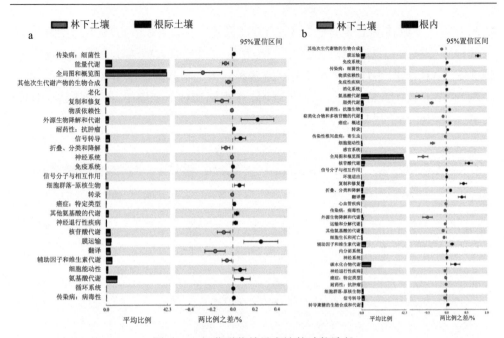

图 5-17　细菌群落差异表达的功能途径

在 KEGG 代谢途径二级中，以土壤为对照，富集了根际土壤(a)和根内(b)细菌群落差异表达的功能途径($P<0.05$)

表 5-15　细菌功能的相应途径

途径 1	途径 2
新陈代谢	碳水化合物代谢
新陈代谢	脂类代谢
新陈代谢	辅助因子和维生素代谢
新陈代谢	能量代谢
新陈代谢	氨基酸代谢
新陈代谢	核苷酸代谢
新陈代谢	其他次生代谢物的生物合成
新陈代谢	萜类和聚酮化合物代谢
新陈代谢	外源生物降解和代谢
新陈代谢	其他氨基酸代谢
新陈代谢	多糖合成和代谢
遗传信息处理	翻译
新陈代谢	全局图和概览图
人类疾病	耐药性：抗微生物
人类疾病	耐药性：抗肿瘤
环境信息处理	膜运输
环境信息处理	信号转导

续表

途径 1	途径 2
细胞过程	细胞群落-原核生物
细胞过程	细胞能动性
遗传信息处理	折叠、分类和降解
遗传信息处理	转录
遗传信息处理	复制和修复
生物系统	内分泌系统
环境信息处理	信号分子与相互作用
细胞过程	细胞生长和死亡
细胞过程	运输和分解代谢
生物系统	老化
生物系统	循环系统
生物系统	发育
细胞过程	细胞群落-真核生物
生物系统	免疫系统
生物系统	环境适应
生物系统	神经系统
生物系统	感官系统
人类疾病	内分泌和代谢性疾病
生物系统	排泄系统
生物系统	消化系统
人类疾病	神经退行性疾病
人类疾病	药物依赖
人类疾病	传染病：细菌性
人类疾病	传染病：寄生虫
人类疾病	传染病：病毒性
人类疾病	癌症：概述
人类疾病	癌症：特定类型
人类疾病	免疫性疾病
人类疾病	心血管疾病

(二)芳樟根际土壤及根内真菌群落多样性

1. 根际土壤和根内的真菌群落组成

无约束的主坐标分析(PCoA)表明，林下土壤、根际土壤和根内的真菌群落之间的 β 多样性具有显著差异，上坡和下坡样本的真菌群落的 β 多样性差异较小。

上坡位与下坡位的根际土壤和根内真菌群落组成差异显著（$P<0.05$）。上坡位和下坡位的林下土壤样本之间没有显著差异（图 5-18）。根据 ACE 指数、PD 指数、丰富度（richness）和香农-维纳指数发现，真菌群落的 α 多样性具有显著差异。其中，根际土壤真菌群落的 α 多样性显著高于林下土壤和根内。根际土壤和林下土壤下坡位的 α 多样性相对高于上坡位，根内的上坡和下坡样本之间的 α 多样性差异较小（图 5-19）。所有样本类型之间的 α 多样性指数差异都具有统计学意义。

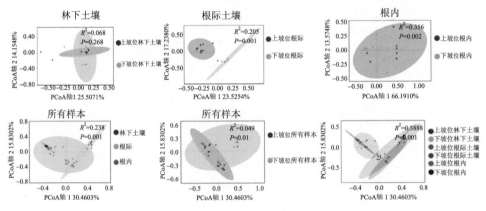

图 5-18　PCoA 图显示了基于 Bray-Curtis 距离的真菌群落的变化

用 PERMANOVA 分析检验其显著性差异；椭圆表示每种样本类型的 95%置信区间

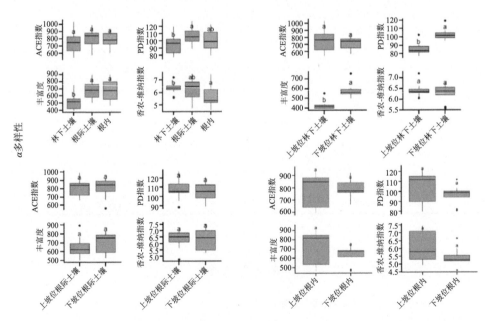

图 5-19　林下土壤、根际土壤和根内真菌群落的 α 多样性指数

2. 根际土壤和根内 OTU 的显著富集和耗竭

在不同的分类水平中，芳樟的林下土壤、根际土壤和根内真菌的相对丰度存在显著差异。门水平上，最丰富的真菌是子囊菌门（Ascomycota），其次是担子菌门（Basidiomycota）和被孢霉门（Mortierellomycota）。其中，芳樟根内的子囊菌门相对丰度最高，达到 63.91%。芳樟林下土壤和根际土壤中担子菌门和被孢霉门的比例显著高于根内，而根内中壶菌门（Chytridiomycota）和罗兹菌门（Rozellomycota）的比例也相对较低。此外，与林下土壤和根际土壤相比，根内还未被分类的真菌比例显著更高，占到 19.12%（图 5-20a，表 5-16）。纲水平的分类分析表明，根际土壤和根内子囊菌门的富集主要受一个子类的影响，该子类主要是散囊菌纲（Eurotiomycetes）和酵母菌纲（Saccharomycetes）（图 5-20b）。此外，对林下土壤、根际土壤和根内的门水平进行了 ANOVA 分析。其中，林下土壤和根际土壤中担子菌门和被孢霉门的相对丰度显著高于根内，而根内真菌最丰富的为子囊菌门，与上述结果一致（图 5-21）。

表 5-16　不同样本类型中前 10 个差异门的平均相对丰度（%）

门	林下土壤	根际土壤	根内
子囊菌门	44.70	56.44	63.91
担子菌门	24.97	19.46	14.10
被孢霉门	7.98	5.14	1.72
中壶菌门	4.13	3.17	0.32
罗兹菌门	2.45	1.75	0.61
球囊菌门	0.69	0.44	0.14
单鞭毛菌门	0.11	0.01	0.00
毛霉门	0.00	0.04	0.05
芽枝霉门	0.02	0.02	0.03
捕虫霉门	0.01	0.01	0.01
未分类	14.94	13.51	19.12

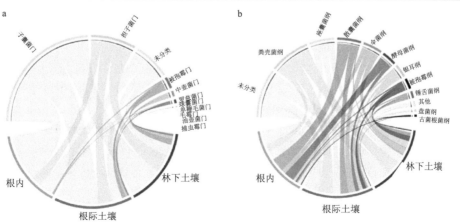

图 5-20　所有样本的门（a）和纲（b）水平的真菌相对丰度

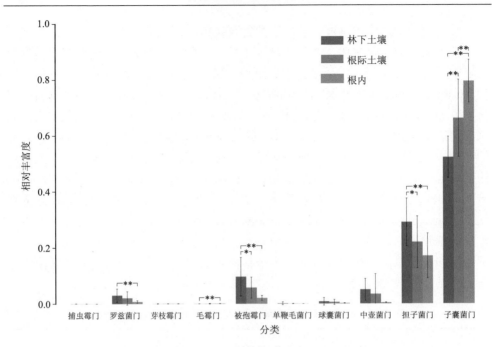

图 5-21　林下土壤、根际土壤和根内真菌的门水平的 ANOVA 分析

　　将林下土壤真菌 OUT 计数作为对照，根际土壤和根内分别显著富集 678 个和 576 个 OTU（图 5-22a）。根内与根际土壤中差异富集和耗竭的 OTU 存在一些重叠；将这些富集的 OTU 分为 3 个亚群落。第一个亚群落被分类为完全富集的根际土壤 OTU（198OTU），并被定义为根际土壤样本中显著富集的真菌，从而将该样本类型与林下土壤区分开来；如果真菌在根内样本中显著富集，则将第二个亚群落指定为完全富集的根内 OTU（96OTU），从而将此样本类型与林下土壤区分开来；第三个亚群落指定为在根内和根际土壤中共同富集的 OTU（480OTU），由在根内和根际土壤样本中富集的 OTU 定义，将这些样本与林下土壤区分开来（图 5-22b）。

　　与林下土壤相比，根际土壤和根内耗竭的 OTU 相差不大。根际中有 506 个 OTU 被显著耗竭，根内有 583 个 OTU 显著耗竭。根际中耗竭的大多数 OTU 在根内群落中也被显著耗竭（图 5-22c）。分别分析了上坡位与下坡位的根际土壤和根内样本的差异丰度。以上坡位根际土壤的 OTU 计数为对照，下坡位根际土壤中有 485 个 OTU 显著富集，564 个 OTU 显著耗竭。以上坡位根内的 OTU 计数为对照，下坡位根内显著富集 359 个 OTU，显著耗竭 426 个 OTU（图 5-22d）。下坡位根际土壤和根内共同富集 182 个 OTU，共同耗竭 132 个 OTU（图 5-22e、f）。

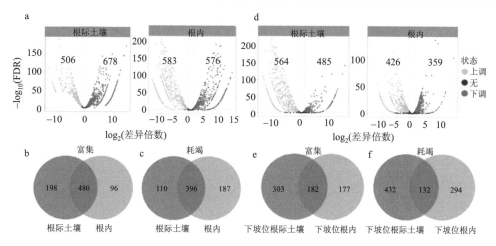

图 5-22　根内、根际土壤、上下坡位根际土壤和上下坡位根内 OTU 的富集和耗竭

a. 将土壤作为差异丰度分析的对照；b. 根内和根际土壤差异富集的 OTU 数量；c. 根内和根际土壤之间差异耗竭的 OTU 数量；d. 上坡位根际土壤和上坡位根内用作差异丰度分析的对照；e. 下坡位根际土壤和下坡位根内差异富集的 OTU 数量；f. 下坡位根际土壤和下坡位根内差异耗竭的 OTU 数量

3. 真菌群落功能预测

本研究通过使用 FUNGuild 工具研究真菌群落的功能基因，基于 Guild 的真菌功能分类分析，揭示了所有样本中具有显著差异的功能真菌（图 5-23）。以林下土壤为对照，根际土壤中有显著差异的只有 3 种功能真菌。其中，真菌寄生虫（fungal parasite）和动物病原体（animal pathogen）的功能丰度显著高于林下土壤，而粪肥腐生物（dung saprotroph）的功能丰度则显著低于林下土壤（图 5-23a）。根内有显著差异的功能真菌有 9 种。其中，动物病原菌（animal pathogen）和真菌寄生虫（fungal parasite）的功能丰度显著高于林下土壤，而粪肥腐生物（dung saprotroph）的功能丰度显著低于林下土壤。此外，根内还有未被定义的腐生物（undefined saprotroph），其功能丰度显著低于林下土壤（图 5-23b）。

（三）施肥对土壤细菌群落多样性的影响

1. α 多样性分析

通过绘制稀疏曲线，在相同的测序深度下，可以清晰地看出 OTU 数的高低，从而在一定程度上衡量每个样本的多样性高低。如图 5-24 所示，随着样品测序量的加大，OTU 数量也不断增加，当测序数据量接近 14 000 时，未施肥的曲线 2-S、2-Z、2-X 趋向平坦，继续增加测序深度，OTU 数量的变化不明显。通过比较施肥与未施肥土壤样品的稀疏曲线可以发现，施肥土样的曲线 1-S、1-Z、1-X 的 OTU 数量较多，未施肥的曲线 2-S、2-Z、2-X 的 OTU 数量较少，说明施肥与未施肥土壤的细菌多样性差异较大。在图 5-25 中可以看出，各土壤样品中，曲线 1-X 跨度最大，曲线 2-S 跨度最小，施肥与未施肥土样的跨度差距较大，说明施肥与未施肥各样品物种丰富度差异明显。

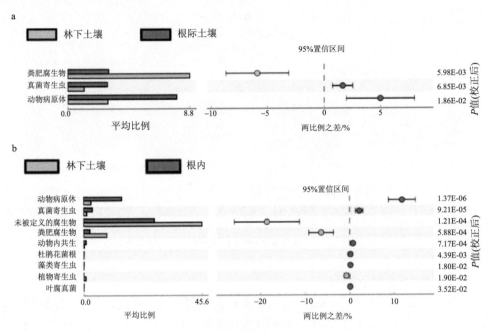

图 5-23　真菌功能分类分析

在 Guild 的功能分类层级中，以林下土壤为对照，富集了根际土壤(a)和根内(b)的真菌差异功能($P<0.05$)

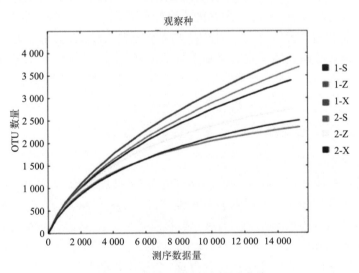

图 5-24　细菌 OTU 数的稀疏曲线

　　将 OTU 的测序深度经过抽平处理后，使用 R 软件计算所有样地的 α 多样性。以 Good's coverage 指数表征覆盖度，以此来评估测序对群落中物种的覆盖度。各样品 Good's coverage 指数均接近于 1，说明该样本中未被检测出的物种所占的比例非常少。根据 Chao1 指数、ACE 指数和香农-维纳指数发现，施肥土壤 1-S、1-Z 和 1-X 中的 ACE 指数、Chao1 指数和香农-维纳指数比未施肥土壤 2-S、2-Z 和 2-X 显著升高，说明施肥土壤细菌群落的丰富度和多样性较高（表 5-17）。此外，在施肥土壤中，1-S、1-Z 和 1-X 的多样性指数呈梯度上升，可以看出中坡和下坡位置的土壤细菌 α 多样性显著高于上坡。在未施肥的土壤中，中坡和下坡位置的土壤细菌 α 多样性也显著高于上坡。

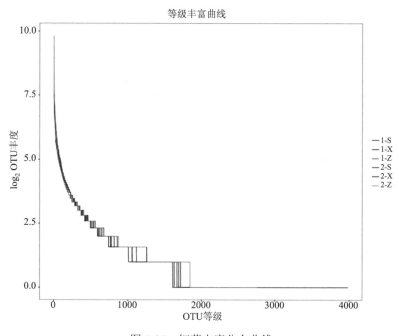

图 5-25　细菌丰度分布曲线

　　每条折线代表一个样本的 OTU 丰度分布。横轴上折叠线的长度反映了样本中 OTU 的数量，代表了细菌群落的丰富性。折叠线越长，样品中的 OTU 越多。折线的平滑度反映了细菌群落的均匀性。折线越平缓，细菌群落的均匀度越高。折线越陡，群落中 OTU 的丰度差异越大，细菌群落的均匀度越低。

表 5-17　α 多样性指数分析表

样地编号	Chao1 指数	ACE	香农-维纳指数	Good's coverage 指数
1-S	6 181.79	6 480.97	10.07	0.989 385
1-Z	7 691.12	7 869.91	10.29	0.986 196

续表

样地编号	Chao1 指数	ACE	香农-维纳指数	Good's coverage 指数
1-X	8 236.8	8 503.29	10.52	0.984 37
2-S	2 914.15	2 899.75	9.72	0.996 023
2-Z	3 460.14	3 559.46	9.88	0.996 348
2-X	3 028.14	3 311.99	9.53	0.994 852

2. 分类学组成分析

通过分类学组成分析，在同一分类水平上，可以反映出细菌群落的组成和丰度分布的差异。首先，选取了门水平和纲水平上丰度前 10 的细菌群落进行分析。结果发现，施肥和未施肥土壤的优势细菌种类是一致的。在门的分类水平上，芳樟土壤细菌中酸杆菌门、变形菌门和绿弯菌门的相对丰度所占比例较高。在施肥土壤中，下坡的酸杆菌门的相对丰度最高，达到 44.84%。在未施肥的土壤中，中坡和下坡的酸杆菌门的相对丰度较高，分别占到 55.51% 和 47.72%。其次，变形菌门在土壤中所占的比例显著高于绿弯菌门。在施肥土壤中，下坡的变形菌门的相对丰度最高，达到了 33.81%。相反，在未施肥的土壤中，上坡的变形菌门的相对丰度最高，达到了 35.21%。相比之下，绿弯菌门的相对丰度所占比例较低，在施肥土壤中，中坡的绿弯菌门的相对丰度最高，占到 13.55%，在下坡仅占 5.74%。在未施肥土壤中，绿弯菌门在下坡的相对丰度较高，占到 15.51%。上坡和中坡所占比例相对较低，分别占 5.77% 和 5.51%。其余细菌门如放线菌门、浮霉菌门（Planctomycetes）和芽单胞菌门（Gemmatimonadetes）等，它们的相对丰度较低，所占比例相对较少（表 5-18，图 5-26a）。

表 5-18　不同样本中前 10 个差异门的平均相对丰度（%）

类别	1-S	1-Z	1-X	2-S	2-Z	2-X
酸杆菌门	35.82	32.33	44.84	39.41	55.51	47.72
变形菌门	32.78	27.97	33.81	35.21	27.92	19.48
绿弯菌门	10.54	13.55	5.74	5.77	5.51	15.51
放线菌门	5.00	8.83	4.11	5.31	2.64	6.81
浮霉菌门	5.32	5.20	6.10	5.69	3.15	3.00
芽单胞菌门	2.11	1.33	0.65	2.54	0.87	2.37
GAL15	2.05	4.43	0.33	0.03	0.47	1.03
WPS-2	1.12	1.80	1.14	0.16	1.00	0.48
疣微菌门	0.80	0.45	1.01	1.44	0.99	0.89
拟杆菌门	1.64	0.78	0.65	1.56	0.23	0.61
其他	2.84	3.34	1.62	2.86	1.70	2.12

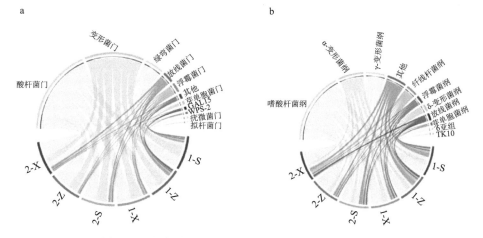

图 5-26　所有样本的门（a）和纲（b）水平的细菌相对丰度

在细菌纲水平的分类分析上，细菌群落的相对丰度差异显著。细菌纲水平中嗜酸杆菌纲、α-变形菌纲和 γ-变形菌纲（Gammaproteobacteria）的相对丰度较高。在施肥土壤中，嗜酸杆菌纲在下坡所占比例最高，达到了 43.41%。在未施肥的土壤中，中坡和下坡的嗜酸杆菌纲所占比例也显著高于上坡，分别占到了 53.63% 和 46.36%。该结果表明，细菌纲水平上的嗜酸杆菌纲一直驱动影响着门水平上的酸杆菌门。其次，α-变形菌纲在下坡的施肥土壤中占比最高，达到 18.69%。在未施肥土壤中，上坡和中坡 α-变形菌纲的相对丰度占比高于下坡，分别占到 13.71% 和 13.14%。相比之下，γ-变形菌纲在施肥土壤中的上坡占比较高，达到 13.08%。在未施肥土壤中也是上坡的相对丰度较高，达到 16.61%。在纲水平上，其余优势细菌如纤线杆菌纲（Ktedonobacteria）、浮霉菌纲和 δ-变形菌纲（Deltaproteobacteria）的相对丰度占比较低。其中，纤线杆菌纲在施肥土壤的中坡所占比例较高，占 9.84%，在未施肥土壤的下坡中相对丰度最高，但也仅占 10.95%。浮霉菌纲在下坡的施肥土壤中所占比例最高，达 5.89%，在未施肥的土壤中，上坡的相对丰度最高，但是所占比例也仅为 4.63%（表 5-19，图 5-26b）。

表 5-19　不同样本中前 10 个差异纲的平均相对丰度（%）

类别	1-S	1-Z	1-X	2-S	2-Z	2-X
嗜酸杆菌纲	33.29	30.87	43.41	34.74	53.63	46.36
α-变形菌纲	15.54	16.53	18.69	13.71	13.14	8.00
γ-变形菌纲	13.08	7.89	10.51	16.61	10.74	7.73
纤线杆菌纲	7.13	9.84	4.36	3.58	3.62	10.95
浮霉菌纲	4.65	5.06	5.89	4.63	2.98	2.77
δ-变形菌纲	4.16	3.55	4.61	4.89	4.05	3.75
放线菌纲	3.52	6.61	2.91	2.95	1.86	6.03

续表

类别	1-S	1-Z	1-X	2-S	2-Z	2-X
芽单胞菌纲	2.10	1.30	0.65	2.54	0.87	2.32
6 亚组	1.65	0.87	1.05	3.23	1.02	0.46
TK10	1.36	1.16	0.63	0.97	0.75	1.80
其他	13.52	16.32	7.29	12.14	7.36	9.83

3. 细菌群落代谢功能预测

本研究基于 KEGG 数据库基因的数据，通过 PICRUSt2 对芳樟所有样地的土壤细菌群落进行了功能预测分析。总共检测出了六大类功能基因，包括新陈代谢（metabolism）、遗传信息处理（genetic information processing）、环境信息处理、细胞过程（cellular process）、生物系统（organismal system）和人类疾病（human disease）。在 KEGG 代谢途径二级中更是多达 37 种功能基因，还有 4 种未被分类的功能基因。根据检测到的功能基因，有 12 种与新陈代谢功能相关的功能基因，且基因丰度相对较高。遗传信息处理功能中，有 4 种相关的功能基因，复制和修复（replication and restoration）的基因丰度相对较高。与环境信息处理功能相关的功能基因有 3 种，其中膜运输（membrane transport）的基因丰度最高。细胞过程中的相关功能基因有 4 种，其中，细胞能动性（cell motility）的基因丰度最高。在生物系统功能中，相关的功能基因有 8 种，其中，内分泌系统（endocrine system）的基因丰度相对较高。与人类疾病功能相关的基因有 6 种，其基因丰度都非常低（表 5-20）。

表 5-20　不同样本中检测的功能基因丰度（%）

功能基因	1-S	1-Z	1-X	2-S	2-Z	2-X
细胞过程：细胞通信	0.000 175	0.000 080	0.000 119	0.000 420	0.000 066	0.000 102
细胞过程：细胞生长与死亡	0.569 393	0.570 306	0.576 146	0.566 627	0.567 181	0.554 204
细胞过程：细胞能动性	3.417 343	3.359 002	3.494 724	3.557 410	3.546 785	3.366 071
细胞过程：运输与分解代谢	0.409 386	0.411 912	0.425 457	0.403 560	0.428 646	0.428 018
环境信息处理：膜运输	9.059 024	9.148 403	8.546 932	8.773 593	8.146 709	8.419 174
环境信息处理：信号分子与相互作用	0.261 674	0.261 233	0.273 553	0.261 667	0.281 871	0.278 907
环境信息处理：信号转导	2.320 290	2.302 219	2.354 337	2.360 161	2.365 784	2.328 516
遗传信息处理：折叠、分类和降解	2.267 704	2.270 597	2.260 358	2.322 884	2.263 303	2.274 714
遗传信息处理：复制和修复	6.878 947	6.896 527	6.899 721	7.058 847	6.996 043	7.016 763
遗传信息处理：转录	2.880 322	2.899 316	2.940 759	2.843 265	2.995 679	3.024 139
遗传信息处理：翻译	4.227 402	4.249 387	4.205 559	4.335 693	4.246 209	4.274 854

续表

功能基因	1-S	1-Z	1-X	2-S	2-Z	2-X
人类疾病：癌症	0.108 743	0.107 890	0.110 412	0.098 743	0.099 288	0.089 885
人类疾病：心血管疾病	0.040 302	0.039 995	0.045 782	0.037 621	0.047 590	0.043 191
人类疾病：免疫系统疾病	0.053 147	0.053 255	0.054 944	0.053 954	0.056 995	0.057 221
人类疾病：传染病	0.459 540	0.453 185	0.477 959	0.462 132	0.485 919	0.466 784
人类疾病：新陈代谢疾病	0.073 303	0.074 474	0.072 208	0.073 418	0.069 371	0.070 530
人类疾病：神经退行性疾病	0.321 206	0.311 157	0.337 467	0.313 952	0.336 461	0.307 166
新陈代谢：氨基酸代谢	10.621 574	10.606 619	10.625 040	10.613 004	10.622 485	10.629 228
新陈代谢：其他次生代谢物的生物合成	1.360 933	1.374 136	1.412 519	1.352 195	1.456 740	1.462 247
新陈代谢：碳水化合物代谢	10.979 640	11.042 268	11.076 350	10.798 099	11.175 557	11.195 150
新陈代谢：能量代谢	5.849 671	5.858 138	5.863 123	5.865 902	5.902 385	5.866 922
新陈代谢：酶家族	2.382 554	2.385 961	2.446 962	2.396 778	2.510 986	2.506 278
新陈代谢：多糖合成和代谢	2.720 062	2.706 255	2.838 833	2.743 443	2.947 162	2.903 028
新陈代谢：脂类代谢	3.930 319	3.922 974	3.934 173	3.891 593	3.906 048	3.915 020
新陈代谢：辅助因子和维生素代谢	3.882 021	3.887 982	3.827 607	3.932 821	3.803 915	3.825 473
新陈代谢：其他氨基酸代谢	1.856 161	1.839 585	1.862 122	1.868 264	1.837 364	1.810 365
新陈代谢：萜类和聚酮化合物代谢	1.960 476	1.967 454	1.916 880	1.958 651	1.871 403	1.900 568
新陈代谢：核苷酸代谢	3.122 803	3.137 320	3.122 648	3.178 082	3.142 578	3.146 950
新陈代谢：外源生物降解和代谢	3.083 161	3.053 105	2.952 881	2.954 556	2.777 606	2.811 965
生物系统：循环系统	0.035 487	0.033 076	0.036 540	0.039 136	0.035 754	0.031 947
生物系统：消化系统	0.033 191	0.033 858	0.033 065	0.033 469	0.032 434	0.033 140
生物系统：内分泌系统	0.423 847	0.424 081	0.433 924	0.428 394	0.439 482	0.436 900
生物系统：环境适应	0.152 323	0.152 255	0.154 946	0.157 908	0.157 207	0.154 388
生物系统：排泄系统	0.066 274	0.065 036	0.070 780	0.064 013	0.074 972	0.072 825
生物系统：免疫系统	0.021 194	0.020 038	0.017 139	0.022 337	0.013 278	0.013 328
生物系统：神经系统	0.085 563	0.086 251	0.087 507	0.084 659	0.087 849	0.087 135
生物系统：感官系统	0.000 057	0.000 027	0.000 040	0.000 140	0.000 022	0.000 034
未分类：细胞过程和信号转导	3.755 562	3.682 636	3.846 045	3.843 521	3.908 802	3.808 247
未分类：遗传信息处理	2.389 972	2.412 226	2.365 958	2.383 604	2.354 756	2.408 716
未分类：新陈代谢	2.627 999	2.604 238	2.640 541	2.568 427	2.613 097	2.593 320
未分类：特征不详	5.311 255	5.295 543	5.357 942	5.297 057	5.394 216	5.386 591

三、讨论与结论

（一）芳樟根际土壤及根内细菌群落多样性

作为植物根系微生物定植的一般规律，细菌群落的 α 多样性指数从林下土壤向根内递减（Coleman-Derr et al., 2016）。从林下土壤到根内，α 多样性逐渐降低，表明只有部分细菌种群能够在根组织中保持共生组合，经过滤后成为优势菌群。这意味着根际过滤效应逐渐增强，根内比根际具有更强的过滤效应。

坡位是重要的地形因子，随着坡位的变化物种多样性存在显著差异（Luo et al., 2020）。研究发现，下坡的根际土壤和林下土壤样本的 α 多样性高于上坡样本。α 多样性可能随着土壤化学性质下降而降低。然而，根内的 α 多样性未受影响，这表明根内具有独特的选择效应。

芳樟根中某些细菌的富集和耗竭表明，芳樟根相关的细菌定植不是一个被动的过程（Edwards et al., 2015）。一些细菌能较好地占据根系的定植生态位，植物能选择合适的细菌群落。本研究发现，变形菌门和厚壁菌门在芳樟根内显著富集，而酸杆菌门和浮霉菌门显著耗竭。该结果与水稻（Sessitsch et al., 2012）和拟南芥（Schlaeppi et al., 2014）研究中获得的结果相似，表明在门水平上，植物根内可以选择相同或相似的优势细菌。此外，芳樟根际样品中酸杆菌门的富集主要是由纲水平的嗜酸杆菌纲和 α-变形菌纲的富集驱动的，这与它们的快速生长特征相一致。这些细菌能够适应和利用根际环境中的碳源，抢占生态位，使其种群数量迅速增加（Fan et al., 2018）。

以林下土壤为对照，通过分析根际土壤和根内 OTU 计数的差异，发现根际土壤明显富集了一部分细菌 OTU。此外，在根际土壤富集的 OTU 中，大部分 OTU 富集于根内。定居在根内的分类群可能会被根系本身产生的元素所吸引；根际土壤不仅可以富集 OTU，还可以独特地富集 OTU 的一个子集。这表明根际土壤是某些分类群的特殊生态位。相比之下，根际土壤中耗竭的大部分 OTU 在根内也被耗竭。这表明环境定植可能以根际为主，这可能会限制某些细菌进入根内。因此，根系起着重要的门控作用（Edwards et al., 2015）。

KEGG 数据库包含丰富多样的功能基因，这些基因几乎负责人类和地球上其他动物、植物和微生物的几乎所有生命活动。在 KEGG 代谢途径二级中检测的功能基因多达 40 多种。与负责生物体内有机系统的功能基因相似，在不同的土壤处理过程中发现了复杂的功能基因（Shi et al., 2022）。然而，这些基因在土壤中的存在形式及其作用机制尚不清楚。

本研究发现，不同样本类型中检测到的功能基因是一致的，并且存在的功能基因类型是相同的，通过对这些功能基因的分析发现了负责能量代谢、氨基酸代谢、核苷酸代谢、碳水化合物代谢等基本代谢的基因。这些功能基因在所有生物体中都是通用的，被称为"管家基因"。管家基因在各种生物体内普遍存在，且具有高度保守性，是维持细胞基本功能所需的组成型基因。

(二)芳樟根际土壤及根内真菌群落多样性

根际效应是真菌群落结构中最重要的方面之一，与芳樟的细菌群落多样性不同的是，真菌群落的 α 多样性在根际土壤中显著较高，在林下土壤中真菌群落多样性较低。事实上，植物根系会分泌多种低分子量碳源，这些碳源可以被真菌群落消耗，从而为它们创造更多的生态位，并促进真菌多样性及丰富度的增加(Weber et al., 2011)。然而，理想的生长条件与养分可用性也可能有利于土壤中的微生物种群。本研究数据和真菌群落结构的结果表明，林下土壤及根系土壤微生物多样性与植物物种具有相互依存的复杂性。

坡位是重要的地形因素，可以通过控制一系列生态因子及其组合的时空分布来影响微生物的分布，坡位的变化影响着物种多样性的高低(Luo et al., 2020)。本研究发现，下坡根际土壤样本真菌的 α 多样性相对高于上坡样本，该结果与细菌多样性的结果一致，因此，真菌的 α 多样性也是随着土壤化学性质下降而降低。然而，根内上下坡样本的 α 多样性差异较小，这是根内独特的选择效应造成的。

本研究中，检测到的真菌门主要由子囊菌门和担子菌门组成，子囊菌门在根内的相对丰度最高，高达 63.91%，而担子菌门在林下土壤中的相对丰度最高，达到了 24.97%。这种组成模式与其他植物的真菌微生物组的研究结果相似，如一些葡萄树种的真菌微生物组研究，表明在同一分类水平上，植物的真菌组成及优势真菌都是相同或相似的。此外，芳樟根际土壤样品中子囊菌门的富集主要是由纲水平的散囊菌纲和酵母菌纲的富集驱动的，这与它们的快速生长特征相一致。与细菌一样，这些真菌都能够快速适应并利用根际环境中的碳源，抢占生态位，使其种群数量快速增长(Fan et al., 2018)。

以林下土壤为对照，通过分析根际土壤和根内 OTU 富集的差异，发现芳樟在根际土壤中富集的真菌 OTU 明显高于根内。与根内相比，根际土壤中耗竭的真菌 OTU 也相对较少，根际土壤通过根分泌物、根冠产生的黏液和脱落的根细胞的释放，在根表面和土壤之间形成高度活跃的过渡区，这些都为微生物群落的生长、发育和繁殖提供了合适的生态位(Buee et al., 2009)。

真菌群落的 FUNGuild 功能分析揭示，以林下土壤为对照，根内有显著差异的功能真菌种类比根际土壤多。其中，根际土壤中的功能真菌包括真菌寄生虫(fungal parasite)、动物病原体(animal pathogen)和粪肥腐生物(dung saprotroph)，均属于腐生营养型(saprotroph)，该类功能真菌是通过降解死亡的宿主细胞来获取营养的。此外，根内的功能真菌还包括动物内共生(animal endosymbiont)、杜鹃花菌根(ericoid mycorrhizal)、藻类寄生虫(algal parasite)、植物寄生虫(plant parasite)和叶腐真菌(leaf saprotroph)，也都属于腐生营养型真菌。

功能预测分析发现，在不同样本类型中预测到的功能基因基本一致，与细菌群落一样，预测的功能真菌种类都是相同的。主要为三大类功能真菌，分别是病理营养型(pathotroph)、共生营养型(symbiotroph)和腐生营养型(saprotroph)。其中，病理营养型通过损害宿主细胞而获取营养，而共生营养型通过与宿主细胞交换资源来获取营养。

(三)施肥对土壤细菌群落多样性的影响

芳樟经过科学配方的施肥不仅可以增加枝叶生物量，提高芳樟精油的产量和品质，保持土壤肥力，还可导致微生物群落的变化。微生物群落通过参与土壤形成和生物化学过程，包括残留物分解和养分循环，在维持农业生态系统健康方面发挥着重要作用(Qiu et al., 2014)，施肥是一项重要的管理措施，它极大地改变了土壤微生物的群落组成和多样性(Allison et al., 2008; Hartmann et al., 2015; Su et al., 2015)。本试验施肥后的土壤细菌 α 多样性显著高于未施肥的土壤，其群落的丰富度也更高。在门水平和纲水平的分类水平上，检测到的芳樟土壤细菌群落的种类在不同样地中相同，但土壤细菌中酸杆菌门、变形菌门和绿弯菌门的相对丰度占比较高，表明植物土壤中存在相同或相似的优势细菌；施肥对土壤中细菌群落的优势细菌种类没有影响。在所有样地土壤中，细菌门水平上酸杆菌门的富集是由纲水平上嗜酸杆菌纲的富集驱动的，是该细菌本身具有的快速生长特征引起的，它们都能迅速适应环境，并快速生长。

坡位是地形中非常重要的一个因素，可以通过改变小气候、土壤性质和植被特征来影响微生物群落的结构和多样性(Wang et al., 2015)。研究发现，在施肥和未施肥的土壤中，中、下坡位置的土壤细菌 α 多样性均显著高于上坡。

通过细菌群落的功能预测分析，在 KEGG 代谢途径二级中，检测出了多达41 种功能基因，不同样地土壤中检测到的功能基因类型都相同。

第五节　复合菌剂对樟树苗移栽生长及土壤的影响

本研究利用复合菌剂处理樟树移栽苗，并对其移栽后生长情况、菌根侵染情况、植物体与土壤矿质元素和重要化合物变化情况进行研究，探索复合菌剂对樟树苗移栽及圃地土壤速效成分变化的影响，以期为樟树苗的移栽和推广提供技术支撑。

一、材料与方法

(一)试验材料

供试材料为来自浙江嘉兴的 1 年生樟树实生苗，未切根，通过快递 48h 送达。

圃地试验地为福建农林大学田间实验室，环境条件为自然条件，采用喷雾的方法进行浇灌，每 2h 喷雾 5min，顶部用 20％透光网布遮阴。试验中采用的 DIEM-A 型复合菌剂，购于福州大用生物应用科技有限公司，主要包含光合细菌、酵母菌、芽孢杆菌、乳酸菌、放线菌等十几个菌种，液体高浓缩微生物含有效活菌 300 亿/mL。按照菌剂使用说明，浸泡溶液配置采用 20mL/L DIEM-A 型微生物菌剂与泥沙混合，保证微生物菌可以通过泥沙附着在植物根部。山地圃地试验地及施用菌剂试验地位于福建农林大学校内植物园，样地处于同一坡地的同一水平面上，且周围环境一致。

（二）试验方法

取大小均一、生长状况大致相同的 1 年生樟树裸根苗 40 株，每 10 株 1 组，分为施用菌剂组（3 个重复）和对照组。施用菌剂组施用 DIEM-A 型复合菌剂进行处理，共 30 株；对照组 10 株。移植前，将施用菌剂组苗木根部浸泡在菌剂溶液中 5min，对照组苗木根部浸泡在水中 5min，浸泡深度以没过根部为宜。然后将施用菌剂组和对照组的苗木移到同一环境中，按照 10cm×10cm 的行间距分别种植在两块独立且经过消毒的苗床上，施用菌剂组在移栽后的第 3 天、第 6 天、第 14 天、第 21 天、第 36 天、第 51 天、第 81 天，共 7 次用 20mL/L 浓度的菌剂喷施，对照组喷施相同量的无菌水，其他培养环境均相同。试验结束后选取功能叶对各生理指标进行测定。山地圃地试验及施用菌剂试验方法同上。

（三）生理指标的测定

植物的株高用卷尺测量，每两周测定一次；植物成活率在试验结束时计算；菌根侵染率测定采用切片染色法，菌根感染等级划分标准为，菌根感染率 0～5％为 1 级，6％～25％为 2 级，26％～50％为 3 级，51％～75％为 4 级，76％～100％为 5 级；可溶性糖含量测定采用蒽酮比色法；叶绿素含量采用 SPAD-502 便携式叶绿素测定仪测定；脯氨酸含量测定采用茚三酮法；N 元素含量的测定采用凯氏定氮法；P、K、Na、Ca、Mg 元素含量的测定采用原子吸收光谱法。

土壤理化性质在地上试验观察结束后取样测定，测定指标及方法：土壤速效钾含量的测定采用火焰光度计法；速效磷含量的测定采用碳酸氢钠浸提-钼锑抗比色法；有机碳含量的测定采用重铬酸钾-硫酸消化法；速效氮含量的测定采用碱解扩散法（康惠法）；土壤可溶性有机碳（dissolved organic carbon，DOC）、微生物量碳（soil microbial biomass carbon，MBC）含量的测定采用氯仿熏蒸 0.5mol/L K_2SO_4 浸提法；土壤呼吸强度的测定采用氢氧化钡吸收-容量法。

（四）数据分析

试验数据用 SPSS 10.0 和 Microsoft Excel 进行统计分析和数据处理，并分析不同处理间的显著性差异。

二、结果与分析

(一)施用菌剂对樟树苗移栽成活率和苗高的影响

通过对圃地不同处理樟树移栽苗苗高的监测可以看出(图 5-27),施用菌剂组和对照组的苗高在整个生长期都呈现连续增长的趋势,但二者之间存在一定的差异。施用菌剂组苗移栽 10d 后植株生长快速,生长速率开始高于对照组,且增长量较为稳定,试验结束后,施用菌剂组平均苗高比对照组高约 12.71%。

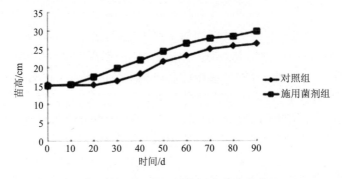

图 5-27　不同处理的樟树移栽苗苗高

由表 5-21 可见,移栽前圃地施用菌剂的试验组移栽成活率普遍高于对照组,且均达到显著水平($P<0.05$)。不同立地条件使用菌剂的效果不同,条件越差的成活率提高越明显,水肥条件较好的圃地移植成活率虽高达 93.3%,但仅高于对照组 6.6 个百分点;水肥条件较差的山地圃地施用菌剂后,樟树苗的成活率虽然只有 80.0%,但高于对照组 30.0 个百分点。同时,施用菌剂对樟树苗菌根侵染率有一定的影响,施用菌剂组的菌根侵染率高于对照组 28.6 个百分点,表明施用菌剂可以提高樟树苗菌根的感染率。说明施用菌剂能促进根部形成菌根从而提高植物的抗性,提高植物对不同环境的适应能力,促进樟树移栽苗的生长速率和移栽成活率的提高。

表 5-21　不同处理的樟树苗移栽成活率

组别	菌根侵染率/%	圃地移栽成活率/%	山地移栽成活率/%
施用菌剂组	36.40*	93.3*	80.0*
对照组	7.80	86.7	50.0

*表示与同列对照组相比差异显著($P<0.05$),下同

（二）施用菌剂对樟树苗体内主要元素的影响

从表 5-22 可以看出，施用菌剂组的 N、P、K、Na、Ca、Mg 元素含量均高于对照组，且均达到显著水平（$P<0.05$）。施用菌剂组 N 元素含量高于对照组 28.81%，P 元素含量高于对照组 12.75%，K 元素含量高于对照组 12.04%，Na 元素含量高于对照组 19.63%，Ca 元素含量高于对照组 16.86%，Mg 元素含量高于对照组 23.64%，表明，施用菌剂可以提高樟树苗体内 N、P、K、Na、Ca、Mg 元素的含量。

表 5-22　不同处理樟树苗的 N、P、K、Na、Ca、Mg 元素含量

元素	施用菌剂组	对照组
N	9.339±0.0692*	7.250±0.0779
P	0.345±0.04223*	0.306±0.01897
K	3.528±0.06033*	3.149±0.04228
Na	2.340±0.08987*	1.956±0.09721
Ca	12.195±0.09204*	10.436±0.17018
Mg	2.866±0.03864*	2.318±0.04984

（三）施用菌剂对樟树体内重要化合物的影响

通过表 5-23 可以看出，施用菌剂组樟树苗体内的可溶性糖、叶绿素和脯氨酸含量均高于对照组。施用菌剂组可溶性糖含量高于对照组 8.85%，叶绿素含量高于对照组 11.13%，脯氨酸含量高于对照组 10.45%，菌剂对叶绿素和脯氨酸含量的影响均达到显著水平（$P<0.05$），表明菌剂有助于樟树苗体内重要化合物的积累，有利于樟树苗的生长。

表 5-23　不同处理樟树苗的可溶性糖、叶绿素、脯氨酸含量

项目	可溶性糖/(mg/g)	叶绿素/(mg/g)	脯氨酸/(μg/g)
施用菌剂组	23.368± 0.7501	1.597±0.03199*	184.156±6.6253*
对照组	21.468±2.6167	1.437± 0.0417	166.740± 1.5296

（四）施用菌剂对圃地土壤的影响

1. 土壤速效性营养元素含量变化

由表 5-24 可知，施用菌剂后，施用菌剂组土壤速效成分含量均显著高于未施用菌剂的对照组（$P<0.05$）。施用菌剂组速效氮含量高于对照组 29.11%，速效磷含量高于对照组 118.31%，速效钾含量高于对照组 11.79%。菌剂对土壤各组分的效

用大小依次为速效磷>速效氮>速效钾>有机质。结合上文试验中植物体内氮素含量也相应增加的试验结果，说明该菌剂中所含有的菌种能通过自身的作用，增加土壤中速效氮磷钾的供应量。

表 5-24　　土壤速效性营养元素含量

项目	有机质/(g/kg)	速效氮/(mg/kg)	速效磷/(mg/kg)	速效钾/(mg/kg)
施用菌剂组	15.756±1.68670*	70.799±5.1364*	2.325±0.1542*	109.158±2.5672*
对照组	15.573±1.6785	54.837±7.9203	1.065±0.1380	97.643±3.1759

2. 土壤有机碳

通过测定，结果如图 5-28 所示，试验地土壤可溶性有机碳(DOC)和微生物量碳(MBC)含量在施用菌剂后都呈现出一定的变化，其中，施用菌剂组的 DOC 和 MBC 含量都高于对照组。施用菌剂组 DOC 含量为 73.526mg/kg，对照组为 72.628mg/kg，高于对照组 1.24%。此外，施用菌剂组 MBC 为 196.618mg/kg，对照组为 169.871mg/kg，高于对照组 15.75%。由此表明，在菌剂中微生物的作用下，土壤的微生物活动与积累变化明显，对土壤有机物质的利用和贮藏产生了较大的影响。利用 SPSS 10.0 对土壤 DOC、MBC 含量进行独立样本 t 检验分析，结果表明土壤 MBC 含量差异达到显著水平($P<0.05$)，DOC 含量差异未达到显著水平($P>0.05$)。

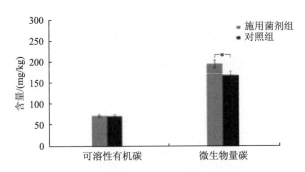

图 5-28　不同处理土壤可溶性有机碳、微生物量碳含量

3. 土壤呼吸变化

由图 5-29 可知，在施用菌剂后土壤呼吸速率提高幅度明显，与对照组差异达到显著水平($P<0.05$)。由于试验时间为 8 月，平均气温达 29.8℃，土壤呼吸速率随着气温的升高而升高，试验发现对照组土壤呼吸速率也在缓步提高，但是变化幅度不如施用菌剂组。施用菌剂组土壤呼吸速率变化的范围为 1.92～3.45μmol/(m²·s)，变化幅度为 1.8 倍，对照组土壤呼吸速率变化的范围为 1.93～2.17μmol/(m²·s)，变化幅度为 1.1 倍。土壤呼吸速率自施用菌剂第 8 天开始出现差异，施用菌剂组

速率高于对照组。由此说明，施用菌剂后土壤呼吸速率的提高，可能是土壤中微生物数量增多，土壤微生物活动程度加大导致的。

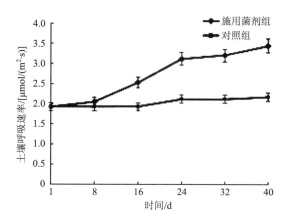

图 5-29 不同处理土壤呼吸速率动态变化

三、讨论与结论

复合菌肥即多菌种的复合系统，利用不同菌种间的协同作用，充分发挥各自的优势且互相促进，进一步加强了复合菌肥对植物生长的促进作用（马祥华等，2005；陈安强等，2015）。在菌剂肥料中，光合细菌通过结合碳化合物和氮等合成各种植物所需的有机化合物，从而促进植物生长；放线菌可以抑制土壤中细菌的数量，促进地上部分磷的积累；乳酸菌主要通过分解其他菌类生成的木质素和纤维素，将其转化成植物可以利用的养分。试验结果也显示，施用菌剂后，樟树苗的生长速率、移栽成活率，以及 N、P、K、Na、Ca、Mg 元素含量和叶绿素、脯氨酸含量均显著高于对照组，表明施用复合菌剂可以促进樟树苗移栽后的生长，这与黄铭星等（2013）对施用人工菌剂对圆齿野鸦椿幼苗移栽后生长影响的研究结果一致。这可能是因为复合菌剂中含有大量功能菌，加快了土壤中有机物质的分解，增加了土壤无机物质的含量，从而促进了樟树苗生长，但是复合菌剂中不同菌种如何相互作用，还需更深层次的研究。此外，试验结果表明，施用菌剂可以在一定程度上提高菌根的侵染率，樟树苗根系可以与真菌形成共生关系，扩大根部吸收面积，提高根系吸收营养和水分的能力，有助于樟树苗移栽后的生长、对矿质元素的吸收和体内重要化合物的积累，与韩翠丽（2011）研究得出的菌根对移栽植物生长有促进作用的结果一致。综上所述，复合菌剂有利于提高樟树苗移栽后的成活率并且能够促进其生长。

参 考 文 献

陈安强, 付斌, 鲁耀, 等. 2015. 有机物料输入稻田提高土壤微生物碳氮及可溶性有机碳氮[J]. 农业工程学报, 31(21): 160-167.

陈梦俅, 田晓萍, 曹光球, 等. 2015. 伐桩基径及高度对杉木萌芽更新的影响[J]. 亚热带农业研究, 11(1): 11-14.

程淑婉, 王改萍, 丁国华, 等. 1995. 杉木伐桩萌芽的氮素营养[J]. 浙江林学院学报, 8(2): 133-138.

邓翔. 2019. 湘南桉树人工林立地分析及生长规律研究[D]. 长沙: 中南林业科技大学硕士学位论文.

韩翠丽. 2011. 水稻应用光合菌肥研究初探[J]. 农林与科技, 10: 261.

黄铭星, 邹双全, 陈琳, 等. 2013. 施用人工菌剂对圆齿野鸦椿幼苗移栽生长的影响[J]. 福建林学院学报, 1(33): 25-27.

雷宏军, 胡世国, 潘红卫, 等. 2017. 土壤通气性与加氧灌溉研究进展[J]. 土壤学报, 54(2): 297-308.

李景文, 聂绍荃, 安滨河. 2005. 东北东部林区次生林主要阔叶树种的萌芽更新规律[J]. 林业科学, 41(6): 75-80.

李梦莎, 阎秀峰. 2014. 植物的环境信号分子茉莉酸及其生物学功能[J]. 生态学报, 34(23): 6779-6788.

刘海威, 张少康, 焦峰. 2017. 氮磷添加对不同退耕年限草本植被群落及土壤化学计量特征的影响[J]. 水土保持学报, 31(2): 333-338.

刘可, 韩海荣, 康峰峰, 等. 2013. 山西太岳山油松人工林生长季土壤呼吸对择伐强度的响应[J]. 生态学杂志, 32(12): 3173-3181.

吕春娟, 陈丽华, 宋恒川, 等. 2011. 植物根系固坡力学机理研究进展[J]. 亚热带水土保持, 23(3): 21-28.

马祥华, 焦英菊, 温仲明, 等. 2005. 黄土丘陵沟壑区退耕地土壤速效 N 的分布特征及其与物种多样的关系[J]. 水土保持研究, 12(1): 13-16.

申忠奇, 韩丽冬, 姜宁, 等. 2020. 采伐对温带小兴安岭岛状冻土区森林湿地碳源/汇的影响[J]. 中南林业科技大学学报, 40(4): 80-92.

石正海, 刘文辉, 张永超, 等. 2019. 氮磷肥配施对西北羊茅开花期叶片光合特性日变化的影响[J]. 草业学报, 28(11): 75-85.

苏慧清. 2017. 长期施肥对土壤结构与玉米根系分布及养分吸收的影响[D]. 沈阳: 沈阳农业大学硕士学位论文.

孙洪刚, 邵文豪, 刁松锋, 等. 2014. 插穗粗度和扦插深度对杞柳萌条和生根的影响[J]. 东北林业大学学报, 42(2): 17-20.

谭筱玉, 程勇, 郑普英, 等. 2011. 油菜湿害及耐湿性机理研究进展[J]. 中国油料作物学报, 33(3): 306-310.

王海东, 张璐璐, 朱志红. 2013. 刈割、施肥对高寒草甸物种多样性与生态系统功能关系的影响及群落稳定性机制[J]. 植物生态学报, 37(4): 279-295.

王益明, 李瑞瑞, 张慧, 等. 2018. 指数施肥对美国山核桃幼苗生物量及氮积累的影响[J]. 生态学杂志, 37(10): 2920-2926.

吴怡. 2016. LED 补光对亚洲薄荷生理性状、精油含量及自然香气的影响[D]. 上海: 上海交通大学硕士学位论文.

肖宇, 赵进红, 王玉山, 等. 2015. 愈合剂对苹果树体损伤修复的影响[J]. 林业科技开发, 29(3): 113-116.

闫杰伟. 2019. 施肥对观赏桃'元春'生长及生理特性的影响[D]. 长沙: 中南林业科技大学硕士学位论文.

杨秀云, 韩有志, 张芸香, 等. 2012. 采伐干扰对华北落叶松细根生物量空间异质性的影响[J]. 生态学报, 32(1): 64-73.

杨阳. 2020. 施肥对紫椴苗木生长、养分分配及根系的影响[D]. 哈尔滨: 东北林业大学硕士学位论文.

易青春, 张文辉, 唐德瑞, 等. 2013. 采伐次数对栓皮栎伐桩萌苗生长的影响[J]. 西北农林科技大学学报(自然科学版), 41(4): 147-154.

余星. 2017. 马尾松优良种源营养特性对外源钙、镁的响应[D]. 贵阳: 贵州大学硕士学位论文.

曾进, 潘洋刘, 刘娟, 等. 2019. 磷钾肥对芳樟生长及产油量的影响[J]. 林业科学研究, 32(4): 152-157.

张可文, 安钰, 胡增辉, 等. 2005. 脂氧合酶、脱落酸与茉莉酸在合作杨损伤信号传递中的相互关系[J]. 林业科学研究, 18(3): 300-304.

张良德, 徐学选, 胡伟, 等. 2011. 黄土丘陵区燕沟流域人工刺槐林的细根空间分布特征[J]. 林业科学, 47(11): 31-36.

张龙. 2018. 樟树营养诊断与苗期施肥效应研究[D]. 南昌: 江西农业大学硕士学位论文.

张志铭, 赵河, 杨建涛, 等. 2018. 太行山南麓山区不同植被恢复类型土壤理化和细根结构特征[J]. 生态学报, 38(23): 8363-8370.

周鹏翀, 沈莹, 许姣姣, 等. 2019. 长期定位耕作方式下冬小麦田根系呼吸对土壤呼吸的贡献[J]. 农业资源与环境学报, 36(6): 766-773.

朱昌叁, 梁晓静, 李开祥, 等. 2019. 不同类型肥料对广林香樟无性系萌芽林生长和含油率的影响[J]. 广西林业科学, 48(3): 398-403.

Allison S D, Czimczik C I, Treseder K K. 2008. Microbial activity and soil respiration under nitrogen addition in Alaskan boreal forest[J]. Global Change Biology, 14(5): 1156-1168.

Buee M, Reich M, Murat C, et al. 2009. 454 Pyrosequencing analyses of forest soils reveal an unexpectedly high fungal diversity[J]. New Phytologist, 184(2): 449-456.

Coleman-Derr D, Desgarennes D, Fonseca‐Garcia C, et al. 2016. Plant compartment and biogeography affect microbiome composition in cultivated and native agave species[J]. New Phytologist, 209(2): 798-811.

Edwards J, Johnson C, Santos-Medellín C, et al. 2015. Structure, variation, and assembly of the root-associated microbiomes of rice[J]. Proceedings of the National Academy of Sciences, 112(8): E911-E920.

Fan K, Weisenhorn P, Gilbert J A, et al. 2018. Wheat rhizosphere harbors a less complex and more stable microbial co-occurrence pattern than bulk soil[J]. Soil Biology and Biochemistry, 125: 251-260.

Hartmann M, Frey B, Mayer J, et al. 2015. Distinct soil microbial diversity under long-term organic and conventional farming[J]. The ISME Journal, 9(5): 1177-1194.

Luo Y, Wang Z, He Y, et al. 2020. High-throughput sequencing analysis of the rhizosphere arbuscular mycorrhizal fungi (AMF) community composition associated with *Ferula sinkiangensis*[J]. BMC Microbiology, 20(1): 1-14.

Qiu S L, Wang L M, Huang D F, et al. 2014. Effects of fertilization regimes on tea yields, soil fertility, and soil microbial diversity[J]. Chilean Journal of Agricultural Research, 74(3): 333-339.

Reinhold-Hurek B, Bünger W, Burbano C S, et al. 2015. Roots shaping their microbiome: global hotspots for microbial activity[J]. Annual Review of Phytopathology, 53: 403-424.

Schlaeppi K, Dombrowski N, Oter R G, et al. 2014. Quantitative divergence of the bacterial root microbiota in *Arabidopsis thaliana* relatives[J]. Proceedings of the National Academy of Sciences, 111(2): 585-592.

Sessitsch A, Hardoim P, Döring J, et al. 2012. Functional characteristics of an endophyte community colonizing rice roots as revealed by metagenomic analysis[J]. Molecular Plant-Microbe Interactions, 25(1): 28-36.

Shi Y, Pan Y, Xiang L, et al. 2022. Assembly of rhizosphere microbial communities in *Artemisia annua*: recruitment of plant growth - promoting microorganisms and inter-kingdom interactions between bacteria and fungi[J]. Plant and Soil, 470(1): 127-139.

Su J Q, Ding L J, Xue K, et al. 2015. Long - term balanced fertilization increases the soil microbial functional diversity in a phosphorus - limited paddy soil[J]. Molecular Ecology, 24(1): 136-150.

Wang Z, Guo S, Sun Q, et al. 2015. Soil organic carbon sequestration potential of artificial and natural vegetation in the hilly regions of Loess Plateau[J]. Ecological Engineering, 82: 547-554.

Weber C F, Zak D R, Hungate B A, et al. 2011. Responses of soil cellulolytic fungal communities to elevated atmospheric CO_2 are complex and variable across five ecosystems[J]. Environmental Microbiology, 13(10): 2778-2793.

第六章 香樟化学成分及综合利用

第一节 芳樟化学成分研究进展

一、芳樟精油成分研究

（一）材料与方法

1）气相色谱/质谱条件

色谱柱 HP-INNOWAX（25m×0.20mm×0.40μm），柱温初温为 100℃，保持5min，以 5℃/min 的速率升温至 150℃，再以 30℃/min 升至 280℃，保持 30min。进样口温度为 240℃，载气流速为 1.0mL/min，采用不分流方式进样。质谱条件为离子源温度 200℃，传输线温度 250℃，电离方式为电子轰击电离（EI），电子能量为 70eV。

2）试验样品与试剂

样品香樟于 2018 年 8 月采摘自福建省泉州市安溪半林国有林场，经鉴定为樟科樟属香樟（*C. camphora*）。具体为芳樟良种'牡丹 1 号'和'南安 1 号'，试验用甲醇为色谱纯（国药集团化学试剂有限公司），水为超纯水。

3）试验装置

所用试验装置主要有：DHG-9140A 型电热恒温鼓风干燥箱（上海精宏试验设备有限公司），高速万能粉碎机（天津市泰斯特仪器有限公司），KQ-500DE 型数控超声清洗机（昆山市超声仪器有限公司），CPA225D 型电子天平［赛多利斯科学仪器（北京）有限公司］，Millipore 超纯水系统（美国 Millipore 公司），电热套、圆底烧瓶、球形冷凝管、Trace 1310 ISQ 气相色谱质谱仪（Thermo Fisher Scientific 公司）。

水蒸气蒸馏装置：一般所采用的装置（图 6-1）较为烦琐，无法同时进行操作，故本研究对试验装置进行了改进，采用简易索氏提取器，如图 6-2 所示。

4）香樟叶精油的提取方法

精密称取芳樟良种'牡丹 1 号'和'南安 1 号'叶各 50g，放入 500mL 圆底烧瓶中，加入一定体积的超纯水，于 285℃下加热回流一定时间，停止试验后，旋开开关，用烧杯接水至接近油水相接处后，旋紧开关换一个干净的烧杯接剩余溶液，待溶液流尽后往溶液中多次加入无水硫酸钠干燥，除去油中剩余的水分，直到油较为纯净时，将上层油倒入西林瓶中密封，放入冰箱封存。精油样品随后进入气相色谱分析。

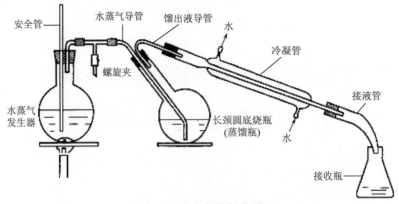

图 6-1　水蒸气蒸馏装置

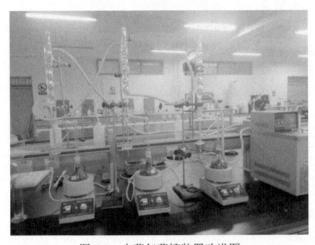

图 6-2　水蒸气蒸馏装置改进图

（二）结果与分析

通过气相色谱检测，在'南安 1 号''牡丹 1 号'中共检测出 60 种不同的可挥发性成分，其中烯烃类 27 种、烷烃类 5 种、醛类 2 种、酮类 5 类、酯类 7 类、醚类 5 种、酸类 1 种、醇类 8 种。两种精油的可挥发性成分类别及含量存在差异，其中'南安 1 号'检出 36 种可挥发性成分，'牡丹 1 号'检出 35 种可挥发性成分，'南安 1 号'的挥发性成分中醇类的含量最高，达到 55.15%，其次为烯烃、酮类等，在'牡丹 1 号'中烃类含量最高，其中烯烃类为 34.02%，烷烃类为 26.39%，其次为醇类、酯类等。2 种香樟良种的精油中共有的挥发性成分共 14 种，分别为蛇麻烯Ⅱ、3-甲基-2-丁烯酸、4-庚酮、2-甲基环丁酯、柠檬醛、石竹烯、氧化石竹烯、青蒿素、双环[5.2.0]壬烷、4-亚甲基-2,8,8-三甲基-2-乙烯基环己烷、1-乙烯基-1-甲基-2,4-双(1-甲基乙烯基)-[1S-(1α,2β,4β)]、1,5-二甲基-8-(1-甲基亚乙基)-1,5-环癸二烯、蛇麻烯、大根香叶烯 D。其中，3-甲基-2-丁烯酸含量在二者之间差距最大，在'南安 1 号'中仅为 0.79%，而在'牡丹 1 号'中为 7.08%，4-庚酮的含量差距较大，'南安 1 号'中含量为 8.58%，而'牡丹 1 号'中为 3.09%，其次为蛇麻烯，在'南安 1 号'中含量为 2.54%，'牡丹 1 号'中含量为 6.35%，蛇麻烯Ⅱ在'南安 1 号'中含量为 2.8%，'牡丹 1 号'含量为 4.01%，大根香叶烯 D 在'南安 1 号'中含量为 1.66%，'牡丹 1 号'中含量为 3.04%，石竹烯在'南安 1 号'中含量为 8.98%，'牡丹 1 号'中含量达 11.27%。1-乙烯基-1-甲基-2,4-双(1-甲基乙烯基)-[1S-(1α,2β,4β)]、柠檬醛、双环[5.2.0]壬烷、4-亚甲基-2,8,8-三甲基-2-乙烯基环己烷、1,5-二甲基-8-(1-甲基亚乙基)-1,5-环癸二烯含量在二者中差距均不大。

　　'南安 1 号'精油香气馥郁，具有铃兰花香气，在各种香精香料中运用广泛，同时还具有抗炎、抗菌、抗癌、镇静等多种药理作用(张竿晦等，2019)。其特有可挥发性成分含量在 1%及以上的较少，共 6 种，其中芳樟醇含量在其精油中高达 51.9%。十氢-4A-亚甲基-7-(1-甲基乙烯基)萘含量为 2.3%，双环大根香叶烯含量为 2.5%；(−)-异丁香烯含量为 1.34%，具有焦糖辛香味(邓佐和夏延斌，2013)；榄香烯含量为 1.29%，榄香烯具有辛辣的茴香气味，有抗癌作用(曾铮等，2016)；乙酸芳樟酯含量为 1.01%，具有甜果香带花香气，香气为清新型，主要用于香料之中，可对化妆品、沐浴露等进行加香。其他'南安 1 号'特有成分分别为橙花叔醇、反式-橙花叔醇、顺式肉桂酸酯、橙花醛、α-荜澄茄油烯、衣兰烯、榄香烯、1-乙烯基-1-甲基-2-(1-甲基乙烯基)-环己烷、大根香叶烯、α-愈创烯、α-布藜烯、α-马榄烯、十六烷酸(E)-1-甲基-4-(6-甲基庚-5-烯-2-亚基)环己-1-烯、α-杜松烯、(1R,3E,7E,11R)-1,5,5,8-四甲基-12-氧杂双环[9.1.0]十二烷-3,7-二烯。'牡丹 1 号'中所特有的成分含量较分散，含量在 1%及以上的物质较多，共 13 种，其中含量最高的为 1-乙烯基-1-甲基-2-(-甲基乙烯基)-4-(1-甲基亚甲烷基)环己烷，达到 24.39%；桉油烯醇含量为 8.01%，具有清凉樟脑香、药香(张蕾等，2019)；氧化喇叭烯-(Ⅱ)含量为 3.2%；4-庚酮、3-羟基-2-丁酮含量为 3.11%；乙酸橙花酯含量为 2.94%，具有橙花和玫瑰样香气，可用于香料之中；β-葎草烯含量为 2.53%；1,3,3-三甲基-2-(2-甲基环丙基)-环己烯含量为 2.5%；(1R,4R,5S)-1,8-二甲基-4-(丙烯-2-基)螺[4.5]癸-7-烯含量为 2.21%；(+)-香橙烯含量为 2%，具有典型的柑橘香气；3-乙酰基-2-辛酮含量为 1.33%；(−)-异喇叭烯含量为 1.05%，具有花果香；樟脑含量为 1.04%，具馨香气息，具有消炎、镇痛、抗菌、止咳、促渗、杀螨等药理作用(丁元刚等，2012)。其他特有成分为：马鞭烯醇、1,1,4,7-四甲基十氢-1H-环丙并[e]氮杂环苯-4,7-二醇、thymyl tiglate、己酸顺式-3-己烯酯、顺式-二氢香芹酮、(−)-α-古芸烯、α-金合欢烯、(S,1Z,6Z)-8-异丙基-1-甲基-5-亚甲基环癸-1,6-二烯、khusimyl、甲醚、甲基丁香酚。

二、芳樟非精油化学成分研究

　　对芳樟非精油提取物的化学成分进行分离鉴定，共得到 86 个化合物，主要有萜类(表 6-1)、木脂素类、黄酮类、苯丙素类和其他类化合物。

表 6-1　芳樟中分离得到的萜类化合物

序号	类型	结构类型	化合物
1			α-松油醇
2			α-水芹烯
3		薄荷烷型	萜品烯
4			4-异丙基甲苯
5			萜品油烯
6			柠烯
7		莰烷型	2-莰醇
8			樟脑
9	单萜	蒎烷型	α-蒎烯
10			β-蒎烯
11			芳樟醇
12		月桂烷型	6-羟基-6-甲基-4,7-辛二烯-2-酮
13			β-罗勒烯
14			月桂烯
15			α-侧柏烯
16		其他	桧烯
17			桉叶油醇
18			莰烯
19		丁香烷型	石竹烯氧化物
20			α-葎草烯
21			β-杜松烯
22			δ-杜松烯
23	倍半萜	杜松烷型	α-依兰油烯
24			α-荜澄茄醇
25			α-白菖考烯
26			菖蒲烯
27		愈创木烷型	愈创醇
28		香木兰烷型	桉油烯醇
29		吉马烷型	大牛儿烯 D
30			3S-(+)-9-氧代橙花叔醇
31		其他	α-荜澄茄油烯
32			(−)-α-蒎烯
33	二萜	—	叶绿醇
34	三萜	—	齐墩果酸

（一）萜类化合物

芳樟中含有较多萜类化合物，而且结构类型各异（表 6-1）。其中，单萜化合物包括薄荷烷型（1～6）、莰烷型（7、8）、蒎烷型（9、10）、月桂烷型（11～14）和其他类型（15～18）。倍半萜类化合物包括丁香烷型（19、20）、杜松烷型（21～26）、愈创木烷型（27）、香木兰烷型（28）、吉马烷型（29）和其他类型（30～32）。除此之外，从芳樟中得到的萜类化合物中还包含一个二萜（33）和一个三萜（34）。

Li 等（2018）从芳樟中分离得到两个萜，即 6-羟基-6-甲基-4,7-辛二烯-2-酮（12）和 3S-(+)-9-氧代橙花叔醇（30），其中，化合物 12 是降倍半萜，具有抗炎活性；而化合物 30 为橙花醇衍生物，能显著抑制 LPS 诱导的 NO 产生量，并达到超过 80% 的最大抑制率。

（二）木脂素类化合物

芳樟中分离得到了 12 个木脂素类化合物（表 6-2），其中包含 1 个单四氢呋喃类木脂素（35）、11 个双四氢呋喃类木脂素（36～46）。Hsieh 等（2006）首次在植物中分离得到（+）-diasesamin（40），并证实该化合物有一定的抗癌活性。

表 6-2　芳樟中分离得到的木脂素类化合物

序号	化合物	序号	化合物
35	五味子苷	41	(+)-episesamin
36	(+)-episesaminone	42	薄荷醇
37	松脂素	43	9α-羟基芝麻素
38	松脂醇甲醚	44	9β-羟基芝麻素
39	(−)-芝麻素	45	L-细辛脂素
40	(+)-diasesamin	46	(−)-(7R,8R,8′R)-acuminatolide

（三）黄酮类化合物

芳樟中分离得到了 18 个黄酮类化合物（表 6-3），其中包含 4 个简单黄酮化合物（47～50）、10 个黄酮醇类化合物（51～60）、2 个二氢黄酮类化合物（61、62）和 2 个黄烷醇类化合物（63、64）。黄酮在樟属植物中十分常见，如槲皮素（54）、山奈酚及其糖苷。另外，许多黄酮类化合物是天然抗氧化剂，而且黄酮抗氧化活性的强弱取决于 B 环 C-3′位置是否有羟基。文献表明，在 10μmol/L 和 20μmol/L 两种浓度作用下，芦丁表现出显著的抗氧化活性。

表 6-3　芳樟中分离得到的黄酮类化合物

序号	化合物	序号	化合物
47	三环丁-7-甲醚	56	槲皮素-3-O-α-L-鼠李糖吡喃糖苷
48	4′,6,7-三甲氧基黄酮	57	芦丁
49	木犀草素	58	异鼠李素-3-O-β-D-吡喃葡萄糖苷
50	木犀草素 7-O-β-D-葡萄糖苷	59	异鼠李素-3-O-β-芦丁糖苷
51	山奈酚 3-O-β-D-吡喃葡萄糖苷	60	山奈酚-3-O-β-D-葡萄糖(6→1)-α-L-鼠李糖苷
52	山奈酚-3-O-α-L-鼠李糖吡喃糖苷	61	花旗松素
53	山奈酚-3-O-β-芸香糖苷	62	香橙素
54	槲皮素	63	(2S,3S)-3′-羟基-5,7,4′-三甲氧基黄烷-3-醇
55	槲皮素-3-O-β-D-吡喃葡萄糖苷	64	(−)-(2R,3R)-5,7-二甲氧基-3′,4′-亚甲基二氧基黄烷-3-醇

（四）苯丙素类化合物

苯丙素类化合物在樟属植物中很常见，而且含量很高。芳樟中共分离得到 6 个苯丙素类化合物（表 6-4），其中化合物 65 和 66 为香豆素。Zhong 等（2011）从芳樟中分离得到了新的苯丙素肉桂二醇 A（68），该化合物为 3-(3,4-亚甲基二氧苯基)-1,2-丙二醇。

表 6-4　芳樟中分离得到的苯丙素类化合物

序号	化合物
65	莨菪亭
66	6,7-二甲氧基香豆素
67	3-(3,4-亚甲基二氧苯基)-1,2-丙二醇
68	肉桂二醇 A
69	阿魏酸硬脂酯

（五）其他类化合物

从芳樟中分离得到了 17 个其他类化合物（表 6-5），包含 2 个丁内酯类化合物（70、71）、5 个酚酸类化合物（72~76）、6 个脂肪烃（77~82）和 4 个甾类化合物（83~86）。

表 6-5　芳樟中分离得到的其他类化合物

序号	化合物	序号	化合物
70	isomahubanolide	73	2,5-二羟基苯甲酸乙酯
71	5-十二烷基 4-羟基-4-甲基-2-环戊酮	74	邻苯二甲酸二丁酯
72	原儿茶醛	75	1-羟基-3,6-二甲氧基-8-甲基蒽醌

续表

序号	化合物	序号	化合物
76	(3*R*,4*R*,3′*R*,4′*R*)-6,6′-二甲氧基-3,4,3′-4′-四氢-2*H*,2′*H*-[3,3′]-二铬基-4,4′-二醇	81	二十三烷酸
		82	14-氧乙烷酸
77	亚油酸	83	β-硅甾醇
78	正二十六烷	84	豆甾醇
79	软脂酸	85	胡萝卜甾醇
80	硬脂酸	86	豆甾基-3-*O*-β-*D*-葡萄糖苷

第二节　油樟化学成分研究进展

油樟(*Cinnamomum longepaniculatum*)又称香樟、香叶子树，为樟科樟属植物，生于海拔 600～2000m 的常绿阔叶林中，树干及枝叶均含芳香油，油的主要成分为桉叶油素，可用于医药及轻化工业，果核可榨油，种子油脂可供工业用(刘再枝，2017)。截至目前，从油樟叶精油中共鉴定出化学成分 113 余个，种类包括烃类、醇类、酯类、醛类、酮类、酚类等；分离鉴定得到 6 个非精油化学成分。现代天然产物化学及药理学研究进一步表明，油樟各部位含有木脂素、萜类、黄酮类、甙类、甾体、内酯、香豆素等多种结构类型的次生代谢产物，具有抑菌(黄祚骅等，2021；丛赢等，2016)、抗氧化(杜永华等，2015；胡文杰等，2021；李占富等，2010)、杀虫(曹玫等，2013)、镇痛抗炎(魏琴等，2011；叶奎川等，2012)和抗癌(杜永华等，2014)等药理功效。

一、油樟精油成分研究

(一)烃类化合物

油樟精油中烃类化学成分种类数量较多，共鉴定出相对质量分数大于 1%的烃类化合物 26 个(表 6-6)。该类化学成分种类数量多、含量相对较高，但文献报道中其相对含量差异较大，范围为 1.01%～17.44%，这与检测方法、植物产地不同有关。

表 6-6　油樟精油中分离得到的烃类化合物

序号	中文名称	序号	中文名称
87	香桧烯	91	1,1-二甲基-2-(3-甲基-1,3-丁二烯)-环丙烷
88	α-蒎烯	92	β-蒎烯
89	香叶烯	93	α-水芹烯
90	2(10)-蒎烯	94	ρ-聚伞花烃

续表

序号	中文名称	序号	中文名称
95	β-石竹烯	104	β-罗勒烯
96	3-蒈烯	105	γ-榄香烯
97	β-水芹烯	106	石竹烯
98	萜品油烯	107	β-香叶烯
99	α-松油烯	108	γ-萜品烯
100	α-石竹烯	109	β-月桂烯
101	β-葎草烯	110	D-柠檬烯
102	β-侧柏烯	111	(+)-喇叭烯
103	4-亚甲基-1-(1-甲基乙基)环己烯	112	大根香叶烯 D

（二）醇类化合物

油樟精油中已鉴定出的醇类化合物相对质量分数大于 1%的种类数量仅次于烃类化合物，目前共鉴定出 12 个（表 6-7）。分别为 1,8-桉叶油素（60.81%）、α-萜品醇（15.43%）、异愈创木醇（44.78%）、愈创醇（5.07%）、β-桉叶醇（37.89%）、松油醇（5.67%）、萜品醇-4（1.58%）、香叶烯醇（4.82%）、反式-辣薄荷醇（1.19%）、匙叶桉油烯醇（1.26%）、芳樟醇（3.88%）和 1-甲基-4-(1-甲基乙基)-环己醇（1.92%），其中 1,8-桉叶油素、异愈创木醇、α-萜品醇、β-桉叶醇为油樟精油醇类化学成分中含量较高的成分，但对其与油樟精油功效相关的药理研究较少。因此，应加强含量较高的醇类化合物与油樟精油功效相关的药理活性研究。

表 6-7　油樟精油中分离得到的醇类化合物

序号	中文名称	序号	中文名称
113	1,8-桉叶油素	119	萜品醇-4
114	α-萜品醇	120	芳樟醇
115	异愈创木醇	121	1-甲基-4-(1-甲基乙基)环己醇
116	愈创醇	122	香叶烯醇
117	β-桉叶醇	123	反式-辣薄荷醇
118	松油醇	124	匙叶桉油烯醇

（三）酯类化合物

目前油樟精油中相对质量分数大于 1%的酯类化合物共鉴定出 3 个，即乙酸异龙脑酯、乙酸-4-松油烯醇酯和乙酸松油酯，其化合物种类数量不但低于烃类和醇类化合物，而且其相对质量分数也较低。研究发现，油樟精油酯类化学成分含量较高的为乙酸松油酯，其具清香带甜的气味，似香柠檬、薰衣草气息，留香时间较长，被广泛用于日用香精香料和配制香柠檬油、薰衣草油、橙叶油等原料。

（四）醛、酮、酚类化合物

油樟精油中相对质量分数大于 1%的醛类化合物有 2 种，即橙花醛和牻牛儿醛，二者约占 5.7%。这 2 种化学成分均在湖北产油樟精油中被检测到，但针对上述化合物的药理药效等方面的研究极少。油樟精油中相对质量分数大于 1%的酮、酚类化合物各仅有 1 种，分别为樟脑和 2,4-二叔丁基酚（魏琴等，2006）。樟脑应用广泛，有兴奋、强心、消炎、镇痛、抗菌、止咳、促渗、杀螨等药理作用（胡文杰等，2012）；2,4-二叔丁基酚可作抗氧剂、稳定剂、紫外线吸收剂的中间体。

二、油樟非精油化学成分研究

胡文杰等（2021）从油樟叶中分离鉴定得到 6 个化合物，包括 2 个倍半萜类化合物，2 个糖苷类化合物，1 个二氢黄酮醇类及 1 个甾醇类化合物，分别为芳姜黄酮、3S-(+)-9-氧代橙花叔醇、槲皮素-3-O-β-D-葡萄糖苷、二氢山奈酚、槲皮素-3-O-α-L-鼠李糖苷、胡萝卜苷。

第三节　芳樟精油提取工艺研究

一、材料与方法

（一）试验材料

芳樟叶（标本号 20200922）于 2019 年 7 月采自福建连城芳樟种植基地三年生芳樟（北纬 25°72′，东经 116°73′），植物标本留存于福建农林大学植物保护学院农药与制药工程系。样品采集后放置于阴凉处干燥，粉碎过 20 目筛，留作备用。

（二）试验方法

参考《中华人民共和国药典》2020 年版（四部）通则 2204 挥发油测定法，对粉碎过筛后的香樟树叶采用水蒸气蒸馏法进行回流提取，然后加入无水硫酸钠对蒸馏后的水提物脱水分离，将分离后得到的挥发油转移、保存到干净的器皿。计算提取所得的精油体积与所称量的香樟叶质量的比值得出香樟叶精油得率。

1. 单因素试验

（1）氯化钠浓度。分别准确称取 5 份 25g 香樟叶样品于圆底烧瓶中，按不同氯化钠浓度（0%、1%、2%、3%、4%）加入氯化钠溶液，在超声功率 80%，超声时间 60min，液料比 5.00∶1mL/g，提取时间 2h 的条件下进行回流提取，比较氯化钠浓度对精油提取率的影响。

(2)液料比。分别准确称取 5 份 25g 香樟叶样品于圆底烧瓶中,加入 3%氯化钠溶液,在超声功率 80%,超声时间 60min,提取时间 2h 的条件下按不同液料比(3.50∶1mL/g、4.00∶1mL/g、4.50∶1mL/g、5.00∶1mL/g、5.50∶1mL/g)进行回流提取,比较液料比对精油提取率的影响。

(3)提取时间。分别准确称取 5 份 25g 香樟叶样品于圆底烧瓶中,加入 3%氯化钠溶液,在超声功率 80%,超声时间 45min,液料比 5.00∶1mL/g 的条件下按不同提取时间(60min、90min、120min、150min、180min)进行回流提取,比较提取时间对精油提取率的影响。

以氯化钠浓度、液料比、提取时间作为影响因素,设定 3 组单因素试验,每组单因素试验分为 5 个水平,将香樟精油的得率作为最终的评价指标,选择各影响因素可用于响应面优化设计的最佳水平,单因素试验与水平如表 6-8 所示。

表 6-8 单因素试验与水平

因素	水平				
氯化钠浓度/%	0	1	2	3	4
液料比/(mL/g)	3.50∶1	4.00∶1	4.50∶1	5.00∶1	5.50∶1
提取时间/min	60	90	120	150	180

2. 响应面工艺设计

依据 Box-Behnken 原理设计试验因素与水平,采用 Design Expert 8.0.6 软件进行分析,以氯化钠浓度(A)、液料比(B)、提取时间(C)为自变量,确定因素水平,进行三因素三水平试验,试验因素与水平设计见表 6-9;超声辅助提取条件下将香樟叶挥发油提取得率作为响应值,通过响应面试验设计进一步考察,从而优化香樟叶精油提取工艺。

表 6-9 Box-Behnken 试验因素与水平

水平	氯化钠浓度/%(A)	液料比/(mL/g)(B)	提取时间/min(C)
−1	2	4.50∶1	90
0	3	5.00∶1	120
1	4	5.50∶1	150

3. 数据分析

根据 Design Expert 8.0.6 软件设计条件采用三因素三水平响应面法进行试验,测定不同条件下精油的提取率,试验设计及结果见表 6-10;对试验结果进行线性回归分析,以确定香樟叶挥发油的最佳提取工艺。

表 6-10 显著性差异分析

影响因素	水平	提取率/%	F 值	P 值	显著性
NaCl 浓度	0	4.10±0.10	234.89	2.10×10⁻⁴	**
	1%	4.57±0.06			
	2%	5.23±0.06			
	3%	5.90±0.10			
	4%	4.77±0.06			
液料比	3.50mL/g	4.77±0.06	403.17	1.22×10⁻⁴	**
	4.00mL/g	4.97±0.06			
	4.50mL/g	6.40±0.10			
	5.00mL/g	6.67±0.12			
	5.50mL/g	6.40±0.04			
提取时间	60min	4.37±0.15	303.40	1.68×10⁻⁴	**
	90min	4.77±0.06			
	120min	6.43±0.06			
	150min	5.57±0.06			
	180min	4.80±0.00			

**为差异极显著($P<0.01$)

二、结果与分析

(一)氯化钠浓度对香樟叶精油提取率的影响

固定其他条件为超声功率 80%，超声时间 60min，液料比 5.00∶1mL/g，提取时间 2h。分别采用浓度为 0%、1%、2%、3%、4%的氯化钠溶液对香樟叶粉末进行超声辅助提取，测定精油提取率。如图 6-3 所示，精油提取率总体呈先升后降的趋势，当 NaCl 浓度为 3%时，香樟叶精油的提取率达到峰值，为 5.80%。当氯化钠浓度低于 3%时，精油提取率随着氯化钠浓度的增加而增加；当氯化钠浓

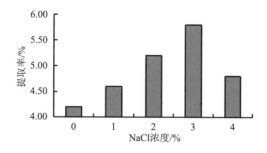

图 6-3 氯化钠浓度对香樟叶精油提取率的影响

度高于 3%时，精油提取率随氯化钠浓度增大而下降。推测随着氯化钠浓度的上升，渗透能力也随之增强，精油提取率也增加；但当氯化钠浓度增加到一定限度后，反而不利于精油提取率的提升。因此，将 3%设为最佳提取浓度，选择 2%、3%、4%作为响应面设计的 3 个水平。

（二）液料比对香樟叶精油提取率的影响

固定其他条件为超声功率 80%，超声时间 60min，3%氯化钠浓度，提取时间2h。分别采用液料比为 3.50∶1mL/g、4.00∶1mL/g、4.50∶1mL/g、5.00∶1mL/g、5.50∶1mL/g 对香樟叶粉末进行超声辅助提取，测定挥发油的提取率。如图 6-4所示，香樟叶精油提取率一开始随着液料比的增加而明显增大且幅度相对较大；当液料比达到 5.00∶1mL/g 时，香樟叶精油的提取率达到最大值，为 6.60%；继续增大液料比，精油提取率反而出现了下降的趋势。试验采用的是回流提取的方式，挥发油随着水蒸气挥发出来，当液料比较低时，在回流过程中，水蒸气较少，挥发油不能够完全被提取出来，且粉末不能够被完全浸泡，易糊化；当液料比过高时，药液浓度会偏低，从而影响挥发油浓度，且挥发油的部分成分可溶于水，不利于分离。因此，将 5.00∶1mL/g 设为最佳提取液料比，选择 4.50∶1mL/g、5.00∶1mL/g、5.50∶1mL/g 作为响应面设计的 3 个水平。

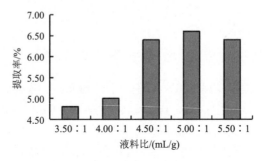

图 6-4　液料比对香樟叶精油提取率的影响

（三）提取时间对香樟叶精油提取率的影响

固定其他条件为超声功率 80%，超声时间 45min，3%氯化钠浓度，液料比5.00∶1mL/g。分别采用提取时间为 60min、90min、120min、150min、180min 对香樟叶粉末进行超声辅助提取，测定挥发油的提取率。如图 6-5 所示，增加提取时间，挥发油提取率先随之增大，再随之下降，精油提取率的上升和下降趋势明显且幅度相对较大；当提取时间为 120min 时，提取率达到了最大值，为 6.40%。当提取时间很短时，挥发油不能够完全从香樟叶中蒸出；但当提取时间过长时，香樟叶中含有的生物酶可能发挥乳化作用，将挥发油和水部分混合在一起，长时间的乳化出现油水混合现象导致精油提取困难，从而降低了提取率。因此，将120min 设为最佳提取时间，选择 120min、150min、180min 作为响应面设计的 3 个水平。

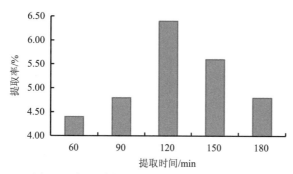

图 6-5　提取时间对香樟叶精油提取率的影响

（四）单因素试验的显著性差异分析

利用单因素方差分析方法研究氯化钠浓度、液料比、提取时间对于精油提取率影响的差异性，对表 6-10 具体分析可得，氯化钠浓度对于提取率影响的单因素方差分析中，F 值和 P 值分别为 234.89、$2.10×10^{-4}$；液料比对于提取率影响的单因素方差分析中，F 值和 P 值分别为 403.17、$1.22×10^{-4}$；提取时间对于提取率影响的单因素方差分析中，F 值和 P 值分别为 303.40、$1.68×10^{-4}$；各个因素对于提取率的影响呈现出极显著性（$P<0.01$），且由于精油提取率的试验误差较小，平均在±0.10%以内，试验结果可信度较高。

（五）超声辅助响应面优化香樟叶精油提取工艺的试验设计与结果

根据 Box-Behnken 的基本原理，以单因素试验结果为依据，运用 Design Expert 8.0.6 软件选择 3 个影响因素设计响应面试验，依据软件系统生成的设计试验制定试验操作内容，并进行二次多项式回归拟合结果分析，响应面试验设计与结果如表 6-11 所示。

表 6-11　响应面试验设计与结果

编号	NaCl 浓度/%（A）	液料比/(mL/g)（B）	提取时间/min（C）	提取率/%
1	4	5.00	150	5.00
2	2	4.50	120	4.80
3	3	5.00	120	6.40
4	3	5.50	150	5.60
5	3	5.00	120	6.20

续表

编号	NaCl 浓度/%(A)	液料比/(mL/g)(B)	提取时间/min(C)	提取率/%
6	3	5.00	120	6.20
7	3	5.50	90	4.80
8	4	5.00	90	4.80
9	2	5.00	90	5.20
10	2	5.50	120	5.60
11	4	4.50	120	5.40
12	3	4.50	150	5.60
13	3	4.50	90	5.00
14	2	5.00	150	5.40
15	3	5.00	120	6.40
16	4	5.50	120	5.20
17	3	5.00	120	6.60

(六)响应面方差结果分析

由表 6-12 可知,该回归模型 $F=9.75$,P 为 $3.30×10^{-3}$,小于 0.01,失拟项 P 为 0.11,大于 0.05,表明该回归模型显著性较好,且其所对应的回归方程具有相对较好的拟合程度和相对较小的试验误差;也表明 3 个影响因素之间的线性关系显著,试验模型具有可行性。在单因素中,C 因素为显著因素($P<0.05$),说明显著影响香樟叶精油提取率的因素是提取时间;在二次项中 A^2、C^2 为极显著项($P<0.01$),B^2 项为显著项($P<0.05$);一次项交互作用各项皆不显著。建立 NaCl 浓度(A)、液料比(B)和提取时间(C)对精油提取率的二次多元回归模型:精油提取率 = $-64.06 + 6.20A+20.40B + 0.16C–0.50AB–3.66×10^{-17}AC + 3.33×10^{-3}BC–0.63A^2–1.92B^2–7.00×10^{-4}C^2$。

表 6-12　回归方程的方差分析

方差来源	平方和	自由度	均方	F 值	P 值	显著性
模型	5.54	9	0.62	9.75	$3.30×10^{-3}$	**
A(NaCl 浓度)	$4.50×10^{-2}$	1	0.04	0.71	$4.26×10^{-1}$	
B(液料比)	0.02	1	0.02	0.32	$5.91×10^{-1}$	
C(提取时间)	0.40	1	0.40	6.41	$3.91×10^{-2}$	*
AB	0.25	1	0.25	3.96	$8.69×10^{-2}$	
AC	0.00	1	0.00	0.00	1.00	
BC	$1.00×10^{-2}$	1	$1.00×10^{-2}$	0.16	$7.02×10^{-1}$	
A^2	1.67	1	1.67	26.47	$1.30×10^{-3}$	**

续表

方差来源	平方和	自由度	均方	F值	P值	显著性
B^2	0.97	1	0.97	15.36	$5.80×10^{-3}$	*
C^2	1.67	1	1.67	26.47	$1.30×10^{-3}$	**
残差	0.44	7	0.06			
失拟	0.33	3	0.11	3.93	0.11	
纯误差	0.11	4	0.03			
总计	5.98	16				

*表示显著$(P< 0.05)$；**表示极显著$(P< 0.01)$

（七）因素间的交互作用

液料比与 NaCl 浓度、液料比与提取时间、NaCl 浓度与提取时间之间交互作用的二维等高线图和三维空间响应面图如图 6-6 所示。曲线趋势表明对香樟叶精油提取率的影响，即立体曲线的变化趋势越平缓，在固定区域内平面的等高线越稀疏，表明香樟叶精油提取率所受到的影响越小；立体曲线的变化趋势越陡，在固定区域内平面的等高线越密集，等高线图形呈椭圆形，表明香樟叶精油提取率所受到的影响越大。

对试验所得曲线变化趋势和等高线疏密程度进行比较，由图 6-6 可知，NaCl浓度与液料比，NaCl 浓度和提取时间的曲线较平缓，等高线较稀疏；液料比和提取时间的曲线较陡，且其所对应的等高线图呈较明显椭圆形，具有较密集的等高线，表明其交互作用最为显著，对香樟叶精油提取率的影响较大。由图 6-6 的等高线图可判断，提取条件在 NaCl 浓度为 2.80%~3.10%，液料比为 4.90~5.10mL/g，提取时间为 122~126min 时，香樟精油提取率可达到最大值。

三、试验验证

根据试验条件，经 Design-Expert 8.0.6 软件分析得最优工艺条件为：液料比 5.04∶1mL/g、NaCl 浓度 2.93%、超声时间 125.46min。在该条件下，香樟叶精油提取率可达 6.39%。结合实际的生产应用，将各工艺条件合理调整为液料比 5.00∶1mL/g、NaCl 浓度 3%、超声时间 125min，此时香樟叶精油提取率为 6.40%，两者的相对标准偏差（RSD）为 0.11%，二者的理论值接近，表明实际的试验结果与 Box-Behnken 所设计的回归模型的拟合程度较高，优化后的工艺条件准确可靠。

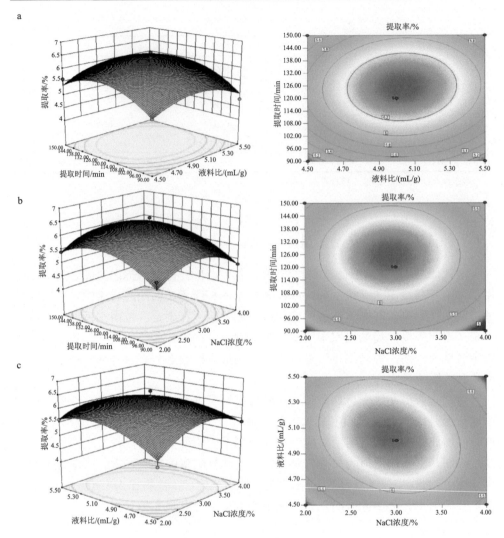

图 6-6　两因素交互作用对香樟叶精油提取率的影响

a. $Y=f(A,B)$；b. $Y=f(A,C)$；c. $Y=f(B,C)$

第四节　山地精油提取车间布局与装备和工艺优化

一、提取车间设计和布置

芳樟往往种植在偏远山林中，离城镇或集中加工区较远，原料的归集运输耗费成本巨大，且加工厂生产后产生的废弃物处理又成为另一难题。据项目组统计，仅泉州安溪半林国有林场、南安市向阳乡海山果林场 3 年以上芳樟就不少于 5000 亩，以每亩产芳樟原料 3t 计，年处理量就达 1.5 万 t。基于此，项目组设计出山地建厂方案，以适应山地芳樟种植区就地快速提取要求。提取车间设计示意图见图6-7。

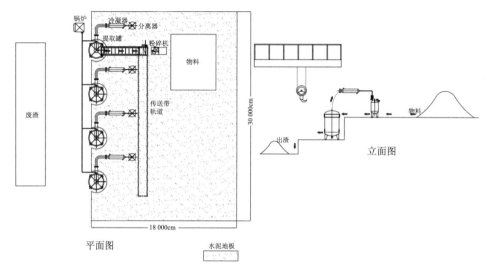

图 6-7　年处理 1.5 万 t 芳樟的提取车间示意图

该设计将工艺流程和山坡自然条件有机结合，对原料前处理区、提取区、卸渣区采用高、中、低三级布置；原料前处理区位于最高层，设备包括粉碎机、皮带输送机、冷却器和油水分离器，提取区位于中间层，安装提取罐，且利用高度落差，挖成半圆形状，提取罐安置在半圆形区域内；卸渣区位于最下层，安放锅炉生产蒸汽，车间顶部安装小型行车用于生产操作。整个车间功能区域完整，设备摆放紧凑，整体占地面积小，车间面积仅需 540m²，堆场面积 200m²。

二、蒸汽蒸馏法设备装置及工艺优化

项目组与泉州市明道农林开发有限公司合作，在南安市向阳乡海山果林场利用上述车间设备，同时改制直接蒸汽蒸馏法设备装置，并结合生产过程，系统研究设计了直接蒸汽蒸馏法提取香樟精油工艺并进行优化。

1) 原料前处理

香樟原料的前处理过程主要考察原料粉碎度对提取率的影响。取收集的新鲜香樟样品分别切碎成 1～3cm 小段，3～6cm 小段，5～8cm 小段各 1000kg，分批次放入蒸馏釜内，装填均匀；通入 180kg/h 热蒸汽，记录出油时间、蒸馏时间、精油提取量。

从表 6-13 中可以看出，香樟样品的粉碎度与精油出油时间和蒸馏时间呈正相关，与精油提取量呈负相关；5～8cm 小段与 1～3cm、3～6cm 小段差异明显，1～3cm 小段与 3～6cm 小段差异较小；粉碎度越低，越利于原料的均匀装填和卸渣。从已有数据分析可得，香樟原料粉碎度宜控制在 3～6cm。

表 6-13　粉碎度对精油提取的影响

粉碎度/cm	出油时间/min	蒸馏时间/min	精油提取量/kg	提取率/%
1～3	48	110	17.8	1.78
3～6	50	120	16.5	1.65
5～8	60	150	8.3	0.83

2) 蒸馏过程

香樟直接蒸汽蒸馏法的蒸馏过程主要考察蒸汽输入流量对精油提取率的影响。取粉碎成 3～6cm 小段的新鲜香樟样品 1000kg 置于蒸馏釜内,装填均匀;考察通入 150kg/h、180kg/h、200kg/h 和 250kg/h 蒸汽的蒸馏过程,记录精油出油时间、蒸馏时间、精油提取量。

从表 6-14 中可以看出,蒸汽输入流量与精油出油时间、蒸馏时间呈负相关,与精油提取量呈正相关;200kg/h 与 250kg/h 出油时间、蒸馏时间、精油提取率差异较小;在实际生产过程中,由于应用的设备为"开式结构",蒸汽的输入流量大于 180kg/h 时,罐体设备需承受较大的压力,罐体内部适当的增压有利于提升精油提取率,减少提取时间;蒸汽输入流量大于 200kg/h 后,精油提取率提升不明显;当蒸汽输入流量为 250kg/h 时,有少量蒸汽从上端"开式结构"侧边泄漏,造成蒸汽利用率偏低,精油出现少量损失。综合考虑下,蒸汽输入流量采用 200kg/h 较为适宜。

表 6-14　蒸汽输入流量对精油提取的影响

蒸汽输入流量/(kg/h)	出油时间/min	蒸馏时间/min	精油量/kg	提取率/%
150	70	160	11.3	1.13
180	52	122	16.1	1.60
200	25	93	19.5	1.95
250	20	80	21.6	2.16

3) 馏出液的冷凝和冷却

油水蒸汽在冷凝器中被冷凝成馏出液,继续冷却到接近室温,考虑到香樟精油的沸点、黏度,为避免精油损失,其最终被冷却到 40℃ 以下。

4) 油水分离

经过冷凝的馏出液进入油水分离器,为提高分离效果,工艺中建议采用 1～2 个油水分离器串联使用;由于香樟精油的密度与水差异明显,油水分离度好,油水分离器可采用同时连续出油和出水方式。

5) 纯露处理

馏出液水层即为纯露。香樟精油中,以芳樟醇、松油醇等为代表的小分子醇类、酚类物质能少量溶于水，因此，纯露回收利用有利于提高香樟精油提取率。在直接蒸馏法的蒸馏提取精油过程中，纯露可直接进入锅炉中，以蒸汽形式重新参与香樟精油的生产过程。

6）优化后工艺验证

设备和工艺优化后，进行最佳工艺验证，如图 6-8 所示。收集的新鲜香樟样品切碎成 3～6cm 或更小，取 1000kg 放入蒸馏釜内，装填均匀；通入流量 200kg/h 的热蒸汽，持续时间 120min；油水蒸汽在冷凝器中被冷凝成馏出液并冷却至 40℃ 以下；采用 2 个油水分离器串联同时连续出油和出水，馏出液进锅炉，循环利用；记录精油提取量。

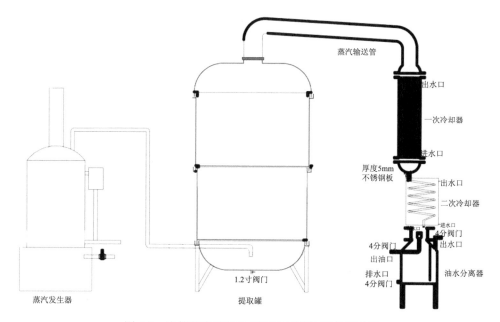

图 6-8 直接蒸汽蒸馏法提取香樟精油工艺示意图

按上述工艺设备和提取条件，经 5 次试验，获得的精油提取率分别为 1.83%、1.76%、1.98%、2.02% 和 1.80%，提取率在 1.76%～2.02%，平均提取率为 1.80%。

三、结论

在产区依山就势，合理布局提取车间并利用改良后的蒸汽直接蒸馏设备进行精油提取，具有明显的创新性与特色。一是首次利用种植基地的山坡优势，与提取工艺流程有机结合，对原料前处理区、提取区、卸渣区采用高、中、低三级设备布置。二是创新性借助中间层高度落差，设置半圆形区域布置提取罐体。山体与罐体相邻，可对罐体起到保温作用，减少蒸汽热量损失，提高蒸汽利用率，提高精油提取率。三是生产过程安全、环保、无污染。整个生产流程都在常压下进行，操作简单、安全，对技术人员要求不高。生产过程封闭循环，水通过锅炉产生蒸汽用于提取过程，经冷凝后变为纯露，再次进入锅炉利用；芳樟残渣晾晒后作为锅炉生物质燃料，产生的炉灰用于林业生产。

采用单因素试验法，优化得直接蒸汽蒸馏法为提取香樟精油的最佳生产工艺，即把新鲜香樟枝叶切碎成 3～6cm 或更小，取 1000kg 放入蒸馏釜内，装填均匀；通入 200kg/h 热蒸汽，持续时间 120min；油水蒸汽在冷凝器中被冷凝成馏出液并冷却至 40℃以下；采用 1～2 个油水分离器串联同时连续出油和出水，馏出液进锅炉，循环利用。依据该条件进行香樟精油的生产，其精油提取率在 1.76%～2.02%，是原有技术的 1.7～2 倍。

第五节　芳樟叶总黄酮制备工艺研究

一、材料与方法

（一）试验材料

试验材料同本章第三节材料与方法（一）试验材料。

1,1-二苯基-2-三硝基苯肼（DPPH）购自福州 Phygene 生物公司；维生素 C（纯度≥98%）、水杨酸（纯度≥99.5%）、2,2-联氮基双-(3-乙基-苯并噻唑-6-磺酸)二铵盐（ABTS）（纯度≥98%）均购自合肥博美生物科技有限责任公司；H_2O_2 溶液（分析纯，体积分数 30%）购自江苏凯基生物技术股份有限公司；七水合硫酸亚铁、无水乙醇等试剂均购自国药集团药业股份有限公司。

（二）试验方法

1. 标准曲线的绘制

配制 25mL 浓度为 0.8mg/mL 芦丁的乙醇溶液，分别取一定体积的芦丁标准溶液于 25mL 容量瓶中，依次加入 5%亚硝酸钠溶液 0.5mL 和 10%硝酸铝溶液 0.5mL，摇匀，静置 6min；加 1mol/L 氢氧化钠溶液 5mL，用无水乙醇定容至刻度，摇匀静置 15min，在 510nm 波长处测定吸光度。以芦丁浓度(x)和吸光度(y)绘制标准曲线，得回归方程为 $y=6.348x-0.03220$($R^2=0.9996$)。结果如图 6-9 所示。

2. 芳樟叶中总黄酮的提取及测定

精密称取 1.000g(m)芳樟叶粉末于圆底烧瓶中，在不同的条件下进行回流提取，总黄酮提取液经过滤后定容至 100mL(V)。取 1mL 定容后的滤液于 50mL 容量瓶中，测定吸光度，按以下公式计算总黄酮含量。

$$总黄酮含量(\%) = \frac{V \times n \times C}{m \times 1000} \times 100\%$$

式中，n 为稀释倍数，C 为按标准曲线计算出的浓度。

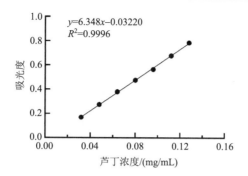

图 6-9　芦丁标准溶液曲线

3. 单因素试验

以总黄酮提取率为评价指标，研究 3 个因素对芳樟总黄酮提取率的影响，每个因素设置 5 个水平（表 6-15），从而获得最佳提取工艺条件。

表 6-15　单因素试验

因素	水平				
提取时间/min	40	50	60	70	80
液料比/(mL/g)	30∶1	40∶1	50∶1	60∶1	70∶1
乙醇浓度/%	30	40	50	60	70

4. 响应面法确定最佳工艺条件

根据单因素试验筛选出最佳工艺条件，应用 Design Expert 8.0.6 软件对提取时间（A）、液料比（B）和乙醇浓度（C）设计三因素三水平的 Box-Behnken 试验（表 6-16），以总黄酮提取率（Y）为响应值，确定芳樟总黄酮提取的最佳工艺条件。

表 6-16　响应面试验的因素与水平

水平	提取时间/min（A）	液料比/(mL/g)（B）	乙醇浓度/%（C）
−1	50	40∶1	50
0	60	50∶1	60
1	70	60∶1	70

5. 体外抗氧化活性的测定

1）DPPH 自由基清除能力的测定

取 5mg 的 DPPH 溶于无水乙醇并定容至 100mL，超声 5min，得到 DPPH 乙醇溶液，避光保存，并在 5h 内用完。准确称取总黄酮样品 25mg，溶于无水乙醇并定容至 25mL，得到 1.0mg/mL 的母液，母液按照高浓度到低浓度的顺序，准确配制浓度为 0.2mg/mL、0.4mg/mL、0.6mg/mL、0.8mg/mL、1.0mg/mL 的总黄酮溶液。取 DPPH 乙醇溶液 1mL，加入 1mL 不同浓度的总黄酮溶液，混匀，避光反应 30min 后在 517nm 下测得吸光度 A_1；对照组以 1mL 无水乙醇替代 DPPH 溶液，测得混合液的吸光度 A_2；空白组以 1mL 无水乙醇替代不同浓度的总黄酮溶液，测得混合液的吸光度 A_0。以维生素 C 为阳性对照，按照上述方法进行试验。

$$DPPH\ 自由基清除率(\%)=[A_0-(A_1-A_2)]/A_0×100\%$$

2）·OH 清除能力的测定

将用最优工艺条件提取的总黄酮提取物分别配制成 0.4mg/mL、0.8mg/mL、1.2mg/mL、1.6mg/mL、2.0mg/mL 的总黄酮乙醇溶液。吸取 1.0mL 不同浓度的总黄酮乙醇溶液，加入 9mmol/L 水杨酸乙醇溶液、9mmol/L 硫酸亚铁水溶液和 1mmol/L 的 H_2O_2 溶液各 0.5mL，混匀，在 37℃下反应 30min，在 510nm 下测定吸光度 A_1。对照组为水杨酸乙醇溶液、硫酸亚铁水溶液、蒸馏水各 0.5mL 与 1.0mL 总黄酮乙醇溶液的混合液，测得混合液的吸光度 A_2。空白组为水杨酸乙醇溶液、硫酸亚铁水溶液、H_2O_2 溶液各 0.5mL 与 1.0mL 蒸馏水的混合液，测得混合液的吸光度 A_0。以维生素 C 为阳性对照，按照上述方法进行试验。

$$·OH\ 清除率(\%)=[A_0-(A_1-A_2)]/A_0×100\%$$

3）ABTS 自由基清除能力的测定

配制浓度为 7mmol/L 的 ABTS 溶液和 2.45mmol/L 的 $K_2S_2O_8$ 溶液，各取 5mL 混合产生 ABTS 自由基，室温避光反应 16h，使用前用无水乙醇对该溶液进行稀释。将用最优工艺条件提取的总黄酮提取物配制成 0.2mg/mL、0.4mg/mL、0.6mg/mL、0.8mg/mL、1.0mg/mL 的溶液，分别取 0.5mL，加入 2.0mL ABTS 稀释液，摇匀。混合液在 37℃下反应 6min，在 734nm 下测定吸光度 A_1。空白组以无水乙醇代替总黄酮溶液，测得吸光度 A_0。以维生素 C 为阳性对照，按照上述方法进行试验。

$$ABTS\ 自由基清除率(\%)=(A_0-A_1)/A_0×100\%$$

二、结果与分析

（一）单因素试验结果

1. 不同提取时间对芳樟叶总黄酮提取率的影响

由图 6-10 可知，随着提取时间的增加，芳樟叶总黄酮提取率增加，在 60min 时达到最大值，为 12.68%；而当提取时间大于 60min 时，总黄酮提取率呈下降的趋势。这可能是因为，提取时间越长，芳樟叶中的总黄酮提取得越充分，但是时间过长也会导致部分不耐热的黄酮类化合物分解。因此选择提取时间为 50min、60min、70min 作为设计响应面试验的因素。

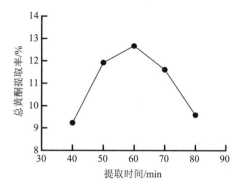

图 6-10　提取时间对总黄酮提取率的影响

2. 不同液料比对芳樟叶总黄酮提取率的影响

由图 6-11 可知，随着液料比的增大，芳樟叶总黄酮提取率增加，但当液料比大于 50：1mL/g 时，增幅明显变小，总黄酮提取率趋于稳定，这是因为提取溶剂越多，芳樟叶粉末与溶剂之间的接触面积越大，芳樟叶中的黄酮类化合物越容易转移到溶剂中，从而提取得越充分。但是在工业上过高的液料比会造成溶剂的浪费和成本的升高，因此可把 50：1mL/g 作为最佳的液料比，此时的总黄酮提取率为 13.71%。故选择液料比为 40：1mL/g、50：1mL/g 和 60：1mL/g 作为设计响应面试验的因素。

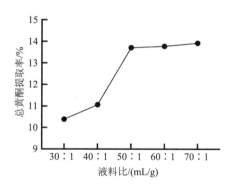

图 6-11　液料比对总黄酮提取率的影响

3. 不同乙醇浓度对芳樟叶总黄酮提取率的影响

由图 6-12 可知，随着乙醇浓度的升高，芳樟叶总黄酮提取率呈现先升高后降低的趋势；在乙醇浓度为 60%时达到最大值，为 14.21%，这可能是因为在乙醇浓度较低时，乙醇可以促进黄酮类化合物溶解，但当浓度过高时，植物细胞外的渗透压过高，不利于总黄酮的浸出。因此选择乙醇浓度为 50%、60%、70%作为设计响应面试验的因素。

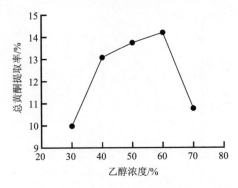

图 6-12　乙醇浓度对总黄酮提取率的影响

(二)响应面优化设计的结果

响应面试验设计与试验结果如表 6-17 所示。

表 6-17　响应面试验设计与试验结果

序号	A	B	C	总黄酮提取率/%
1	1	0	1	11.71
2	0	−1	−1	11.78
3	−1	0	1	13.18
4	−1	0	−1	12.52
5	0	0	0	14.50
6	0	0	0	14.31
7	1	1	0	12.90
8	−1	1	0	13.33
9	1	−1	0	12.74
10	0	0	0	14.46
11	0	1	1	12.78
12	0	−1	1	13.57
13	0	1	−1	12.57
14	0	0	0	14.60
15	−1	−1	0	12.52
16	0	0	0	14.31
17	1	0	−1	13.15

应用 Design Expert 8.0.6 软件以自变量提取时间（A）、液料比（B）、乙醇浓度（C）对芳樟叶总黄酮提取率（Y）的影响进行回归拟合，得多元回归方程 $Y=14.35-0.13A+0.12B+0.15C-0.16AB-0.53AC-0.40BC-0.76A^2-0.72B^2-0.95C^2$。

由表 6-18 可知，该模型方程有显著意义($P<0.05$)，失拟项不显著
($P=0.0838>0.05$)，说明该回归模型可以充分反映出芳樟叶总黄酮的提取效果，并
做出良好预测。二次项 A^2 和 B^2 对总黄酮的提取效果影响显著($P<0.05$)，二次项
C^2 对总黄酮的提取效果影响极显著($P<0.01$)，一次项 A、B、C 和交互项 AB、
AC、BC 对总黄酮的提取效果影响不显著($P>0.05$)，各因素影响程度依次为C(乙
醇浓度)>A(提取时间)>B(液料比)。

表 6-18　回归方程的方差分析

方差来源	平方和	自由度	均方	F 值	P 值
模型	11.67	9	1.30	6.25	0.0123
A(提取时间)	0.14	1	0.14	0.66	0.4420
B(液料比)	0.12	1	0.12	0.57	0.4761
C(乙醇浓度)	0.19	1	0.19	0.90	0.3753
AB	0.11	1	0.11	0.51	0.4987
AC	1.10	1	1.10	5.31	0.0546
BC	0.62	1	0.62	3.01	0.1265
A^2	2.41	1	2.41	11.60	0.0113
B^2	2.19	1	2.19	10.55	0.0141
C^2	3.83	1	3.83	18.45	0.0036
残差	1.45	7	0.21		
失拟	1.13	3	0.38	4.73	0.0838
误差	0.32	4	0.080		
总计	13.12	16			

由图 6-13 可见，各响应面图的曲面均为开口向下，都有最高点，而且等高线
图的最小椭圆中心处于所取试验因素条件范围内，说明芳樟叶总黄酮提取率在各
因素设置的范围内具有最大值。此外，AC(提取时间和乙醇浓度交互作用)响应面
曲面的坡度最大、等高线最密，说明提取时间和乙醇浓度的交互作用对响应值(总
黄酮提取率)的影响最为显著，而且总黄酮提取率在提取时间为 60min 附近出现
峰值，在乙醇浓度为 60%附近出现峰值。而 BC(液料比和乙醇浓度的交互作用)
的响应面曲面坡度的陡峭程度和等高线密集程度次于 AC，故液料比和乙醇浓度
的交互作用影响响应值的显著性程度次之，而且总黄酮提取率在液料比 50：1 附
近出现峰值，在乙醇浓度为 60%附近出现峰值。可见，各因素间交互作用对响应
值影响的显著性程度顺序为 AC>BC>AB，该分析结果与上述回归模型系数的显著
性分析结果吻合。

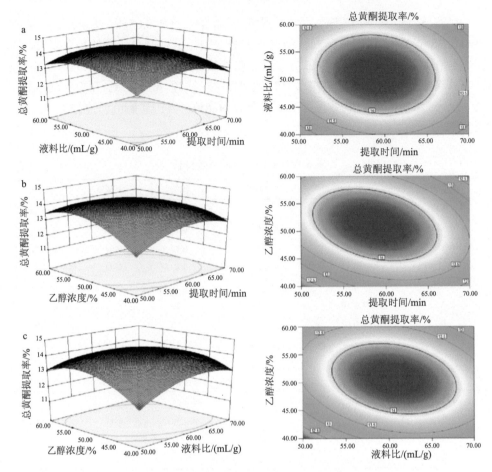

图 6-13　两因素交互作用对芳樟叶总黄酮提取率的影响

a. $Y=f(A,B)$；b. $Y=f(A,C)$；c. $Y=f(B,C)$

（三）最佳提取工艺验证

通过 Design Expert 8.0.6 软件对回归方程模型进行拟合分析，得到的芳樟叶总黄酮的最佳提取工艺条件为：提取时间 58.71min，液料比 50.70：1（mL/g），乙醇浓度 61.01%，总黄酮提取率预测值为 14.3705%。考虑试验的可操作性，将提取工艺调整为提取时间 59min，液料比 51：1（mL/g）和乙醇浓度 61%，并进行 3 次重复验证试验。结果显示，芳樟叶总黄酮提取率为 14.39%±0.48%，符合预期结果。

（四）芳樟总黄酮体外抗氧化活性

1. DPPH 自由基的清除能力

由图 6-14 可见，随着总黄酮浓度的增加，其 DPPH 自由基清除能力逐渐增强。

在总黄酮浓度为 0.8mg/mL 时，DPPH 自由基清除率的增幅趋于平缓并接近维生素 C，而在总黄酮浓度为 1.0mg/mL 时清除率达到最大值，为 97.03%，非常接近维生素 C。

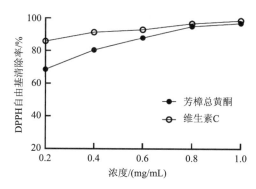

图 6-14　芳樟总黄酮和维生素 C 对 DPPH 自由基的清除能力

2. ·OH 的清除能力

如图 6-15 所示，增加总黄酮的浓度，其·OH 的清除能力逐渐增强。在浓度为 0.4～1.6mg/mL 时，总黄酮的·OH 的清除率均高于维生素 C。在总黄酮浓度为 1.2mg/mL 时，·OH 的清除率增幅趋于平衡，而在浓度为 2.0mg/mL 时达到最大值，为 97.09%，此时清除率也与维生素 C 相当。

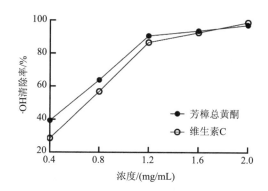

图 6-15　芳樟总黄酮和维生素 C 对·OH 的清除能力

3. ABTS 自由基的清除能力

芳樟总黄酮清除 ABTS 自由基的能力与其浓度的关系如图 6-16 所示。在浓度为 0.2～0.8mg/mL 时，总黄酮 ABTS 自由基的清除率以一定幅度升高。当浓度大于 0.8mg/mL 时，ABTS 自由基的清除率达到 98.10% 以上，非常接近维生素 C 的清除能力。可见，芳樟总黄酮具有较强的 ABTS 自由基清除能力，并在大于 0.8mg/mL 时与维生素 C 的清除能力相当。

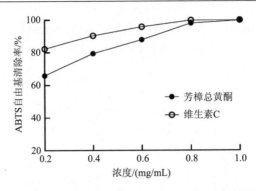

图 6-16　芳樟总黄酮和维生素 C 对 ABTS 自由基的清除能力

三、讨论与结论

为进一步挖掘芳樟叶的利用价值和提高其利用率，本研究利用 Box-Behnken 响应面法设计了 3 因素 3 水平响应面试验对芳樟叶总黄酮的回流提取工艺进行优化，并对芳樟总黄酮进行体外抗氧化活性测定。结果表明，芳樟总黄酮的最佳提取工艺条件为：提取时间 58.71min，液料比 50.70∶1（mL/g），乙醇浓度 61.01%，总黄酮提取率达到 14.39%±0.48%，与预测值接近，说明该优化工艺稳定可行。对最佳提取条件下的总黄酮提取物进行体外抗氧化活性探究，发现对 DPPH 自由基、·OH 和 ABTS 自由基都有较强的清除作用。其中对·OH 的清除作用最强，在浓度为 0.4～1.6mg/mL 时，总黄酮的·OH 的清除率均高于维生素 C，而在浓度为 2.0mg/mL 时达到最大值，为 97.09%，此时清除率也与维生素 C 相当。同时，对 ABTS 自由基的清除能力也较强，在浓度大于 0.8mg/mL 时，清除率达到 98.10% 以上，与维生素 C 的清除能力相当。可见，芳樟叶总黄酮具有较强的抗氧化活性，是一种潜在的抗氧化剂。本研究为进一步深度开发芳樟植物资源提供了一种新思路，为提高芳樟叶利用率和价值提供了科学依据。

第六节　芳樟提取物抑制植物病原真菌活性研究

采用芳樟提取物进行抑制植物病原真菌活性试验。

一、材料与方法

（一）材料与菌种

试验材料同本章第三节材料与方法（一）试验材料。

供试菌种为西瓜尖孢镰孢菌（*Fusarium oxysporum*, F-3）、链孢粘帚霉病菌（*Gliocladium catenulatum*, G-1）、苹果黑腐皮壳病菌（*Valsa maliMiyabe* et Yamada,

V)、瓜果腐霉菌(*Pythium aphanidermatum*, P-3)、水稻纹枯病菌(*Thanatephorus cucumeris*, T),由福建农林大学生物农药与化学生物学教育部重点实验室提供。

(二)试验方法

1. 提取物分离

取芳樟叶干燥粗粉 10kg,加入 50L 的 75%乙醇,80℃回流提取(2h×2 次),过滤,滤液减压浓缩,得浸膏 2kg。称取 1.5kg 浸膏与等量硅藻土拌样,依次用乙酸乙酯和乙醇加热回流提取(40L×2h×2 次),得到乙酸乙酯提取物 350g 和乙醇提取物 550g 备用。

2. 提取物抑菌活性

分别称取 2.0g 供试植物乙酸乙酯提取物和乙醇提取物,超声辅助溶解制成 100mg/mL 的甲醇溶液,加入到 PDA 培养基中配置成终浓度为 2.0mg/mL 的含药培养基,以含等浓度的甲醇的培养基为对照,每个处理重复 3 次,接种培养。采用菌丝生长速率法测定提取物对 5 种供试植物病原真菌的抑制活性,计算抑菌率。

$$抑菌率 = \frac{对照菌落直径 - 处理菌落直径}{对照菌落直径 - 0.5} \times 100\%$$

3. 芳樟提取物毒力测定

提取物用 75%乙醇水溶液溶解成药液,加入到 PDA 培养基中配制成终浓度分别为 0.25mg/mL、0.50mg/mL、1.00mg/mL、2.00mg/mL 和 4.00mg/mL 的含药培养基。以含等浓度的 75%乙醇水溶液用同样方法配制培养基作为对照,每个处理重复 3 次,接种培养。采用菌丝生长速率法测定抑菌活性并计算毒力回归方程、相关系数及抑制中浓度(EC_{50}),用 Excel 2016 和 SPSS 26.0 软件对数据进行统计和处理,结果如图 6-17 所示。

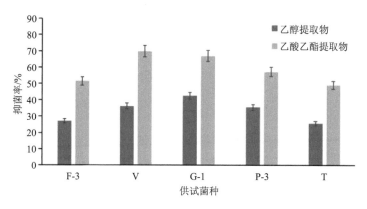

图 6-17　芳樟两个提取物抑菌率

二、结果与分析

采用生长速率法测定了芳樟的乙酸乙酯和乙醇提取物在浓度为 2mg/mL 时对 5 种植物病原真菌的抑菌活性。试验结果表明，芳樟的两个提取物对 5 种真菌均有一定的抑菌作用，而且乙酸乙酯提取物对植物病原真菌的总体抑制效果比乙醇提取物好(图 6-18)。其中，芳樟乙酸乙酯提取物对西瓜尖孢镰孢菌(F-3)、苹果黑腐皮壳病菌(V)、链孢粘帚霉病菌(G-1)、瓜果腐霉菌(P-3)和水稻纹枯病菌(T)的抑制率分别为 51.67%、69.81%、67.04%、57.46%和 49.36%，具有较好的抑菌活性，而且对苹果黑腐皮壳病菌和链孢粘帚霉病菌的抑菌作用非常强。芳樟乙醇提取物对 5 种植物病原真菌的抑菌率均高于 25%，对链孢粘帚霉病菌(G-1)的抑菌效果最好，为 42.75%，但远低于乙酸乙酯提取物的作用效果。

芳樟乙酸乙酯提取物对苹果黑腐皮壳病菌(V)和链孢粘帚霉病菌(G-1)的抑菌作用非常强，因此选取这两种菌进行毒力测定，用 SPSS 26.0 软件拟合相应的毒力回归方程。试验可得，芳樟乙酸乙酯提取物对链孢粘帚霉病菌的抑制效果最佳，EC_{50} 值为 0.996mg/mL；对苹果黑腐皮壳病菌的抑制作用相对较低，EC_{50} 值为 1.478mg/mL(表 6-19，图 6-18)。

表 6-19　乙酸乙酯提取物对两种植物病原菌的毒力测定结果

供试病原菌	毒力回归方程	相关系数 r^2	$EC_{50}/(mg/mL)$
链孢粘帚霉病菌(G-1)	$y=0.564x-0.562$	0.975	0.996
苹果黑腐皮壳病菌(V)	$y=0.581x-0.859$	0.964	1.478

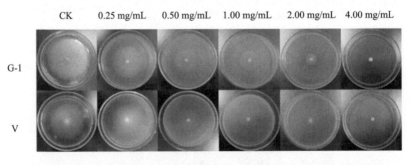

图 6-18　不同浓度芳樟乙酸乙酯提取物对两种植物病原菌的抑制效果

三、讨论与结论

本研究通过活性追踪法，研究了芳樟的乙醇和乙酸乙酯提取物对 5 种植物病原真菌的抑菌活性，旨在为活体筛选抑菌植物提供依据。试验结果表明，芳樟提取物对西瓜尖孢镰孢菌、苹果黑腐皮壳病菌、链孢粘帚霉病菌、瓜果腐霉菌和水稻纹枯病菌都具有抑制作用，且不同提取溶剂得到的提取物对植物病原真菌的抑菌效果不尽相同。芳樟乙酸乙酯提取物的抑制作用效果明显，抑制活性高于乙醇提取物。在 2.00mg/mL 浓度条件下，乙酸乙酯提取物对苹果黑腐皮壳病菌和链孢粘帚霉病菌的抑制率均在 60%以上，具有较好的抑制作用，具备开发为多种植物病害天然药物的潜力。结合回归分析数据，芳樟乙酸乙酯提取物对链孢粘帚霉病菌的抑菌活性最好，EC_{50} 值为 0.996mg/mL，可作为一种防治链孢粘帚霉病菌的新型植物源杀菌剂进一步研究。

芳樟是一种兼具材用、药用的植物，在我国资源较为丰富。芳樟叶生长量大，全年可采，挥发油含量高，是提取芳樟精油的优质原料。在实际的生产过程中，芳樟叶的利用仅用于精油生产，随之作为燃料焚烧，而精油含量≤5%，植物利用率低，资源浪费严重，所以发现其潜在抑菌活性成分就显得尤为重要。植物源杀菌剂研究的基础是植物源抑菌活性物质的分离鉴定。抑菌活性成分的分离鉴定对于解释其杀菌活性机理和开发应用为植物源杀菌剂等具有至关重要的意义。本研究发现，芳樟提取物的抑菌活性成分集中于石油醚提取部位，今后可围绕芳樟石油醚提取部位进行抑菌先导化合物的开发，为芳樟叶及其他部位资源的研究与开发利用奠定基础，也为开发新型植物源杀菌剂提供依据。

第七节　芳樟枝叶残渣利用

一、芝麻素类成分含量检测方法

（一）材料与方法

1. 试验材料

芳樟样品于 2021 年 5 月在福建省泉州市安溪半林国有林场（北纬24°56′55″，东经 117°59′36″，海拔 728m）和南安市向阳乡海山果林场（北纬25°17′38″，东经 118°31′10″，海拔 700m）采集，品系有'南安 1 号'和'牡丹1 号'。植物枝叶标本存放于福建农林大学自然生物资源保育利用福建省高校工程研究中心样品室。

2. 溶液的配制

混合对照品溶液制备，分别取适量的芝麻素和 9-羟基芝麻素对照品，精密称定，加入适量乙酸乙酯稀释定容至 5mL，制得对照品溶液，芝麻素浓度为0.08mg/mL、9-羟基芝麻素浓度为 0.08mg/mL 的混合对照品溶液。

3. 供试品溶液制备

取适量阴干芳樟样品，粉碎，称取 2.0g，置于 250mL 容量瓶中，加入 50mL

乙酸乙酯，称总重，在加热套中回流提取 1h，冷却后补足差重，抽滤，取滤液用注射器过滤器过滤，取 4mL 滤液于西林瓶，将溶剂吹干后用甲醇定容至 5mL，即得供试品溶液。

4. HPLC 测定含量方法的构建

色谱条件：采用 Diamonsil C18 分析型反相色谱柱(250mm×20mm, 5μm)，以乙腈(A)-水(B)为流动相，梯度洗脱 0~30min，30% A→42% A，30~45min, 42% A→65% A，流速 1.0mL/min，检测波长为 235nm，柱温 30℃，进样量 10μL。

5. 系统适用性试验

色谱条件同本章第七节芝麻素类成分含量检测方法(一)中，分别取混合对照品溶液与供试品溶液进样 10μL 记录色谱图。

1)线性关系考察

取芝麻素浓度为 1.08mg/mL、9-羟基芝麻素浓度为 1.23mg/mL 的混合对照品溶液分别进样 2μL、4μL、6μL、8μL、10μL，测定峰面积；以峰面积为纵坐标，分别以对照品的 2 个含量为横坐标，绘制标准曲线。

2)精密度试验

吸取混合供试品溶液连续进样 6 次，每次进样 10μL，测定并分别记录下芝麻素和 9-羟基芝麻素的峰面积，由此计算出两个化合物的 RSD。

3)重复性试验

取同一批芳樟样品 6 份，按本章第七节芝麻素类成分含量检测方法(一)中的溶液的配制方法分别制备 6 份供试品溶液，分别测定，记录芝麻素和 9-羟基芝麻素的峰面积，计算相应的 RSD。

4)加样回收率试验

精密称取 6 份已知含量的芳樟粉末，分别加入适量的混合对照品溶液进行测定，记录芝麻素和 9-羟基芝麻素的峰面积，计算加样回收率。

6. 数据分析

利用 Excel 2016 和 SPSS 26.0 软件对数据进行统计分析。

（二）结果与分析

1. 供试品与混合对照品的 HPLC 分析

混合对照品和供试品的 HPLC 色谱图见图 6-19。在 235nm 检测波长下，混合对照品和供试品芝麻素和 9-羟基芝麻素分离度均大于 1.5，实现完全分离，保留时间分别为 30.488min 和 43.624min，即本章第七节芝麻素类成分含量检测方法(一)中的方法可用于芳樟中芝麻素和 9-羟基芝麻素的含量测定。

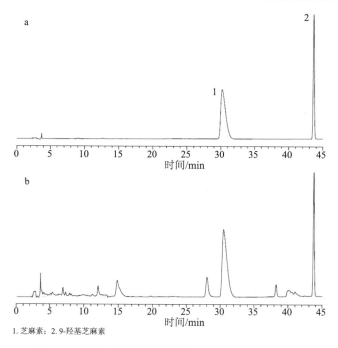

1. 芝麻素；2. 9-羟基芝麻素

图 6-19　混合对照品 (a) 和供试品 (b) 的 HPLC 色谱图

2. 方法学考察

对照品的线性回归方程、线性范围、精密度和重复性结果见表 6-20。

表 6-20　对照品的方法学考察

对照品	回归方程	相关系数	线性范围/μg	RSD%		
				精密度	稳定性	重复性
A	$Y=2×109X+8316.5$	0.9997	10～100 000	0.29	0.88	0.55
B	$Y=2×109X+144585$	0.9996	10～100 000	0.28	0.67	0.48

注：化合物 A 为芝麻素，化合物 B 为 9-羟基芝麻素；下同

数据结果表明，芝麻素和 9-羟基芝麻素均在 10～100 000μg 有良好的线性关系；精密度试验的 RSD 分别为 0.29％和 0.28％，表明该方法精密度良好，符合精密度考察要求；稳定性试验的 RSD 分别为 0.88％和 0.67％，表明供试品溶液在 24h 内稳定性良好；重复性试验的 RSD 分别为 0.55％和 0.48％，表明该方法重复性良好。

3. 加样回收率试验

加样回收率试验结果如表 6-21 所示。

表 6-21 加样回收率试验结果

化合物	称样量/g	样品含量/mg	加入量/mg	测得量/mg	回收率/%	平均值/%	RSD/%
A	2.0023	0.0024		0.0044	98.75		
	1.9993	0.0019		0.0038	97.48		
	1.9987	0.0010	0.0020	0.0029	95.98	97.91	1.15
	2.0007	0.0021		0.0041	97.62		
	2.0012	0.0030		0.0050	98.72		
	2.0034	0.0027		0.0047	98.92		
B	2.0023	0.0029		0.0049	98.98		
	1.9993	0.0022		0.0042	98.14		
	1.9987	0.0015	0.0020	0.0034	97.03	98.98	0.87
	2.0007	0.0026		0.0046	99.45		
	2.0012	0.0030		0.0050	99.02		
	2.0034	0.0032		0.0052	98.87		

由加样回收率试验结果可以看出，两个芝麻素类成分的平均加样回收率分别为 97.91%（RSD=1.15%）和 98.98%（RSD=0.87%），RSD 均小于 3%，表明该方法准确、可靠，可用于不同芳樟植物原料的芝麻素类成分的测定。

4. 环境、品种及组织部位对含量的影响

由表 6-22 可见，采集自不同坡位（上坡段、中坡段和下坡段）的 3 个芳樟样品中芝麻素含量存在差异。坡位对其含量具有显著影响，3 个坡位的芝麻素含量表现为：上坡段>中坡段>下坡段。

表 6-22 不同坡位对芳樟中芝麻素和 9-羟基芝麻素含量的影响

坡位	枝条/(mg/g)		叶片/(mg/g)	
	A	B	A	B
上坡段	0.387±0.12a	0.473±0.37a	2.740±1.19a	5.072±0.94a
中坡段	0.367±2.54b	0.417±0.45b	2.339±0.64b	4.601±1.44b
下坡段	0.267±0.58c	0.196±0.68c	1.846±1.38c	3.480±2.26c

注：A 为芝麻素；B 为 9-羟基芝麻素；下同。以上样品均采集于福建省泉州市安溪半林国有林场南坡，样品分别取自不同坡位的 3 棵三年生芳樟树的不同组织部位；不同小写字母表示存在极显著差异（$P<0.01$）

由表 6-23 可见，'南安 1 号'枝条和叶片中芝麻素的含量均高于'牡丹 1 号'。据已有文献报道，芳樟叶中芝麻素含量是芝麻的 1～3 倍，是细辛的 2～4 倍，是紫珠叶的 10～22 倍，是两面针的 23～48 倍。芳樟不同组织部位（枝条、叶片）中9-羟基芝麻素含量存在差异。3 个不同采集地点的样品中 9-羟基芝麻素含量表现为芳樟叶片中较高，且芳樟叶片中的 9-羟基芝麻素含量远高于枝条中的含量，其中不同组织部位的 9-羟基芝麻素含量表现为嫩叶>老叶>嫩枝>老枝，芳樟嫩叶中9-羟基芝麻素含量是老叶中含量的 1.5 倍。采集自不同坡位(上坡段、中坡段和下坡段)的三个芳樟样品中 9-羟基芝麻素含量存在差异。坡位对 9-羟基芝麻素的含量具有显著影响，三个坡位的 9-羟基芝麻素含量表现为上坡段>中坡段>下坡段。不同品种芳樟中的 9-羟基芝麻素含量也存在差异，不管是枝条还是叶片，9-羟基芝麻素的含量为'南安 1 号'品种最高，'南安 1 号'叶片中 9-羟基芝麻素含量约是'牡丹 1 号'叶片中的 2 倍。

表 6-23　不同品种样品中芝麻素和9-羟基芝麻素含量测定结果(n=3)

品种	枝条/(mg/g)		叶片/(mg/g)	
	A	B	A	B
'南安 1 号'	0.598±0.22	0.569±0.49	2.596±0.27	4.171±0.21
'牡丹 1 号'	0.184±0.16	0.304±0.36	0.747±1.89	2.326±0.71

注：以上样品采集于福建省泉州市安溪半林国有林场北坡('牡丹 1 号')和南安市向阳乡海山果林场北坡('南安 1 号')，样品取自两地不同坡位的 3 棵三年生芳樟树的不同组织部位

由表 6-24 可见，芳樟枝条与叶片中芝麻素含量存在差异。相同采集地点的样品中芝麻素含量表现为芳樟嫩叶中最高，且芳樟叶片中的芝麻素含量是枝条中含量的 11.25 倍，其中不同芳樟组织部位的芝麻素含量表现为：嫩叶>老叶>嫩枝>老枝，芳樟嫩叶中的芝麻素含量约为老叶中含量的 1.61 倍。

表 6-24　不同芳樟组织部位中芝麻素和9-羟基芝麻素含量测定结果(n=3)

芳樟组织部位		A	B
叶片/(mg/g)	嫩叶	4.151±0.76a	6.252±0.67a
	老叶	2.571±0.73b	4.472±0.74b
枝条/(mg/g)	嫩枝	0.369±0.84c	0.249±0.75c
	老枝	0.174±0.28d	0.044±0.84d

注：以上样品采集于福建省泉州市安溪半林国有林场南坡的同一棵三年生芳樟树的不同组织部位，嫩叶、嫩枝取自芳樟树顶端部分初生的叶片和枝条；老叶、老枝取自芳樟树头一年已生长的叶片和枝条；不同小写字母表示存在极显著差异($P<0.01$)

由表 6-25 可见，通过多元方差分析，品种、坡位与芳樟组织部位 3 个主效应的 4 种检验统计量均小于显著性水平 0.05，说明品种、坡位与芳樟组织部位分别对芝麻素含量和 9-羟基芝麻素含量有显著影响；"品种＊坡位＊芳樟组织部位"的 4 种检验统计量均小于显著性水平 0.05，说明三因素交互对芝麻素含量和 9-羟基芝麻素含量的影响存在协同作用。

表 6-25　品种、坡位和芳樟组织部位对芝麻素和 9-羟基芝麻素含量的影响主体间效应检验

因素	因变量	自由度	均方	F	显著性
1	A	1	11.502	63 597.266	0.000
	B	1	19.039	16 991.655	0.000
2	A	2	0.776	4 289.017	0.000
	B	2	3.117	2 781.867	0.000
3	A	1	7.390	40 861.422	0.000
	B	1	52.027	46 433.430	0.000
1＊2	A	2	0.015	80.573	0.000
	B	2	0.008	7.099	0.004
1＊3	A	1	4.546	25 136.054	0.000
	B	1	11.458	10 226.246	0.000
2＊3	A	2	0.188	1 040.155	0.000
	B	2	0.621	554.232	0.000
1＊2＊3	A	2	0.025	136.217	0.000
	B	2	0.009	8.385	0.002

注：因素 1 为品种；因素 2 为坡位；因素 3 为组织部位；＊表示"和"。

　　通过两个因变量在三因素上的差异分析，芝麻素含量在品种、坡位和芳樟组织部位上的显著性均为 0.000（<0.05），说明芝麻素含量在品种、坡位和芳樟组织部位上都存在显著差异；9-羟基芝麻素含量在品种、坡位和芳樟组织部位上的显著性均小于 0.01，说明 9-羟基芝麻素含量在品种、坡位和芳樟组织部位上都存在极显著差异；芝麻素含量与 9-羟基芝麻素含量在"品种＊坡位＊芳樟组织部位"上的显著性分别为 0.000（<0.01）和 0.002（<0.01），所以，品种、坡位与芳樟组织部位三者的交互作用在芝麻素含量和 9-羟基芝麻素含量上均存在极显著差异。

　　不同品种、不同坡位及芳樟不同组织部位的芝麻素和 9-羟基芝麻素的含量各不相同，因此，芳樟中芝麻素类成分的合成和积累会受到不同品种、种植坡位不同环境和芳樟不同组织部位的影响，在不同生长环境下，光照、土壤、水分和肥力对芳樟中的芝麻素类成分的合成和积累会造成很大的影响。故在上坡位环境下种植'南安 1 号'品种芳樟，其条件更有利于芝麻素类成分的合成和积累。

二、芝麻素类成分抑菌活性

（一）材料与方法

1. 抑菌活性测定

采用菌丝生长速率抑制法（车志平等，2015）对 9-羟基芝麻素、芝麻素两个化

合物进行抑菌活性评价。首先，准确称量 3mg 的 9-羟基芝麻素和芝麻素，加入 2mL 溶剂(按甲醇：乙酸乙酯等于 10∶1 配置)进行溶解，然后将配好的溶液加入 38mL 的液体 PDA 培养基中，配置成最终浓度为 75mg/L 的含药培养基，空白对照组为同样溶解条件的溶液。使用孔径为 0.5cm 的打孔器打取菌丝生长一致的菌饼(苹果黑腐皮壳病菌、西瓜尖孢镰孢菌、瓜果腐霉菌、链孢粘帚霉病菌)，接于相应培养基中，每个处理组设置 3 个重复试验，将接好的菌种放置于恒温生化培养箱中培养 6d(温度为 28℃)。两种化合物对 4 种菌种抑菌率的计算公式如下：

$$抑菌率(\%) = \frac{对照组菌落直径 - 处理组菌落直径}{对照组菌落直径 - 0.5} \times 100\%$$

2. 对链孢粘帚霉病菌的毒力测定

采用菌丝生长速率抑制法测定芝麻素、9-羟基芝麻素对链孢粘帚霉病菌的毒力大小，将两个化合物使用甲醇：乙酸乙酯等于 10∶1 的溶液进行溶解，然后设置不同浓度梯度，分别配制成浓度为 25μg/mL、50μg/mL、100μg/mL、200μg/mL、400μg/mL 的含药 PDA 培养基，接种培养。阳性对照组为杀菌剂丁子香酚，评价两个化合物对链孢粘帚霉病菌的抑菌活性，以药剂浓度的对数值作为自变量(x)，其浓度相对应的抑制率为因变量(y)，计算毒力回归方程、有效中浓度(EC_{50})值和相关系数。

3. 菌丝干重的测定

将芝麻素、9-羟基芝麻素分别配制成终浓度为 25μg/mL、50μg/mL、100μg/mL、200μg/mL、400μg/mL 的含药 PD 培养液。取生长一致的菌株，用打孔器打取 5 个链孢粘帚霉病菌菌饼接入培养基中，空白对照为相同溶解条件的蒸馏水。放置于振荡培养箱中(28℃，110r/min)培养 6d，收集、清洗、烘干菌丝并称重，每个处理组重复 3 次。

4. 对病菌细胞膜的影响

1)对病菌细胞膜丙二醛(MDA)含量的测定

打取 5 个培养好的链孢粘帚霉病菌菌饼，分别接入不同浓度 PD 培养液中，在振荡培养箱(28℃，110r/min)中培养 6d，抽滤，配制药剂浓度为 100μg/mL，取药液 25mL，加入 1g 病菌菌丝。室温条件下分别处理 1h、6h、12h、18h、24h 后收集菌丝。分别取 0.4g 不同时间收集到的菌丝，加入 2mL Tris-HCl 缓冲液研磨，离心 10min，取上清液备用。通过硫代巴比妥酸(TBA)法测定病菌的丙二醛含量。将 0.5% TBA 溶液分别加入 2mL 上述菌丝提取液中反应，沸水浴 10min，冷却后再放入离心机离心，分别测定 450nm、532nm、600nm 处的光密度值，计算丙二醛含量。

2)对病菌细胞膜相对电导率的测定

打取 5 个培养好的链孢粘帚霉病菌菌饼，分别接入 PD 培养液中，在振荡培养箱(28℃，110r/min)中培养 6d，用无菌水清洗菌丝，用布氏漏斗抽滤使菌丝表面的培养液和水分抽干，然后将芝麻素和 9-羟基芝麻素稀释为 100μg/mL，分别取溶液 25mL，加入 1g 的链孢粘帚霉病菌菌丝，空白对照组为蒸馏水。在室温条件下分别处理 0.5h、1h、1.5h、2h、2.5h 后，用电导率仪测量相应时间的电导率，2.5h 后将菌丝煮沸冷却测定最终电导率，每组重复 3 次。计算菌丝的相对电导率，公式如下：

$$电导率(\%) = \frac{某一时间的电导率}{煮沸致死后的电导率} \times 100\%$$

5. 对病菌还原糖含量影响的测定

还原糖含量通过 3,5-二硝基水杨酸法(DNS 法)进行测定，取 0.1mL 菌丝提取液的上清液于洁净的试管中，加入 2mL 3,5-二硝基水杨酸，均匀混合后在沸水浴中保持沸腾 5min，取出迅速冷却后加入 1mL Tris-HCl 缓冲液，在波长 540nm 下测定吸光度值。

6. 对病菌保护酶活性影响的测定

过氧化氢酶活性测定采用紫外分光光度法(程艳等，2018)，取 1mL 不同处理的菌丝提取液，分别加入 5%硫酸钛和浓氨水反应，反应后 4000r/min 离心 8min，加入 5%的硫酸 5mL 至沉淀物完全溶解，以蒸馏水为空白对照组，每个处理组重复 3 次，在 240nm 下测定吸光度。

超氧化物歧化酶活性测定采用氮蓝四唑(NBT)法(张耀等，2021)，取 1mL 各处理组的菌丝提取液，分别加入 50mmol/L 缓冲液、pH7.8 的 13mmol/L 甲硫氨酸、100nmol/L EDTA 溶液、75μmol/L NBT 溶液、2μmol/L 核黄素溶液混匀。以蒸馏水为空白对照组，分别测定各处理组在 560nm 处的吸光度值。

7. 数据处理和分析

采用 SPSS 26.0 软件处理数据，采用 Excel 2016 软件绘图。

(二)结果与分析

1. 对 4 种病菌的抑菌活性测定结果

通过菌丝生长速率抑制法测定 9-羟基芝麻素和芝麻素对 4 种病菌的抑制活性，结果如图 6-20 所示：在浓度为 75mg/L 的药剂浓度下，9-羟基芝麻素、芝麻素对 4 种病菌的抑制效果均很好，对链孢粘帚霉病菌的抑菌率分别可达 65.53%和 62.67%。

2. 对链孢粘帚霉病菌的毒力测定结果

通过采用菌丝生长速率抑制法测定 9-羟基芝麻素和芝麻素对链孢粘帚霉病菌的毒力，毒力测试结果如表 6-26 所示：两种化合物对链孢粘帚霉病菌均有抑制作用，9-羟基芝麻素、芝麻素对链孢粘帚霉病菌的 EC_{50} 分别为 105.400μg/mL、

47.291μg/mL。具体毒力曲线方程(y)、相关系数(r)和95%置信区间见表6-26。

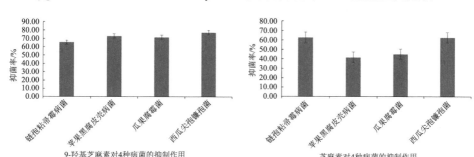

图6-20 9-羟基芝麻素和芝麻素对4种病菌的抑菌率

表6-26 芝麻素和9-羟基芝麻素对链孢粘帚霉病菌的毒力测定

供试化合物	毒力曲线方程	相关系数	有效中浓度(EC_{50})/(μg/mL)	95%置信区间
芝麻素	$y=2.487x-4.166$	0.951	47.291	15.308～85.248
9-羟基芝麻素	$y=0.931x-1.883$	0.948	105.400	79.061～141.972

3. 对病菌菌丝干重的影响

链孢粘帚霉病菌经 9-羟基芝麻素处理 6d 后，菌丝生长受到明显抑制，随着 9-羟基芝麻素浓度的增加，菌丝干重值越来越低，当化合物浓度在 400μg/mL 时，菌丝干重仅为 27.5mg。同样的，链孢粘帚霉病菌经芝麻素处理 6d 后，菌丝生长抑制也很明显，芝麻素浓度达到 50μg/mL 之前，对菌丝抑制作用不明显，但浓度达到 100μg/mL 时，菌丝干重迅速下降，当化合物浓度在 400μg/mL 时，菌丝干重仅为 8.8mg，与对照组相比差异显著(图6-21)。

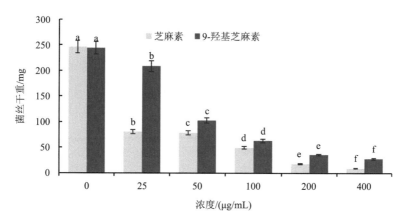

图6-21 9-羟基芝麻素和芝麻素对病菌菌丝干重的影响

不同小写字母表示处理间存在显著差异($P<0.05$)

4. 对病菌细胞膜的影响

1) 对病菌细胞膜 MDA 含量的影响

为了测定芝麻素和 9-羟基芝麻素对链孢粘帚霉病菌细胞膜MDA含量的影响，用 100μg/mL 的芝麻素和 9-羟基芝麻素进行各时间段的处理。试验结果表明，无论是经过芝麻素还是 9-羟基芝麻素的处理，链孢粘帚霉病菌的细胞膜 MDA 含量均随着处理时间的增加而增高，达到峰值后降低，而对照组 MDA 含量几乎保持一致。两组均在处理 12h 后，MDA 含量达到最大。经处理的细胞膜 MDA 含量均高于对照组且差异显著，通过单因素分析，芝麻素和 9-羟基芝麻素在不同时间处理下对 MDA 含量影响的显著性均为 0.00（<0.05），说明不同时间处理下芝麻素和 9-羟基芝麻素对 MDA 含量影响都存在显著差异（图 6-22）。表明两种化合物均可破坏菌体细胞膜，引起膜脂过氧化反应。

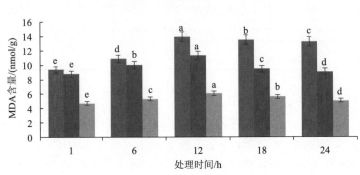

图 6-22　芝麻素和 9-羟基芝麻素对细胞膜 MDA 含量的影响

同一处理下不同小写字母表示存在显著差异（$P<0.05$）

2) 对病菌细胞膜相对电导率的测定结果

通过电导率仪测定链孢粘帚霉病菌细胞膜通透性，结果表明：经两种化合物处理后的链孢粘帚霉病菌细胞膜相对电导率均随着处理时间的增加而增大，当处理时间为 2.5h 时，芝麻素与 9-羟基芝麻素处理后菌丝体细胞膜的相对电导率可分别达到 70.74% 和 71.28%。整个过程中处理组的相对电导率均大于对照组，说明芝麻素和 9-羟基芝麻素会破坏细胞膜的通透性，使菌丝细胞内溶物外泄，相对电导率不断升高，从而抑制菌丝生长（图 6-23）。

5. 对病菌体内还原糖含量的影响

由试验结果（图 6-24）可以看出：链孢粘帚霉病菌经芝麻素处理后，病菌体内还原糖含量逐渐减少，而对照组还原糖含量基本不变，说明菌丝生长受到抑制，芝麻素能够抑制病菌吸收供生长所需的糖。由此可以得出结论：芝麻素和 9-羟基芝麻素都可以抑制链孢粘帚霉病菌吸收生长所需要的糖物质。

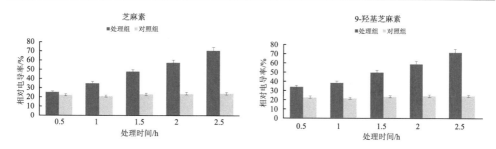

图 6-23　芝麻素和 9-羟基芝麻素对链孢粘帚霉病菌细胞膜相对电导率的影响

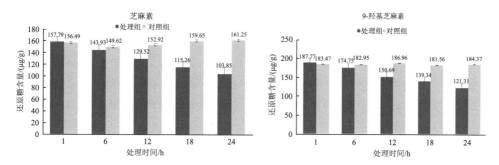

图 6-24　芝麻素和 9-羟基芝麻素对链孢粘帚霉病菌还原糖含量的影响

6. 对病菌 SOD、CAT 活性的影响

试验结果(图 6-25)显示：随着处理时间的增加，SOD 活性与对照组相比差异显著；在 12~18h SOD 活性迅速升高并达到峰值；18~24h SOD 活性缓慢下降，

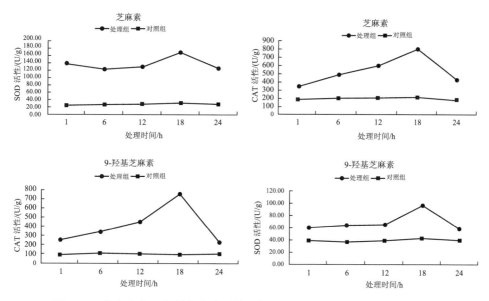

图 6-25　芝麻素和 9-羟基芝麻素对链孢粘帚霉病菌 CAT、SOD 活性的影响

但仍然高于对照组，而对照组随着处理时间的增加，SOD 活性并没有发生明显改变。SOD、CAT 活性均呈倒"V"形变化，CAT 活性在处理时间为 18h 时达到峰值；18～24h 该酶活性显著下降，但仍然高于对照组，而对照组 CAT 活性没有明显变化。

（三）结论与讨论

本研究对芳樟分离纯化物（芝麻素和 9-羟基芝麻素）进行了抑菌研究，发现 9-羟基芝麻素对苹果黑腐皮壳病菌、芝麻素对链孢粘帚霉病菌分别存在较好的抑制活性，抑制率分别达到 73.16% 和 62.67%，EC_{50} 值分别为 230.970μg/mL、47.291μg/mL。芝麻素和 9-羟基芝麻素抑菌活性较好，因此进一步探究了两种化合物对链孢粘帚霉病菌的细胞膜、还原糖含量、保护酶活性的影响，结果表明，细胞膜丙二醛含量在一定时间内随着处理时间的增加而增高，两种化合物均可破坏菌体细胞膜，引起膜脂过氧化反应。经处理后病菌体内还原糖含量逐渐减少，菌丝生长受到抑制。且随着处理时间的增加，CAT、SOD 活性均呈倒"V"形（先升高后降低）变化趋势。

三、基于 p38MAPK/NLRP3 通路的芝麻素抑制神经炎症活性研究

以前期从芳樟中获得的 4-羟基芝麻素为载体，采用脂多糖（LPS）诱导的 BV2 小胶质细胞神经炎症模型，基于 p38MAPK/NLRP3 通路探讨其对小胶质细胞神经炎症反应是否具有保护作用及可能的作用机制。

（一）材料与方法

1. 药品与试剂

4-羟基芝麻素（纯度>98%，自制）；脂多糖（sigma，产品编号：L2630）；二甲基亚砜（西安天茂化工有限公司，产品编号：AR500）；BCA 蛋白浓度检测试剂盒（产品编号：P0010）、MTT（产品编号：ST316）、SDS-PAGE 凝胶快速配制试剂盒（产品编号：P0012AC）购于上海碧云天生物技术股份有限公司；DMEM 培养基（Gibco 公司；产品编号：C11995500BT）；Caspase-1 p20（Santa Cruz 公司；产品编号：SC-398715）；IL-18（产品编号：ab207323）、NLRP3（产品编号：ab263899）均购自 Abcam 公司；p38（产品编号：8690S）、Phospho-p38（产品编号：4511S）、COX-2（产品编号：12282）、iNOS（产品编号：13120）、兔二抗（产品编号：7074）均购自 CST 公司；鼠二抗（产品编号：HS101-01）购于北京全式金生物技术股份有限公司。

2. 药物制备

精密称取 4-羟基芝麻素适量，溶于含 20%二甲基亚砜（DMSO）的磷酸盐缓冲液中，配制成浓度为 100mmol/L 的母液备用。

3. 细胞培养

复苏 BV2 小胶质细胞(中国典型培养物保藏中心),培养于 DMEM 培养基中,每天换液、隔天传代,供后续试验使用。

4. BV2 小胶质细胞存活率检测

BV2 小胶质细胞存活率采用 MTT(3-(4,5)-dimethylthiahiazo (-z-y1)-3,5-diphenytetrazoliumromide,3-(4,5-二甲基噻唑-2)-2,5-二苯基四氮唑溴盐)法检测。将 BV2 小胶质细胞接种于 96 孔板,接种密度为 $5×10^4$ 个/mL,100 μL/孔,置于培养箱中。MTT 试验分组:正常对照组、LPS(lipopolysaccharide,脂多糖)模型组(100ng/mL)、4-羟基芝麻素(1.562μmol/L、3.125μmol/L、6.25μmol/L、12.5μmol/L、25μmol/L、50μmol/L、100μmol/L)加 LPS(100ng/mL)组。BV2 小胶质细胞培养 12h 后,更换新的培养基,按照组别加入对应浓度的 4-羟基芝麻素和 LPS,培养 12h 后,加入 MTT 10μL,4h 后加入 DMSO 溶解甲醇,在 490nm 处测 OD 值,细胞存活率(%)=试验组 OD 值/正常对照组 OD 值×100%。

5. 促炎因子 IL-6 含量的检测

采用酶联免疫吸附试验(ELISA)法检测 IL-6 含量。将 BV2 小胶质细胞接种于 6 孔板,接种密度为 $1.6×10^5$ 个/mL,2mL/孔,置于培养箱中。试验分组:正常对照组,LPS 模型组(100ng/mL);4-羟基芝麻素低剂量组(10μmol/L+100ng/mL LPS),4-羟基芝麻素中剂量组(20μmol/L+100ng/mL LPS),4-羟基芝麻素高剂量组(40μmol/L+100ng/mL LPS)。培养 12h 后更换新培养基,按照组别加入对应浓度的 4-羟基芝麻素和 LPS,置于培养箱中继续培养 12h 后收集上清,按照说明书检测 IL-6 的含量。

6. p38MAPK/NLRP3 通路相关蛋白表达检测

采用蛋白质印迹(Western blot)法检测。BV2 小胶质细胞种板、造模和给药同"促炎因子 IL-6 含量的检测",收板后弃上清液,用预冷的 PBS 洗涤后加入细胞裂解液提取总蛋白,用 BCA 法测定蛋白浓度,加入 5%上样缓冲液(loading buffer)后,变性。每组取 40μg 蛋白样品,使用 SDS-PAGE 分离,后转至聚偏二氟乙烯(polyvinylidene fluoride,PVDF)膜,用脱脂奶粉封闭 1.5h。加入一抗(COX-2、iNOS、p38、p-p38、NLRP3、caspase1 p20、IL-18、β-actin)和相应二抗,再置于凝胶成像系统中显影,最后使用 Image Lab 软件分析图像。

7. 统计学方法

采用 SPSS 21.0 进行统计处理,计量数据用 $\bar{x}±s$ 表示,当数据满足正态分布时,采用单因素方差分析,方差齐时采用 LSD 法,反之采用 Games-Howell 法;非正态分布则采用非参数检验。$P<0.05$,差异有统计学意义。

(二)结果与分析

1. 对 BV2 小胶质细胞存活率的影响

采用 MTT 法检测 4-羟基芝麻素对 BV2 小胶质细胞存活率的影响。与正常对照组相比,BV2 小胶质细胞存活率在 LPS(100ng/mL)干预 12h 的条件下无明显变化;与 LPS 组相比,100μmol/L 的 4-羟基芝麻素显著降低了 BV2 小胶质细胞的存活率($P<0.01$),50μmol/L 及以下浓度的 4-羟基芝麻素则对细胞存活率无显著影响(图 6-26)。因此,我们选择 50μmol/L 以下的浓度作为 4-羟基芝麻素的试验浓度。

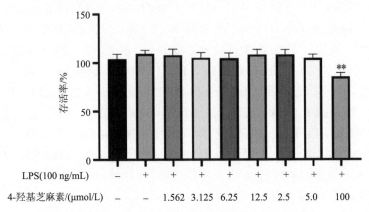

图 6-26　4-羟基芝麻素对 BV2 小胶质细胞存活率的影响($\bar{x}\pm s$)

与正常对照组相比,**$P<0.01$

2. 对 BV2 小胶质细胞 IL-6 分泌水平的影响

图 6-27 表明,与正常对照组相比,LPS 干预 12h 后,BV2 小胶质细胞上清中 IL-6 的水平明显上升($P<0.01$);与 LPS 模型组相比,随着 4-羟基芝麻素浓度的增大,BV2 小胶质细胞上清中 IL-6 的浓度明显下降($P<0.01$)。说明 4-羟基芝麻素对 LPS 诱导的 BV2 小胶质细胞 IL-6 分泌水平影响明显。

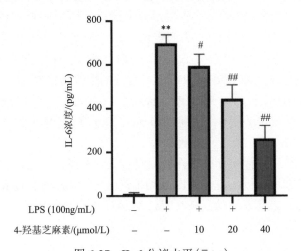

图 6-27　IL-6 分泌水平($\bar{x}\pm s$)

与正常对照组相比,**$P<0.01$;与 LPS 模型组相比,#$P<0.05$,##$P<0.01$

3. 对 COX-2 和 iNOS 蛋白表达的影响

与正常对照组比较，LPS 干预 12h 后，BV2 小胶质细胞中 COX-2 和 iNOS 的蛋白表达水平明显增加($P<0.01$，$P<0.05$)；与 LPS 模型组比较，随着 4-羟基芝麻素浓度的增大，BV2 小胶质细胞中 COX-2、iNOS 蛋白表达水平显著降低($P<0.05$ 或 $P<0.01$)，说明 4-羟基芝麻素抑制了 LPS 诱导的 BV2 小胶质细胞中 COX-2 和 iNOS 蛋白的表达(图 6-28)。

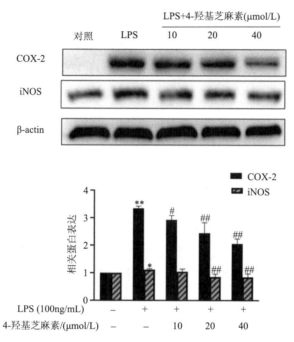

图 6-28　BV2 小胶质细胞中 COX-2 和 iNOS 的蛋白表达($\bar{x} \pm s$)

与正常对照组相比，*$P<0.05$，**$P<0.01$；与 LPS 模型组相比，#$P<0.05$，##$P<0.01$

4. 对 p38MAPK/NLRP3 通路的影响

与正常对照组比较，LPS 干预 12h 后，BV2 小胶质细胞中 p-p38($P<0.01$)、NLRP3($P<0.01$)、caspase1 p20($P<0.01$)、IL-18($P<0.05$)蛋白表达水平均明显上升(图 6-29)；与 LPS 模型组比较，随着 4-羟基芝麻素浓度的增大，BV2 小胶质细胞中 NLRP3、caspase1 p20、p-p38、IL-18 蛋白表达水平显著降低($P<0.05$ 或 $P<0.01$)。表明其抑制 LPS 诱导的 BV2 小胶质细胞中 p38MAPK/NLRP3 通路相关蛋白的激活作用显著。

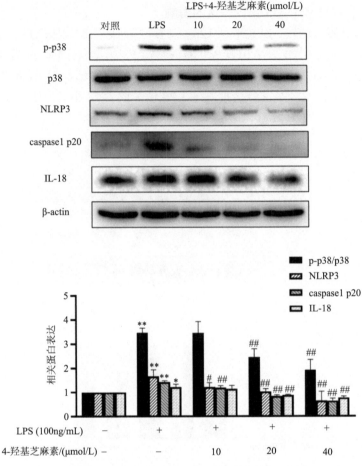

图 6-29　p38MAPK/NLRP3 通路的激活水平（$\bar{x}\pm s$）

与正常对照组相比，*$P<0.05$，**$P<0.01$；与 LPS 模型组相比，#$P<0.05$，##$P<0.01$

（三）讨论与结论

本试验结果表明，4-羟基芝麻素可显著抑制 LPS 诱导的 BV2 小胶质细胞中炎症因子 IL-6 的分泌，具有抗炎作用。炎症反应伴随着大量炎性蛋白的表达与释放，iNOS 和 COX-2 作为炎症反应中的关键蛋白酶，其在促进 BV2 小胶质细胞活化、加重神经炎症反应中发挥着重要作用（李德川等，2016）。iNOS 是 NO 的合成酶，过量 NO 会诱导细胞内 DNA、蛋白质、脂质等氧化损伤进而引起神经元细胞凋亡。COX-2 作为催化花生四烯酸转化为前列腺素的关键酶，主要分布在脑部海马区和皮质区的神经元或胶质细胞中，参与中枢神经炎症反应，与脑损伤和中枢神经退行性疾病病理机制密切相关。本试验结果表明，4-羟基芝麻素可显著抑制 LPS 诱导的 BV2 小胶质细胞中 iNOS、COX-2 蛋白的表达，进一步证实了 4-羟基芝麻素对 LPS 所致 BV2 小胶质细胞神经炎症反应具有明显保护作用。

NLRP3 炎症小体是一种大分子量的胞浆蛋白复合体，由 NLRP3、ASC 和效应蛋白 pro-caspase-1 组成。缺血性脑卒中发生后，无活性的 NLRP3、pro-IL-1β和 pro-IL-18 发生转录，实现 NLRP3、ASC 和 pro-caspase-1 的组装，进而催化 IL-1β和 IL-18 的成熟与分泌，促进炎症反应，加重缺血性脑卒中损伤(Liu and Lei, 2020)。p38MAPK 信号通路可以通过促进炎症细胞因子和趋化因子的产生，进而促进 NLRP3 炎症小体的激活(Wu et al., 2019)。Mizushima 等(2002)研究发现 p38MAPK 活性在 MCAO 模型再灌注 30min 后达到顶峰，且在酶激活区域发现凋亡的神经元，iNOS 的表达量增加，表明激活 p38MAPK 信号通路可促进炎症反应，加重缺血性脑卒中损伤。因此，本试验进一步探究了 4-羟基芝麻素是否通过调控 p38MAPK/NLRP3 信号通路来发挥抑制神经炎症反应的作用。试验结果表明，4-羟基芝麻素可显著抑制 p38 蛋白磷酸化，降低 NLRP3、Caspase-1 p20 蛋白表达，进而减少 IL-18 的释放。

综上可见，4-羟基芝麻素可能通过抑制 p38MAPK/NLRP3 信号通路，降低促炎性蛋白酶 COX-2、iNOS 的表达，抑制炎症因子 IL-6 的释放，进而发挥抑制 BV2 小胶质细胞神经炎症反应的作用。

四、基于 AMPK/mTOR/ULK1 信号通路的芝麻素抑制神经炎症活性研究

通过脂多糖(lipopolysaccharide，LPS)诱导建立 BV2 小胶质细胞神经炎症模型，观察 4-羟基芝麻素对其炎症因子、自噬及 AMPK/mTOR/ULK1 信号通路的影响，以明确其抑制神经炎症的作用及机制。

(一)材料与方法

1. 药品与试剂

4-羟基芝麻素(纯度>98%，自制)；脂多糖(货号：L2630)、MTT(货号：M2128)、DMEM 培养基(货号：C11995500BT)、胎牛血清(FBS)(货号：26010-074)、SDS-PAGE 凝胶配制试剂盒(货号：P0012AC)、Cham™ SYBR® qPCR Master Mix(货号：Q311-02)、逆转录试剂盒(货号：K1622)、AMPK(货号：5831)、p-AMPK(货号：50081)、mTOR(货号：2983)、p-mTOR(货号：5536)、ULK1(货号：8054)、p-ULK1(货号：14202)、Beclin1(货号：3738)、p62(货号：5114)、LC3A/B(货号：12741)、β-actin(货号：HC201)。

2. 细胞培养

复苏 BV2 小胶质细胞(中国典型培养物保藏中心)，加入含 10% FBS 和 1%青霉素-链霉素的 DMEM 完全培养基，然后置于 37℃、5%CO_2 饱和湿度培养箱中培养，每天换液，隔天传代，供后续试验使用。

3. 试验分组和处理

将处于对数生长期、状态良好的 BV2 小胶质细胞接种于孔板，分为细胞对照组、模型组（LPS 100ng/mL）、试验组（LPS+4-羟基芝麻素 10μmol/L、20μmol/L 和 40μmol/L）。待细胞铺满孔板 80% 时，按照分组同时加入 LPS 和 4-羟基芝麻素，然后置于培养箱中共同孵育 12h。

4. BV2 小胶质细胞存活率检测

BV2 小胶质细胞存活率采用 MTT 法检测。将 BV2 细胞接种于 96 孔板，接种密度为 5×10^4 个/mL，每孔 100μL，设置 6 个复孔，置于 37℃、5%CO_2 饱和湿度培养箱培养。按照上述步骤进行试验分组和相应试剂药物处理，于培养箱中孵育 12h 后更换新的培养基，加入 MTT（5mg/mL）置于培养箱中继续孵育，4h 后检测 490nm 处吸光度（OD 值）。细胞存活率（%）=试验组 OD 值/对照组 OD 值 ×100%。

5. IL-6、IL-1β、TNF-α、COX-2、iNOS 和 GAPDH 检测

采用 RT-qPCR 法检测，将 BV2 细胞接种于 6 孔板，接种密度为 1.2×10^5 个/mL，每孔 2mL，设置 3 个复孔，于 37℃、5%CO_2 饱和湿度培养箱培育 12h 后更换新培养基，按照上述步骤分组并加入 LPS 和 4-羟基芝麻素，置于培养箱中继续培养 12h 后弃上清，用预冷的 PBS 洗涤 3 遍后加入 TRIzol 提取总 RNA，使用逆转录试剂盒制备 cDNA，然后以该 cDNA 为模板，使用扩增试剂盒进行扩增。采用引物设计软件 Primer 5 设计 IL-6、IL-1β、TNF-α、COX-2、iNOS 及内参 GAPDH 的引物序列。PCR 扩增反应条件为：95℃预变性 30s，95℃变性 10s，退火 60℃，30s，40 个循环。以内参基因为参照分析结果，用 $2^{-\Delta\Delta CT}$ 法定量 mRNA 相对表达水平。相应引物序列见表 6-27。

表 6-27 *IL-6、IL-1β、TNF-α、COX-2、iNOS* 和 *GAPDH* 基因引物序列

基因	上游引物序列	下游引物序列	长度/bp
IL-6	CTGCAAGAGACTTCCATCCAG	AGTGGTATAGACAGGTCTGTTGG	131
IL-1β	GAAATGCCACCTTTTGACAGTG	TGGATGCTCTCATCAGGACAG	116
TNF-α	GCCGATGGGTTGTACCTTGT	TCTTGACGGCAGAGAGGAGG	139
COX-2	CAGGAGATGGTCCGCAAGAG	GCAAATGTAGAGGTGGCCCT	130
iNOS	AGTCTTTGGTCTGGTGCCTG	TGGTAACCGCTCAGGTGTTG	198
GAPDH	GAGAAACCTGCCAAGTATGATGAC	AGAGTGGGAGTTGCTGTTGAAG	129

6. AMPK/mTOR/ULK1 自噬相关蛋白表达水平检测

蛋白相对表达水平采用 Western Blot 法检测。将 BV2 小胶质细胞接种于 6 孔板，接种浓度为 1.2×10^5 个/mL，每孔 2mL，设置 3 个复孔，试验分组和处理同本章第七节基于 AMPK/mTOR/ULK1 信号通路的芝麻素抑制神经炎症活性研究中

的试验分组和处理，于培养箱中孵育 12h，然后弃上清液，用预冷的 PBS 洗涤 3 遍后加入细胞裂解液提取总蛋白，用 BCA 法测定蛋白浓度，再加入 5×loading buffer，振荡混匀后置于 100℃中煮 15min 变性。每组取 30μg 蛋白样品，使用十二烷基硫酸钠-聚丙烯酰胺凝胶(SDS-PAGE)分离蛋白，再将蛋白转至 PVDF 膜，然后用脱脂奶粉(或 BSA)封闭 1.5h。接着孵育一抗(AMPK、p-AMPK、mTOR、p-mTOR、ULK1、p-ULK1、Beclin1、p62、LC3)和相应二抗，再置于凝胶成像系统中显影，最后使用 Image Lab 软件分析图像。用目的蛋白与内参蛋白吸光度值的比值表示目的蛋白相对表达水平。

7. 统计学分析

采用 SPSS 21.0 进行数据统计处理，计量数据用 $\bar{x}\pm s$ 表示，数据满足正态分布时，使用单因素方差分析(one-way ANOVA)。如果方差齐，采用 LSD 法进行统计分析，如果方差不齐，则采用 Games-Howell 法进行统计分析。$P<0.05$ 为差异有统计学意义。

(二)结果与分析

1. 对 BV2 小胶质细胞存活率的影响

与正常对照组相比，100ng/mL 的 LPS 对 BV2 小胶质细胞存活率无明显影响($P>0.05$)；与 LPS 模型组相比，LPS+4-羟基芝麻素(10μmol/L、20μmol/L 和 40μmol/L)对 LPS 诱导的 BV2 小胶质细胞活力亦无明显影响($P>0.05$)(图 6-30)。

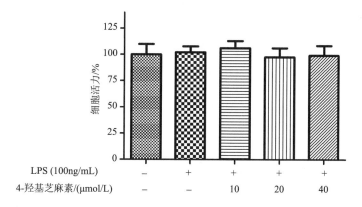

图 6-30 4-羟基芝麻素对 LPS 诱导的 BV2 小胶质细胞存活率的影响

2. 对 IL-6、IL-1β、TNF-α、COX-2 和 iNOS 转录的影响

如图 6-31 所示，与正常对照组相比，LPS 模型组 BV2 小胶质细胞中 IL-6、IL-1β、TNF-α、COX-2、iNOS 的 mRNA 水平明显上升($P<0.01$)；与 LPS 模型组相比，不同浓度的 4-羟基芝麻素干预后，BV2 细胞中 IL-6、IL-1β、TNF-α、COX-2、iNOS 的 mRNA 水平明显下降($P<0.05$,$P<0.01$)，表明 4-羟基芝麻素可以抑制 LPS

诱导的 BV2 小胶质细胞神经炎症反应。

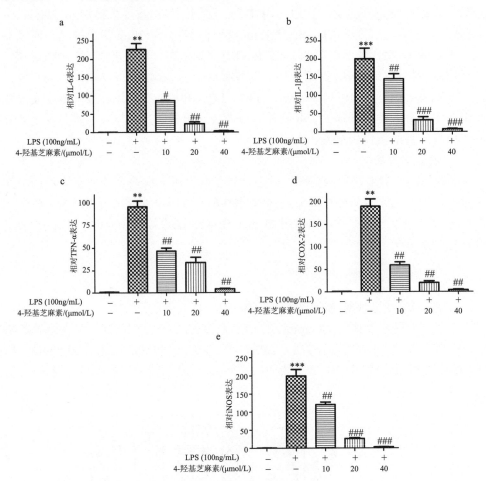

图 6-31　IL-6（a）、IL-1β（b）、TNF-α（c）、COX-2（d）和 iNOS（e）的 mRNA 表达水平

与正常对照组相比，**P<0.01，***P<0.001；与 LPS 模型组相比，#P<0.05，##P<0.01，###P<0.001

3. 对 Beclin1、p62 和 LC3-Ⅱ/LC3-Ⅰ蛋白表达的影响

如图 6-32 所示，与正常对照组相比，LPS 刺激后，模型组 BV2 小胶质细胞中 Beclin1 蛋白表达水平及 LC3-Ⅱ/LC3-Ⅰ值均下降（P<0.01），p62 蛋白表达水平上升（P<0.01），表明细胞自噬被抑制；与模型组相比，不同浓度的 4-羟基芝麻素干预后，BV2 小胶质细胞中 Beclin1 蛋白表达水平及 LC3-Ⅱ/LC3-Ⅰ值均上升（P<0.05，P<0.01），p62 蛋白表达水平下降（P<0.01），表明 4-羟基芝麻素可促进 BV2 小胶质细胞自噬。

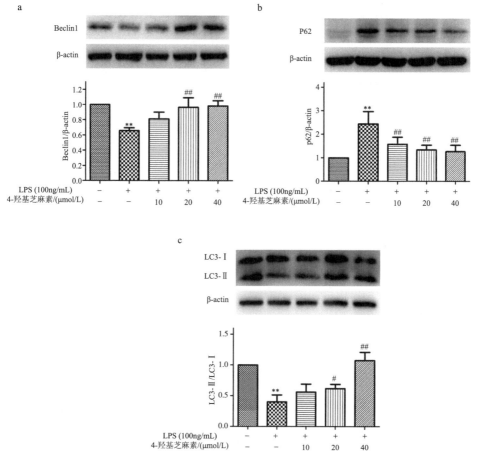

图 6-32　BV2 小胶质细胞中 Beclin1、p62 和 LC3 蛋白表达水平

与正常对照组相比，**$P<0.01$；与 LPS 模型组相比，#$P<0.05$，##$P<0.01$

4. 对 AMPK、mTOR 和 ULK1 蛋白磷酸化的影响

如图 6-33 所示，与正常对照组相比，LPS 刺激后，模型组 BV2 小胶质细胞中 p-AMPK/AMPK 和 p-ULK1/ULK1 值明显下降（$P<0.05$，$P<0.01$），p-mTOR/mTOR 值上升（$P<0.01$），表明 LPS 可抑制 AMPK/mTOR/ULK1 通路；与 LPS 模型组相比，不同浓度的 4-羟基芝麻素干预后，BV2 小胶质细胞中 p-AMPK/AMPK 和 p-ULK1/ULK1 值明显上升（$P<0.05$，$P<0.01$），p-mTOR/mTOR 值下降（$P<0.05$，$P<0.01$），表明 4-羟基芝麻素可激活 AMPK/mTOR/ULK1 通路。

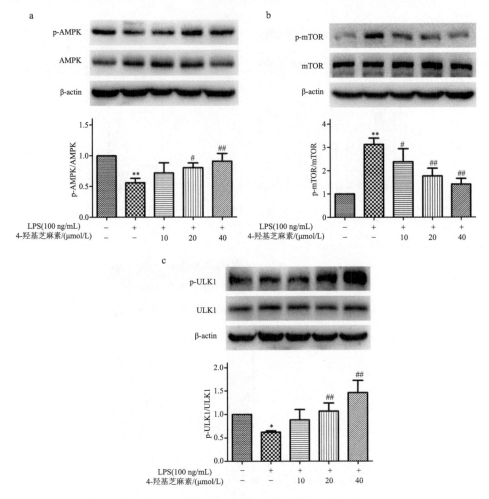

图 6-33　AMPK、mTOR 和 ULK1 蛋白表达水平

与正常对照组相比，*$P<0.05$，**$P<0.01$，***$P<0.001$；与 LPS 模型组相比，#$P<0.05$，##$P<0.01$，###$P<0.001$

（三）讨论与结论

本研究中给予 10μmol/L、20μmol/L 和 40μmol/L 的 4-羟基芝麻素干预后，细胞中 IL-6、IL-1β、TNF-α、COX-2、iNOS 的 mRNA 水平明显下降，表明 4-羟基芝麻素具有抑制 LPS 诱导的 BV2 小胶质细胞神经炎症反应的作用。不同浓度 4-羟基芝麻素干预后，细胞中 Beclin1 蛋白表达水平及 LC3-Ⅱ/LC3-Ⅰ、p-AMPK/AMPK、p-ULK1/ULK1 值均上升，而 p62 蛋白水平和 p-mTOR/mTOR 值均下降，表明 4-羟基芝麻素可以促进 BV2 小胶质细胞自噬及激活 AMPK/mTOR/ ULK1 通路。

细胞自噬是改善脑缺血再灌注损伤的重要机制（Rao et al., 2020）。Beclin1 是自噬体形成过程中的关键诱导因子，能介导其他自噬蛋白定位于吞噬泡，调控自噬体的形成与成熟；p62 是一种选择性自噬接头蛋白，包括很多个有不同功能的结构域，可以与多种配体相互作用，识别泛素化底物并运至自噬体；LC3 是细胞自噬的标志物，自噬形成时，LC3-Ⅰ会酶解掉一小段多肽，转变为 LC3-Ⅱ，LC3-Ⅱ/LC3-Ⅰ值的大小可估计自噬水平的高低（Fu et al., 2020; Sun et al., 2019）。AMPK/mTOR/ULK1 是参与调控自噬的重要通路之一（Zhang and Miao, 2018）。腺苷酸活化蛋白激酶（AMP-activated protein kinase，AMPK）是一种丝/苏氨酸蛋白激酶，受 AMP/ATP 值调控，故被喻为"细胞能量感受器"，可参与自噬水平的调节；雷帕霉素靶蛋白（mammalian target of rapamycin，mTOR）属于磷脂酰肌醇-3 激酶相关激酶家族成员，作为 AMPK 下游的作用底物，在自噬过程中发挥门控作用，为自噬的负调控分子；Unc-51 样激酶 1（Unc-51-like kinase 1，ULK1）是自噬相关蛋白 Atg1 在哺乳动物细胞中的同源蛋白之一，ULK1 与 mAtg13、FIP200 形成的 ULK1-mAtg13-FIP200 复合体是 mTOR 的直接靶分子，也是自噬的正调控分子（Yuan et al., 2021; Shang and Wang, 2011）。

已有文献报道，4-羟基芝麻素的同系物芝麻素能够通过调控 MAPK 和 NF-κB 信号通路，降低 BV2 小胶质细胞的 ROS、MDA、IL-6、TNF-α 等水平（Jeng et al., 2005），但尚未对自噬方面及 AMPK/mTOR/ULK1 通路进行研究。因此，本研究可为挖掘 4-羟基芝麻素的生物学活性及应用提供试验基础和理论依据。

综上所述，4-羟基芝麻素可抑制 IL-1β、IL-6、TNF-α、COX-2、iNOS 的转录，促进自噬，激活 AMPK/mTOR/ULK1 通路，这表明 4-羟基芝麻素可能通过调控 AMPK/mTOR/ULK1 信号通路激活自噬，进而发挥其抑制 LPS 诱导的 BV2 小胶质细胞神经炎症反应的作用。

参 考 文 献

曹玫, 贾睿琳, 江南, 等. 2013. 油樟叶挥发油的镇痛活性研究[J]. 广西植物, (4): 552-555.

车志平, 田月娥, 刘圣明, 等. 2015. 几种含羟基类化合物的抑菌活性[J]. 农药, (12): 930-932, 936.

程艳, 陈璐, 米艳华, 等. 2018. 水稻抗氧化酶活性测定方法的比较研究[J]. 江西农业学报, (2): 108-111.

丛赢, 张琳, 祖元刚. 2016. 油樟（Cinnamomum longepaniculatum）精油的抗炎及抗氧化活性初步研究[J]. 植物研究, (36): 949-954.

邓佐, 夏延斌. 2013. 甜菊叶茶发酵前后挥发性成分分析[J]. 食品与机械, (5): 15-18.

丁元刚, 马红梅, 张伯礼. 2012. 樟脑药理毒理研究回顾及安全性研究展望[J]. 中国药物警戒, (1): 38-42.

杜永华, 敖光辉, 魏琴, 等. 2015. 油樟叶多糖的提取及其体外抗自由基活性研究[J]. 食品与发酵工业, (5): 209-213.

杜永华, 叶奎川, 周黎军, 等. 2014. 油樟叶提取物对人肝癌 BEL-7402 细胞增殖的抑制作用[J].

食品研究与开发, (17): 80-83.

胡文杰, 高捍东, 江香梅, 等. 2012. 樟树油樟、脑樟和异樟化学型的叶精油成分及含量分析[J].
　　中南林业科技大学学报, (11): 186-194.

胡文杰, 殷帅文, 罗辉, 等. 2021. 油樟叶化学成分及其抗氧化活性研究[J]. 广东化工, (18):
　　31-32.

黄祚骅, 邹嘉伟, 周文娟, 等. 2021. 香樟叶提取物对植物病原菌的生物活性研究[J]. 林业勘察
　　设计, (2): 29-32.

李德川, 鲍秀琦, 张德武, 等. 2016. 去氢丹参新酮对神经炎症的抑制作用及机制研究[J]. 中国
　　药理学通报, (2): 177-183.

李占富, 孙德莹, 苏元吉, 等. 2010. 5%桉油精防治杨树食叶害虫试验[J]. 中国森林病虫, (4):
　　45.

刘再枝. 2017. 油樟精油的高效分离及剩余物多级利用的研究[D]. 哈尔滨: 东北林业大学博士
　　学位论文.

魏琴, 李群, 罗扬, 等. 2006. 油樟油对植物病原真菌活性的抑制作用[J]. 中国油料作物学报,
　　63-66.

魏琴, 殷中琼, 杜永华, 等. 2011. 油樟叶乙醇提取物抗炎活性的研究[J]. 中国兽医科学, (8):
　　859-864.

叶奎川, 殷中琼, 魏琴, 等. 2012. 油樟叶挥发油及其主要成分的体外抗肝癌活性[J]. 解剖学报,
　　(3): 381-386.

曾铮, 申伟培, 黄振光, 等. 2016. 瑶药竹柏叶挥发油的成分及其抗肿瘤活性研究[J]. 广西医科
　　大学学报, (12): 2014-2016.

张蕾, 王杰, 罗理勇, 等. 2019. 老鹰茶特征性香气成分分析[J]. 食品科学, (10): 220-228.

张耀, 林智熠, 周文娟, 等. 2021. 圆齿野鸦椿枝条抗辣椒疫霉病菌活性成分[J]. 福建农林大学
　　学报(自然科学版), (4): 472-479.

张筝晦, 童永清, 钱信怡, 等. 2019. 香樟化学成分及药理作用研究进展[J]. 食品工业科技, (10):
　　320-333.

Fu C, Zhang X Y, Lu Y, et al. 2020. Geniposide inhibits NLRP3 inflammasome activation via
　　autophagy in BV-2 microglial cells exposed to oxygen-glucose deprivation/reoxygenation[J]. Int
　　Immunopharmacol, (84): 106547.

Hsieh T J, Chen C H, Lo W L, et al. 2006. Lignans from the stem of *Cinnamomum camphora*[J].
　　Natural Product Communications, (1): 21-25.

Jeng K C, Hou R C, Wang J C, et al. 2005. Sesamin inhibits lipopolysaccharide-induced cytokine
　　production by suppression of p38 mitogen-activated protein kinase and nuclear factor-kappaB[J].
　　Immunol Lett, (1): 101-106.

Li Y R, Fu C S, Yang W J, et al. 2018. Investigation of constituents from *Cinnamomum camphora* (L.)
　　J. Presl and evaluation of their anti-inflammatory properties in lipopolysaccharide-stimulated
　　RAW 264. 7 macrophages[J]. J Ethnopharmacol, (221): 37-47.

Liu X, Lei Q. 2020. TRIM62 knockout protects against cerebral ischemic injury in mice by
　　suppressing NLRP3-regulated neuroinflammation[J]. Biochem Biophys Res Commun, (2):

140-147.

Mizushima H, Zhou C J, Dohi K, et al. 2002. Reduced postischemic apoptosis in the hippocampus of mice deficient in interleukin-1[J]. J Comp Neurol, (2): 203-216.

Rao J Y, Wang Q, Wang Y C, et al. 2020. β-caryophyllene alleviates cerebral ischemia/reperfusion injury in mice by activating autophagy[J]. Chin J Chin Mater Med, (4): 932-936.

Shang L, Wang X D. 2011. AMPK and mTOR coordinate the regulation of Ulk1 and mammalian autophagy initiation[J]. Autophagy, (8): 924-926.

Sun Y L, Zhu X H, Zhong X J, et al. 2019. Crosstalk between autophagy and cerebral ischemia[J]. Front Neurosci, (12): 1022.

Wu G, Zhu Q, Zeng J, et al. 2019. Extracellular mitochondrial DNA promote NLRP3 inflammasome activation and induce acute lung injury through TLR9 and NF-κB[J]. J Thorac Dis, (11): 4816-4828.

Yuan F, Xu Y Y, You K, et al. 2021. Calcitriol alleviates ethanol-induced hepatotoxicity via AMPK/mTOR-mediated autophagy[J]. Arch Biochem Biophys, 697 (15): 108694.

Zhang Y, Miao J M. 2018. Ginkgolide K promotes astrocyte proliferation and migration after oxygen-glucose deprivation via inducing protective autophagy through the AMPK/mTOR/ULK1 signaling pathway[J]. Eur J Pharmacol, 832: 96-103.

Zhong R J, Wu L Y, Xiong W, et al. 2011. A new 3-(3, 4-methylenedioxyphenyl)-propane-1, 2-diol glycoside from the roots of *Cinnamomum camphora*[J]. Chinese Chemical Letters, 22 (8): 954-956.

附　　录

附表 1　香樟特有基因家族、显著扩张和显著收缩基因家族的 KEGG 富集

MapID	Map 名称	P 值	校正后 P 值
香樟特有基因家族			
map02010	ABC 转运蛋白	8.16E−05	3.10E−03
map00310	赖氨酸降解	1.58E−04	5.99E−03
樟科显著扩张基因家族			
map04141	内质网中的蛋白质加工	1.28E−04	6.39E−04
map03060	蛋白质输出	1.45E−04	7.26E−04
map04144	内吞作用	4.68E−04	2.34E−03
map03040	剪接体	2.14E−03	1.07E−02
map03018	RNA 降解	5.55E−03	2.77E−02
樟科显著收缩基因家族			
map00450	硒化合物代谢	6.35E−11	1.90E−09
map00565	醚脂质代谢	1.89E−09	5.68E−08
map00270	半胱氨酸和蛋氨酸代谢	3.32E−07	9.96E−06
map04144	内吞作用	5.15E−07	1.54E−05
map00564	甘油磷脂代谢	7.37E−06	2.21E−04
map00230	嘌呤代谢	3.63E−04	1.09E−02
香樟显著扩张基因家族			
map04113	减数分裂-酵母	2.43E−13	4.14E−12
map04120	泛素介导的蛋白质水解	1.86E−12	3.16E−11
map04111	细胞周期-酵母	3.80E−12	6.46E−11
香樟显著收缩基因家族			
map00450	硒化合物代谢	6.35E−11	1.90E−09
map00565	醚脂质代谢	1.89E−09	5.68E−08
map00270	半胱氨酸和蛋氨酸代谢	3.32E−07	9.96E−06
map04144	内吞作用	5.15E−07	1.54E−05
map00564	甘油磷脂代谢	7.37E−06	2.21E−04
map00230	嘌呤代谢	3.63E−04	1.09E−02

附表 2　香樟特有基因家族、显著扩张和显著收缩基因家族的 GO 富集

GO_ID	GO 名称	GO 分类	P 值	校正后 P 值
香樟特有基因家族				
GO:0045040	蛋白质输入线粒体外膜	BP	1.11E−05	4.95E−03
GO:0005742	线粒体外膜转位酶复合体	CC	1.61E−05	7.22E−03
GO:0097428	铁-硫簇转移的蛋白质成熟	BP	3.70E−05	1.66E−02
樟科显著扩张基因家族				
GO:0010333	萜烯合酶活性	MF	7.37E−47	7.30E−45
GO:0000287	镁离子结合	MF	2.23E−37	2.21E−35
GO:0048544	花粉识别	BP	2.61E−31	2.58E−29
GO:0043167	离子结合	MF	2.69E−28	2.66E−26
GO:0006468	蛋白质磷酸化	BP	6.14E−26	6.08E−24
GO:0004672	蛋白激酶活性	MF	1.01E−25	9.96E−24
GO:0005488	结合	MF	1.67E−24	1.65E−22
GO:0003824	催化活性	MF	3.03E−24	2.99E−22
GO:0008152	代谢过程	BP	1.71E−16	1.69E−14
GO:0005524	ATP 结合	MF	5.44E−16	5.38E−14
GO:0016740	转移酶的活力	MF	6.90E−16	6.83E−14
GO:0046872	金属离子结合	MF	6.91E−14	6.84E−12
GO:0097159	有机环化合物结合	MF	1.15E−06	1.14E−04
GO:1901363	杂环化合物结合	MF	1.15E−06	1.14E−04
GO:0044238	初级代谢过程	BP	4.12E−06	4.08E−04
GO:0071704	有机物代谢过程	BP	9.90E−06	9.80E−04
GO:0009987	细胞过程	BP	1.13E−05	1.12E−03
GO:0004523	RNA-DNA 杂交核糖核酸酶活性	MF	1.51E−05	1.49E−03
樟科显著收缩基因家族				
GO:0008270	锌离子结合	MF	5.73E−112	1.26E−109
GO:0046914	过渡金属离子结合	MF	2.35E−99	5.17E−97
GO:0043167	离子结合	MF	1.33E−56	2.92E−54
香樟显著扩张基因家族				
GO:0043531	ADP 结合	MF	7.53E−39	1.62E−36
GO:0048544	花粉识别	BP	2.04E−27	4.39E−25
GO:0010997	后期促进复合体结合	MF	4.92E−27	1.06E−24
GO:0097027	泛素蛋白连接酶激活剂活性	MF	4.92E−27	1.06E−24
GO:0007154	细胞通信	BP	6.94E−24	1.49E−21
GO:0032559	腺苷核糖苷酸结合	MF	3.23E−22	6.95E−20
GO:0005488	结合	MF	9.93E−22	2.14E−19
GO:0032550	嘌呤核糖核苷结合	MF	8.18E−20	1.76E−17
GO:0043168	阴离子结合	MF	1.52E−17	3.27E−15

续表

GO_ID	GO 名称	GO 分类	P 值	校正后 P 值
GO:0005515	蛋白质结合	MF	1.92E-17	4.13E-15
GO:0097159	有机环化合物结合	MF	8.35E-17	1.80E-14
GO:1901363	杂环化合物结合	MF	8.35E-17	1.80E-14
GO:0015886	血红素运输	BP	3.46E-12	7.44E-10
GO:0015232	血红素转运蛋白活性	MF	3.46E-12	7.44E-10
GO:2000031	水杨酸介导的信号通路调控	BP	3.89E-12	8.37E-10
GO:0043167	离子结合	MF	2.00E-11	4.30E-09
GO:0031347	防御反应调节	BP	2.21E-11	4.74E-09
GO:0017004	细胞色素复合物组装	BP	1.21E-10	2.60E-08
GO:0042221	对化学物质的反应	BP	1.36E-09	2.92E-07
GO:0006952	防御反应	BP	2.46E-09	5.28E-07
GO:0006468	蛋白质磷酸化	BP	3.42E-07	7.36E-05
GO:0004672	蛋白激酶活性	MF	4.33E-07	9.30E-05
GO:0016747	转移酶活性,转移除氨基酰基以外的酰基	MF	5.81E-07	1.25E-04
GO:0016740	转移酶的活力	MF	1.76E-05	3.78E-03
GO:0006950	对压力的反应	BP	8.15E-05	1.75E-02
GO:0004523	RNA-DNA 杂交核糖核酸酶活性	MF	8.61E-05	1.85E-02
GO:0006855	药物跨膜运输	BP	9.52E-05	2.05E-02
GO:0015238	药物跨膜转运蛋白活性	MF	9.52E-05	2.05E-02
GO:0050896	刺激反应	BP	1.09E-04	2.35E-02
GO:0044763	单生物细胞过程	BP	1.68E-04	3.61E-02
GO:0044699	单生物体过程	BP	1.82E-04	3.91E-02
GO:0050794	细胞过程的调节	BP	1.93E-04	4.14E-02
香樟显著收缩基因家族				
GO:0003824	催化活性	MF	3.16E-66	1.51E-63
GO:0032559	腺苷核糖核苷酸结合	MF	2.55E-65	1.22E-62
GO:0043167	离子结合	MF	9.21E-64	4.40E-61
GO:0032550	嘌呤核糖核苷结合	MF	3.07E-61	1.47E-58
GO:0032555	嘌呤核糖核苷酸结合	MF	3.07E-61	1.47E-58
GO:0000166	核苷酸结合	MF	3.81E-61	1.82E-58
GO:0006468	蛋白质磷酸化	BP	4.80E-58	2.30E-55
GO:0043168	阴离子结合	MF	4.93E-58	2.36E-55
GO:0004672	蛋白激酶活性	MF	1.87E-57	8.95E-55
GO:0019538	蛋白质代谢过程	BP	9.10E-55	4.35E-52
GO:0016772	转移酶活性,转移含磷基团	MF	1.13E-52	5.38E-50
GO:0016301	激酶活性	MF	2.33E-52	1.11E-49

GO_ID	GO 名称	GO 分类	P 值	校正后 P 值
GO:0005524	ATP 结合	MF	2.77E−51	1.32E−48
GO:0035639	嘌呤核糖核苷三磷酸结合	MF	1.18E−47	5.65E−45
GO:0006796	含磷酸盐化合物代谢过程	BP	7.82E−47	3.74E−44
GO:0016740	转移酶的活性	MF	5.70E−43	2.72E−40
GO:0008152	代谢过程	BP	2.91E−39	1.39E−36
GO:0097159	有机环化合物结合	MF	9.10E−38	4.35E−35
GO:1901363	杂环化合物结合	MF	9.10E−38	4.35E−35
GO:0044267	细胞蛋白质代谢过程	BP	1.28E−37	6.13E−35
GO:0004252	丝氨酸型内肽酶活性	MF	4.54E−36	2.17E−33
GO:0005488	结合	MF	1.25E−34	6.00E−32
GO:0043170	大分子代谢过程	BP	6.43E−34	3.07E−31
GO:0004970	离子型谷氨酸受体活性	MF	4.02E−32	1.92E−29
GO:0044238	初级代谢过程	BP	1.04E−31	4.95E−29
GO:0071704	有机物代谢过程	BP	1.87E−31	8.95E−29
GO:0008236	丝氨酸型肽酶活性	MF	4.16E−29	1.99E−26
GO:0005507	铜离子结合	MF	7.55E−25	3.61E−22
GO:0044260	细胞大分子代谢过程	BP	1.21E−20	5.77E−18
GO:0009987	细胞过程	BP	7.40E−18	3.54E−15
GO:0044237	细胞代谢过程	BP	2.39E−16	1.14E−13
GO:0043531	ADP 结合	MF	2.11E−14	1.01E−11
GO:0006508	蛋白质水解作用	BP	1.08E−13	5.17E−11
GO:0005515	蛋白质结合	MF	3.42E−13	1.63E−10
GO:0055114	氧化还原过程	BP	6.85E−13	3.27E−10
GO:0016491	氧化还原酶活性	MF	2.41E−12	1.15E−09
GO:0015075	离子跨膜转运体活性	MF	3.56E−12	1.70E−09
GO:0046914	过渡金属离子结合	MF	2.46E−10	1.18E−07
GO:0022857	跨膜转运蛋白活性	MF	4.21E−10	2.01E−07
GO:0016787	水解酶活性	MF	1.38E−09	6.61E−07
GO:0016020	膜组成	CC	5.25E−09	2.51E−06
GO:0033926	糖肽-N-乙酰半乳糖胺酶活性	MF	5.39E−08	2.58E−05
GO:0005506	铁离子结合	MF	8.48E−08	4.05E−05
GO:0046872	金属离子结合	MF	8.87E−08	4.24E−05
GO:0003968	RNA 导向 RNA 聚合酶活性	MF	1.93E−07	9.24E−05
GO:0016705	氧化还原酶活性，作用于配对供体，结合或减少分子氧	MF	2.77E−07	1.32E−04
GO:0044699	单生物体过程	BP	1.66E−06	7.94E−04
GO:0044710	单生物代谢过程	BP	1.86E−06	8.90E−04

续表

GO_ID	GO 名称	GO 分类	P 值	校正后 P 值
GO:0005516	钙调蛋白结合	MF	4.03E−06	1.93E−03
GO:0042545	细胞壁修饰	BP	7.22E−06	3.45E−03
GO:0030599	果胶酯酶活性	MF	7.22E−06	3.45E−03
GO:0045300	酰基-[酰基载体蛋白]去饱和酶活性	MF	9.80E−06	4.69E−03
GO:0051082	未折叠蛋白结合	MF	1.67E−05	7.97E−03
GO:0006857	寡肽运输	BP	3.00E−05	1.43E−02
GO:0004857	酶抑制剂活性	MF	5.53E−05	2.64E−02
GO:0005618	细胞壁	CC	6.05E−05	2.89E−02
GO:0034062	RNA 聚合酶活性	MF	8.94E−05	4.27E−02

附表 3　香樟的 *MADS-box* 基因

基因名	基因 ID	类型	亚组	位置	染色体编号	开放阅读框长度/bp
CcSEPa	Maker00010215	MIKC^c	SEP	128 288 78～128 425 21	1	714
CcSEPb	Maker00001778	MIKC^c	SEP	573 598 27～574 215 70	2	816
CcSEPc	Maker00012751	MIKC^c	SEP	197 043 27～197 078 47	3	288
CcSEPc	Maker00012751	MIKC^c	SEP	197 043 27～197 078 47	3	288
CcAGL6a	Maker00029300	MIKC^c	AGL6	112 230 73～112 988 89	2	1218
CcAGL6b	Maker00020088	MIKC^c	AGL6	454 884 96～455 694 21	7	1146
CcAGa	Maker00019676	MIKC^c	AG	412 318 28～412 566 14	7	1026
CcAGb	Maker00010778	MIKC^c	AG	360 442 37～360 562 41	12	390
CcAGc	Maker00023157	MIKC^c	AG	488 035 80～488 411 68	6	729
CcSTKa	Maker00013850	MIKC^c	STK	421 587 13～421 698 19	8	663
CcSTKb	Maker00012422	MIKC^c	STK	734 894 3～736 450 9	9	672
CcAP1b	Maker00012699	MIKC^c	AP1/FUL	197 319 79～197 510 62	3	678
CcAP1a	Maker00007254	MIKC^c	AP1/FUL	727 298 34～727 484 65	1	444
CcAGL12a	Maker00012451	MIKC^c	AGL12	730 757 9～731 205 1	9	657
CcAGL12b	Maker00020125	MIKC^c	AGL12	531 213 24～531 282 14	5	711
CcTM3a	Maker00025542	MIKC^c	TM3/SOC1	195 393 35～195 396 52	6	225
CcTM3b	Maker00025572	MIKC^c	TM3/SOC1	200 850 75～200 876 39	6	213
CcTM3c	Maker00025554	MIKC^c	TM3/SOC1	197 068 76～197 099 94	6	234
CcTM3d	Maker00025540	MIKC^c	TM3/SOC1	199 340 80～199 816 43	6	1035
CcTM3e	Maker00025538	MIKC^c	TM3/SOC1	202 647 52～202 709 16	6	561
CcTM3f	Maker00025502	MIKC^c	TM3/SOC1	198 169 98～198 213 44	6	282
CcAGL15	Maker00024935	MIKC^c	AGL15	381 780 60～381 837 43	9	753
CcSVPa	Maker00009098	MIKC^c	SVP	642 986 98～643 070 97	5	705

续表

基因名	基因 ID	类型	亚组	位置	染色体编号	开放阅读框长度/bp
CcSVPb	Maker00001693	MIKC^c	SVP	477 328 59～477 408 75	8	609
CcANP1a	Maker00023486	MIKC^c	ANR1	258 576 79～258 942 82	4	813
CcANP1b	Maker00023535	MIKC^c	ANR1	265 233 54～265 594 21	4	948
CcANP1c	Maker00014340	MIKC^c	ANR1	201 873 02～202 485 23	1	1068
CcANP1d	Maker00012638	MIKC^c	ANR1	165 391 12～165 792 06	3	906
CcANP1a	Maker00023486	MIKC^c	ANR1	258 576 79～258 942 82	4	813
CcANP1b	Maker00023535	MIKC^c	ANR1	265 233 54～265 594 21	4	948
CcBs	Maker00000164	MIKC^c	Bs	590 694 6～591 637 0	4	567
CcAP3	Maker00000381	MIKC^c	AP3	326 319 5～326 528 8	4	654
CcPI	Maker00014708	MIKC^c	PI	584 095 1～584 469 5	9	501
*CcMIKC*a*	Maker00013477	MIKC*		353 637 96～353 716 48	10	1218
*CcMIKC*b*	Maker00025818	MIKC*		398 418 91～398 527 24	11	453
*CcMIKC*c*	Maker00026082	MIKC*		398 527 47～398 622 36	11	450
*CcMIKC*d*	Maker00003663	MIKC*		229 153 06～229 464 50	4	705
*CcMIKC*e*	Maker00017030	MIKC*		540 502 9～542 573 1	3	822
*CcMIKC*f*	Maker00012868	MIKC*		497 457 06～497 487 03	8	963
*CcMIKC*g*	Maker00001702	MIKC*		495 599 17～495 629 28	8	930
CcMαa	Maker00028521	Type I	Mα	219 352 25～219 360 23	1	699
CcMαb	Maker00013276	Type I	Mα	805 170 2～805 235 5	6	654
CcMαc	Maker00024672	Type I	Mα	503 455 40～503 478 23	7	684
CcMαd	Maker00019699	Type I	Mα	403 715 27～403 720 48	7	522
CcMαe	Maker00021416	Type I	Mα	617 266 22～617 501 13	2	1530
CcMαf	Maker00016498	Type I	Mα	515 118 52～515 125 83	2	732
CcMαg	Maker00015304	Type I	Mα	281 188 46～281 685 63	10	561
CcMαh	Maker00016922	Type I	Mα	170 136 55～170 820 81	6	639
CcMαi	Maker00015436	Type I	Mα	280 959 20～281 038 56	10	729
CcMαj	Maker00010472	Type I	Mα	270 974 01～270 985 23	3	579
CcMαk	Maker00003484	Type I	Mα	298 541 61～298 547 99	6	639
CcMαl	Maker00003307	Type I	Mα	296 068 16～296 076 22	6	807
CcMαm	Maker00003111	Type I	Mα	298 504 77～298 524 30	6	657
CcMβ	Maker00025906	Type I	Mβ	349 190 74～349 201 05	11	1032
CcMγa	Maker00014688	Type I	Mγ	617 134 0～617 712 1	9	1080
CcMγb	Maker00004159	Type I	Mγ	272 631 32～272 638 48	11	717

附表 4　香樟基因组中 MEP 和 MVA 合成途径相关的基因

通路	酶	缩写	基因 ID
MVA	乙酰乙酰 CoA 硫解酶	ACAT	Maker00019487; Maker00018877; Maker00010292; Maker00011273; Maker00011286
	甲基戊二酰 CoA 合成酶	HMGS	Maker00003407; Maker00028799
	羟甲基戊二酰 CoA 还原酶	HMGR	Maker00001945; Maker00021635
	甲羟戊酸激酶	MVK	Maker00015376
	磷酸甲羟-5-戊酸激酶	PMK	Maker00026952
	甲羟戊酸二磷酸脱羧酶	MVD	Maker00012131
MEP	1-脱氧-*D*-木酮糖 5-磷酸合成酶	DXS	Maker00004598; Maker00027873; Maker00012804; Maker00015435; Maker00023473; Maker00027418
	1-脱氧-*D*-木酮糖 5-磷酸还原异构酶	DXR	Maker00016636
	4-二磷酸胞苷-2-*C*-甲基-*D*-赤藓醇合酶	CMS	Maker00013631
	4-(胞苷 5′-二磷酸)-2-*C*-甲基-*D*-赤藓糖醇激酶	CMK	Maker00011107
	2-*C*-甲基-*D*-赤藓糖醇-2,4-环二磷酸合成酶	MDS	Maker00019544
	1-羟基-2-甲基-2-丁烯基-4-二磷酸合成酶	HDS	Maker00005988; Maker00025110
	1-羟基-2-甲基-2-丁烯基-4-二磷酸还原酶	HDR	Maker00005068; Maker00025695
TTP	异戊烯基二磷酸异构酶	IDI	Maker00016783; Maker00001381
	香叶基二磷酸合成酶	GGPS	Maker00007407; Maker00004767; Maker00005009; Maker00025703
	法尼基二磷酸合酶	FPS	Maker00008168; Maker00006917

附表 5　香樟基因组中的 *TPS* 基因

基因 ID	基因名称	亚组	位置	染色体编号	氨基酸数量/aa	开放阅读框长度/bp
Maker00005406	*Cc05406*	a	33 597 834～33 650 615	3	424	835
Maker00005451	*Cc05451*	a	33 558 796～33 597 833	3	147	421
Maker00005779	*Cc05779*	a	34 145 822～34 161 288	3	540	266
Maker00005791	*Cc05791*	a	34 176 514～34 306 073	3	1335	1478
Maker00005833	*Cc05833*	a	34 096 357～34 126 395	3	1098	209
Maker00010115	*Cc10115*	a	31 704 989～31 720 339	3	1130	709
Maker00014787	*Cc14787*	a	26 867 420～26 889 165	10	496	471
Maker00014789	*Cc14789*	a	26 783 859～26 791 302	10	173	565
Maker00014796	*Cc14796*	a	26 817 147～26 827 884	10	814	662
Maker00014802	*Cc14802*	a	26 700 090～26 715 676	10	434	708
Maker00014805	*Cc14805*	a	26 561 485～26 567 719	10	231	486
Maker00018207	*Cc18207*	a	33 765 170～33 811 590	3	393	380

续表

基因 ID	基因名称	亚组	位置	染色体编号	氨基酸数量/aa	开放阅读框长度/bp
Maker00018209	Cc18209	a	33 827 894~33 874 179	3	218	352
Maker00018212	Cc18212	a	33 921 247~33 926 087	3	376	134
Maker00018214	Cc18214	a	34 026 443~34 085 017	3	465	1155
Maker00018216	Cc18216	a	33 757 050~33 765 134	3	545	279
Maker00018219	Cc18219	a	33 811 599~33 815 022	3	562	162
Maker00018221	Cc18221	a	33 815 072~33 827 882	3	484	140
Maker00018899	Cc18899	a	26 441 859~26 490 270	10	475	1361
Maker00018905	Cc18905	a	26 313 818~26 400 104	10	306	1429
Maker00023025	Cc23025	a	23 810 051~23 817 097	10	271	698
Maker00001504	Cc01504	b	7 331 250~7 398 240	7	108	622
Maker00001509	Cc01509	b	8 788 377~8 810 500	7	897	432
Maker00001514	Cc01514	b	8 520 773~8 532 359	7	222	511
Maker00001516	Cc01516	b	8 768 510~8 788 265	7	146	261
Maker00001518	Cc01518	b	8 650 090~8 651 797	7	120	240
Maker00001521	Cc01521	b	7 583 576~7 595 191	7	544	413
Maker00001528	Cc01528	b	7 398 253~7 469 680	7	528	524
Maker00001539	Cc01539	b	8 071 855~8 118 374	7	870	770
Maker00001559	Cc01559	b	8 331 865~8 357 957	7	553	240
Maker00001574	Cc01574	b	8 502 029~8 540 851	7	690	576
Maker00001831	Cc01831	b	58 809 788~58 813 933	2	850	384
Maker00007365	Cc07365	b	36 188 124~36 227 015	4	234	1722
Maker00011978	Cc11978	b	5 081 878~5 088 818	10	566	685
Maker00011979	Cc11979	b	5 049 939~5 081 869	10	571	307
Maker00011984	Cc11984	b	5 048 094~5 049 937	10	1074	312
Maker00011988	Cc11988	b	4 934 397~5 044 674	10	1122	1790
Maker00012003	Cc12003	b	5 044 683~5 048 017	10	737	195
Maker00012602	Cc12602	b	17 724 125~17 737 549	3	227	668
Maker00012641	Cc12641	b	17 754 311~17 830 433	3	255	1073
Maker00012720	Cc12720	b	17 868 740~17 876 118	3	427	671
Maker00014305	Cc14305	b	2 746 532~2 751 278	13	607	784
Maker00014312	Cc14312	b	3 065 776~3 066 467	13	448	220
Maker00014318	Cc14318	b	3 061 703~3 065 774	13	1429	554
Maker00014320	Cc14320	b	3 172 593~3 219 562	13	354	527
Maker00014781	Cc14781	b	26 851 961~26 867 350	10	483	268
Maker00014804	Cc14804	b	27 231 342~27 237 904	10	305	626
Maker00014809	Cc14809	b	7 246 669~7 279 123	7	635	633

基因 ID	基因名称	亚组	位置	染色体编号	氨基酸数量/aa	开放阅读框长度/bp
Maker00014811	*Cc14811*	b	6 922 724～6 923 375	7	202	218
Maker00014821	*Cc14821*	b	7 167 992～7 173 632	7	443	282
Maker00015350	*Cc15350*	b	28 167 678～28 177 207	10	421	732
Maker00015605	*Cc15605*	b	474 963～564 173	13	741	1468
Maker00015608	*Cc15608*	b	1 038 850～1 088 290	13	481	914
Maker00015615	*Cc15615*	b	564 212～585 242	13	346	294
Maker00015619	*Cc15619*	b	702 439～704 404	13	431	326
Maker00015620	*Cc15620*	b	585 244～597 007	13	213	546
Maker00016561	*Cc16561*	b	1 302 808～1 303 979	13	203	264
Maker00017397	*Cc17397*	b	3 869 297～3 959 123	13	320	579
Maker00017748	*Cc17748*	b	443 663～451 661	13	401	501
Maker00017763	*Cc17763*	b	231 012～245 355	13	596	332
Maker00018259	*Cc18259*	b	2 311 094～2 320 660	13	191	181
Maker00018262	*Cc18262*	b	2 210 717～2 216 457	13	447	688
Maker00018570	*Cc18570*	b	1 761 770～1 809 469	13	558	288
Maker00018575	*Cc18575*	b	1 706 522～1 714 428	13	551	726
Maker00019529	*Cc19529*	b	36 118 147～36 125 173	4	220	704
Maker00020646	*Cc20646*	b	26 371 120～26 371 538	5	1108	124
Maker00020936	*Cc20936*	b	35 680 509～35 687 077	4	180	720
Maker00021750	*Cc21750*	b	3 380 742～3 383 331	13	444	536
Maker00021963	*Cc21963*	b	3 466 200～3 560 237	13	217	744
Maker00022851	*Cc22851*	b	3 386 384～3 415 263	13	435	562
Maker00022852	*Cc22852*	b	3 385 759～3 426 073	13	398	264
Maker00024453	*Cc24453*	b	31 548 402～31 550 826	7	248	321
Maker00024456	*Cc24456*	b	31 550 886～31 560 856	7	558	286
Maker00025120	*Cc25120*	b	59 060 010～59 105 710	4	278	933
Maker00028622	*Cc28622*	b	49 182 621～49 218 027	2	196	547
Maker00004974	*Cc04974*	c	24 682 736～24 689 479	5	113	358
Maker00011790	*Cc11790*	c	26 909 622～26 929 716	1	681	1100
Maker00014029	*Cc14029*	e	16 340 299～16 355 238	7	314	886
Maker00017669	*Cc17669*	f	32 042 337～32 071 359	12	270	1777
Maker00017685	*Cc17685*	f	32 171 182～32 176 030	12	228	424
Maker00014813	*Cc14813*	g	6 741 211～6 781 620	7	546	1006
Maker00014818	*Cc14818*	g	6 835 494～6 839 783	7	236	537
Maker00014824	*Cc14824*	g	6 676 990～6 681 201	7	264	471
Maker00015451	*Cc15451*	g	27 353 824～27 419 890	10	1404	1320
Maker00024100	*Cc24100*	g	6 568 944～6 573 066	7	160	597

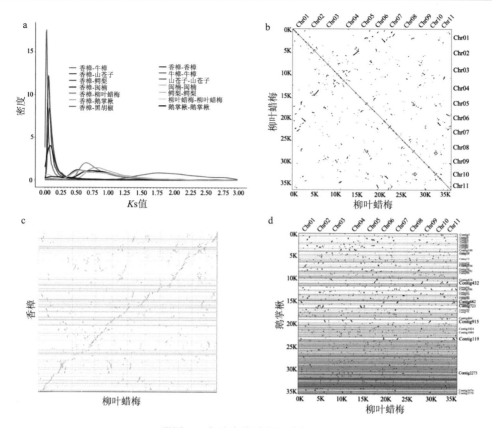

附图 1　木兰类物种的共线性分析

a. 木兰类已知基因组测序物种的 *Ks* 分析；b. 柳叶蜡梅基因组共线图；c. 柳叶蜡梅和香樟基因组间的共线图；
d. 柳叶蜡梅和鹅掌楸基因组间的共线图